U0228891

双螺杆挤出 (原著第二版)
——技术与原理

[德] 詹姆斯 L. 怀特（James L. White）
[韩] 金应奎（Eung K. Kim） 著

任冬云 译

Twin Screw Extrusion
Technology and Principles
(2nd Edition)

化学工业出版社

·北京·

双螺杆挤出是一种重要的聚合物加工技术，双螺杆挤出机被广泛用于反应加工（包括聚合和接枝反应）、混合与共混、脱挥以及热塑性塑料最终成型加工，特别是型材挤出。本书主要介绍了非啮合异向旋转、啮合异向旋转、啮合同向旋转这三种类型的双螺杆挤出机及它们的技术发展史，同时讲述了这些机器流动特性的建模与模拟的研究成果，以及对这些机器特征的实验研究，其独特之处，在于清晰地区分市场上双螺杆挤出机的不同类型以及对它们的性能进行了评价。希望能让化学家、工程师以及相关的技术人员加深对双螺杆挤出技术的了解，并通过本书为他们在实际操作中提供技术指导。

图书在版编目（CIP）数据

双螺杆挤出——技术与原理/[美]怀特，[韩]金永奎
著；任冬云译. —北京：化学工业出版社，2012.10（2023.4重印）
书名原文：Twin Screw Extrusion Technology and
Principles 2nd Edition
　ISBN 978-7-122-15317-3

　Ⅰ.①双…　Ⅱ.①怀…②金…③任…　Ⅲ.①挤出机
Ⅳ.①TQ320.5

中国版本图书馆 CIP 数据核字（2012）第 213804 号

Twin Screw Extrusion，2nd edition/by James L．White，Eung K．Kim
ISBN 9781569904718
Copyright ⓒ 2010by Carl Hanser Verlag，Munich 2010．All rights reserved.
Authorized translation from the English language edition published by Carl Hanser Verlag
GmbH&Co. KG
本书中文简体字版由 Carl Hanser Verlag GmbH&Co．KG 授权化学工业出版社独家出版发行。
未经许可，不得以任何方式复制或抄袭本书的任何部分，违者必究。

北京市版权局著作权合同登记号：01-2012-0382

责任编辑：仇志刚　夏叶清
责任校对：王素芹　　　　　　　　　　　　装帧设计：韩　飞

出版发行：化学工业出版社（北京市东城区青年湖南街 13 号　邮政编码 100011）
印　　装：北京虎彩文化传播有限公司
710mm×1000mm　1/16　印张 17¼　字数 319 千字　2023 年 4 月北京第 2 版第 5 次印刷

购书咨询：010-64518888　　　　　　　　售后服务：010-64518899
网　　址：http://www.cip.com.cn
凡购买本书，如有缺损质量问题，本社销售中心负责调换。

定　　价：78.00 元　　　　　　　　　　　　版权所有　违者必究

译者前言

从啮合同向双螺杆挤出机问世至今，双螺杆转子机器的发展及应用已经经历了近一个半世纪。双螺杆机器的应用范围从最初的人工石浆加工、食品加工、橡胶加工等工业领域，已经扩展到目前的聚合物加工与合成、造纸连续制浆、废旧橡胶连续脱硫等众多工业。2011 年中国累计进口塑料加工设备 13718 台，出口51647 台，进出口额分别为 21.8 亿美元和 14.7 亿美元。从这组数据可以看出，进口设备的技术附加值很高。我国塑料机械行业实现从中国制造到中国创造的转变，还有很长一段路要走。值得一提的是，我国通过技术协作攻关，于 2010 年实现了国内首套年产 20 万吨聚丙烯大型双螺杆挤压造粒机组在中国石化集团北京燕山石化公司首次试车成功，打破了由国外机械制造商垄断聚烯烃大型造粒机组定价权的局面。在这里应该感谢和纪念美国新泽西理工学院聚合物加工研究所的双螺杆设备世界著名专家 David B. Todd 博士（1925.12.21—2012.2.1），本书译者邀请 Todd 博士于 2007 年 1 月来华访问，年届 82 岁高龄的他，就这台大型造粒机组前期立项论证中的关键技术问题与我国有关专家学者讨论了 3 天时间。通过本书的介绍，读者也能体会到 Todd 博士在双螺杆挤出领域渊博的知识和造诣。

尽管双螺杆设备已经被广泛地应用于各种工业领域，但与单螺杆挤出机的基础理论研究比较系统和完善相比，针对双螺杆挤出基础理论的研究仍处在众多不同理论共鸣的阶段。因此，本书作者，将啮合同向/异向双螺杆挤出机、非啮合异向双螺杆挤出机以及连续混炼机的实验研究作为重点介绍的内容，以弥补相应的理论研究内容的不足。

双螺杆（多螺杆）聚合物加工设备种类繁多，应用领域也不尽相同。本书作者力图通过对四大类双螺杆（双转子）机器的理论分析和实验研究成果较详细介绍以及对各类机器结构的简要介绍，最大限度地满足各类读者对其实际应用中可能遇到技术问题的解答。现代布斯往复式单螺杆混炼机、双螺杆机器中的反应挤出及脱挥技术，均是目前在聚合物加工工业中普遍应用的最新科技成果。本书作者将这些技术单独成章，使读者能较完整详细地了解它们的机理及其应用知识。

因此，对于研究、学习和应用双螺杆挤出技术的研究学者、研发及应用的工程技术人员、大学生，这本书均可作为参考书籍。

参与本书翻译的人员还有：林祥、杨彩霞、刘英杰、张有军、聂成磊、胡学永、陈成杰。在此，谨向他们表示衷心感谢！

任冬云
2012 年 6 月于北京

第二版前言

本书是资深作者 White 于 1990 年出版的"双螺杆挤出：技术与原理"一书的第二版。第一版是首次试图撰写一本详细介绍双螺杆挤出技术与科学认识的专著。从第一版发行以来，在双螺杆挤出技术、与之相关的工业领域以及我们对这一过程的建模和预测这些机器的性能的认识和能力等方面，已经有许多变化和进步。最引人注目的变化是啮合同向旋转机器应用的持续增加和在工业中占主导地位。

在第二版中，我们将第一版的各个章节内容做了更新。我们扩展了同向旋转机器的内容，并将它从第一版中的第 10 章至第 12 章变更为第二版中的第 4 章至第 6 章。我们注意到其他的变化，将第一版原来关于相切式异向双螺杆机器的第 4 章至第 6 章拆分为第二版中关于焊接工程师机器的第 10 章至第 12 章和关于连续混炼机的第 13 章至第 15 章。关于反应挤出（新第 17 章）和关于脱挥和脱水（新第 18 章）作为独立章节已被加入。总之，这本书已经从第一版的 13 章增加到第二版的 19 章。

所有的章节已经被更新，包括关于同向双螺杆挤出机计算机辅助设计的讨论。

关于双螺杆挤出还有其他的书籍。早期的著作有：Janssen（"双螺杆挤出"）和 Martelli（"双螺杆挤出：基本知识"），在他们的视野范围内其实是不详细的和已经过时。最近的 Manas-Zloczower 和塔德莫尔 1994 年和 2009 年的"聚合物的混炼与共混：理论与实践"受到许多作者用不同观点非常广泛的关注，非常值得一读。Todd 1998 年的"塑料混合工艺及加工"是非常适合机械制造商的技术参考书，但缺乏流动基本原理。Kohlgrueber 2007 年的"同向双螺杆挤出机"仅考虑了同向旋转机器，其亮点是关于流动基本原理的分析。

有许多关于挤出的常用书籍，将双螺杆挤出作为单独章节纳入其中。

2010 年 6 月
J. L. White
E. K. Kim

James Lindsay White 教授，1938 — 2009

James Lindsay White 于 1938 年 1 月 3 日出生在美国纽约市布鲁克林区的 Robert Lindsay 和 Margaret（Young）White 的家庭。他父亲的家庭起源于苏格兰的 20 世纪 80 年代，从煤矿工人到后来的机器店主。这些经历将他的终身兴趣植根于采矿和工业技术的历史。他就读于布鲁克林的技术高中，后来在布鲁克林理工学院学习化学工程。然后，他加入特拉华大学的化学工程系，在 A. B. Metzner 教授的研究团队，并于 1962 年完成他的硕士学位和 1965 年完成他的博士学位。他们共同提出了现在著名的 White-Metzner 模型，仍然被用于聚合物加工模拟。

White 教授的早期职业始于为 Uniroyal 公司工作，作为一名研究工程师。然后在 1963—1967 年期间是一名研究团队的领导者，在这期间他获得了在橡胶科学和工程方面的终身兴趣，他在这方面做出了大量的贡献。他在 Uniroyal 公司的领导 Noboru Tokita 博士将他引见给他的首任妻子 Yoko。

1967 年，White 教授作为一名副教授加入到田纳西大学，并且很快晋升为教授。最终成为聚合物科学与工程硕士和博士项目的创始人与教授。他的兴趣转入到填充聚合物的实验和理论流变学和过程诱导聚合物结构化方面，并且很快潜身于聚合物熔体/溶液、纤维纺丝、吹膜和双向拉伸工艺以及注射成型等新领域。在这一时期，还扩展到液晶聚合物领域，他开创了制造双轴取向溶致液晶膜的独特工艺，并发展了从溶液加工到固化的基础认识。在田纳西大学的时期，他创立了聚合物工程杂志（Journal of Polymer Engineering），担任主编直到 1984 年。

1983 年，White 教授转入阿克伦大学，创建了聚合物工程研究所和系，并担任中心主任和系主任。在阿克伦大学，他将注意力转移到橡胶加工和共混、实验研究和模拟密炼机和销钉机筒挤出机以及双螺杆挤出机中的流动，以及在双螺杆挤出机中有无化学反应的两种情况。这些研究达到顶点的标志为第一个成功商业开发的模拟双螺杆挤出流动的 Akro-Twin 软件。

正是在这一时期，White 教授发起成立了一个新的专业学会，现在被称为聚合物加工学会（Polymer Processing Society）。从 1985 年开始，这一学会已经具有国际性质。大量的关键人物与 White 博士一起工作组建 PPS，其中包括 Lloyd Goettler，Musa Kamal，Tom Lindt，Jim Stevenson，Leszek Utracki 以及 Jim Throne。在 White 教授的领导下，在这些核心成员及其他许多人的参与下于 1985 年在阿克伦举办了 PPS 的首次会议。在这一学会成立后不久，创办了国际聚合物加工（International Polymer Processing）杂志，White 教授为该杂志的主编（1986—2004 年）。

White 教授在国际杂志上发表了 500 篇以上的文章。他也出版了关于流变学、双螺杆挤出、橡胶加工、聚烯烃、聚合物共混物和热塑性弹性体等方面的 8 本专著。

White 教授是将聚合物工程创建为一门学科的先驱。世界上各个聚合物协会、学会和工业界都已认识到他在橡胶和塑料领域的许多研究贡献。White 教授是一位知识渊博的人，是阿克伦大学最受爱戴的研究者。

White 教授在他的职业生涯中因他的成就屡获殊荣，其中有流变学会的 Bingham 奖章；日本流变学会的 Yuko-Sho 奖（1984 年）；塑料工程师学会的教育奖（1987 年）；塑料工程师学会的研究奖（1992 年）；塑料工程师学会挤出分会的 Heinz Herrmann 双螺杆挤出奖；美国化学学会橡胶分会的 Charles Good-year 奖（2009 年）。最近，White 教授被授予阿克伦大学的聚合物工程 Harold A. Morton 教授。

White 教授具有广泛的兴趣和渊博的历史知识，从各种工业机械的发展史到世界各个地区的社会问题。他留给他的妻子 Alganesh 和世界各地的朋友以及聚合物工程界的同事许多宝贵财富。

编辑、编委会和 Hanser 出版社的代表

Andrew Hrymak

国际聚合物加工杂志主编

Wolfgang Beisler

Hanser 出版社总经理

目　录

第 1 章
多螺杆挤出机概论

1.1 概述

　　螺杆挤出机是热塑性塑料工业的主要加工机械，在许多相关工业中也扮演着重要的角色。当然，聚合物工业中的这类主要连续加工机械一直是单螺杆挤出机。然而，这些年来，我们也见证了多螺杆挤出机的发展过程，尤其是双螺杆挤出机的发展。一般情况下，多螺杆挤出机被归类为单一的范畴，其分类并不清晰。

　　双螺杆挤出机在实际生产中具有多种优势。啮合异向双螺杆挤出机具有正位移泵送的功能，与单螺杆挤出机比较，其具有高产量、短停留时间、其产量与机头压力无关等特点。双螺杆挤出机，尤其是非啮合双螺杆挤出机，具有很大的界面面积，有利于高效脱挥。积木式双螺杆挤出机是一种多用途设备，可被广泛地用于物料共混、反应挤出和其他应用领域。

　　本书主要内容包括以下几个方面：①双螺杆挤出机的介绍及其分类；②双螺杆挤出机的发展历程及其应用；③双螺杆中的物料流动机理及其表征模型；④设备性能的实验研究；⑤具有竞争性机器的介绍，如布斯往复式单螺杆混炼机（Buss Kokneter）和连续混炼机。

　　本章主要介绍不同类型多螺杆挤出机的概述及其分类。其中，1.2 节讨论螺杆几何结构，然后延伸到多螺杆机器的分类；1.3 节讨论这些机器中螺杆的相对旋转方向及螺杆根数；1.4 节讨论了螺杆之间的接触方式；而有关螺杆结构的分段及模块化问题则在 1.5 节中进行了阐述。

1.2 螺杆几何结构

在讨论双螺杆及多螺杆挤出机之前，我们必须了解单根螺杆的几何结构。一根挤出机螺杆的基本几何结构如图 1.1 （a） 所示。D_B 为与螺杆相配合的机筒内直径，H 为螺杆根部至机筒内表面的距离，δ_f 为螺棱顶端与机筒内表面的径向间隙。需要注意的是，H 值的大小随着相邻螺棱之间的结构位置而变化。螺杆根部可能呈曲面形状，螺棱与螺杆轴线垂直，但无需与螺杆根部相互垂直。

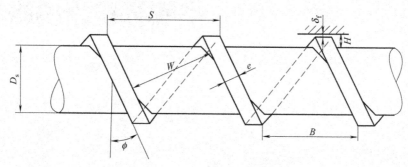

图 1.1 （a） 单头挤出机螺杆

螺纹旋转一圈所形成的轴向距离（螺杆导程或螺距）为 S，相邻螺棱之间的轴向距离为 B，e 为螺棱的垂直宽度，W 为沿螺旋路径方向相邻螺棱之间的垂直距离，ϕ 为螺旋角。垂直距离 W 可能会随着螺棱高度的增加发生改变（增大），螺棱厚度随之减小。

螺旋角 ϕ 随半径而变化，这是因为螺距 S 不变，ϕ 被定义为将 S 与圆周周长关联，如

$$S = 2\pi r \tan\phi(r) \tag{1.1}$$

因此，在螺杆根部，有

$$S = \pi D_s \tan\phi_s \tag{1.2a}$$

在机筒内表面

$$S = \pi D_b \tan\phi_b \tag{1.2b}$$

从螺杆根部至机筒内表面，螺旋角 ϕ 逐渐减小。

上述定义的几何参数的值沿一根螺杆上不一定是常数，比如，W、e、ϕ 不但沿螺杆半径方向从螺杆根部到机筒表面发生变化，也会沿着螺杆长度方向上变化。螺距也可能沿着螺杆长度发生变化。

在上述段落中定义的几何参数之间存在着许多几何关系。螺距 S 与 B 和 e

的关系为：

$$S = B + \frac{e}{\cos\phi} \tag{1.3}$$

螺槽宽度 W 与 B 的关系为

$$W = B\cos\phi \tag{1.4}$$

与 S 的关系为

$$W = \left(S - \frac{e}{\cos\phi}\right)\cos\phi = S\cos\phi - e \tag{1.5}$$

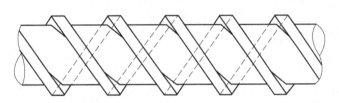

图 1.1（b） 双头挤出机螺杆

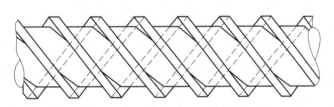

图 1.1（c） 三头挤出机螺杆

上述段落中给出的参数之间的关系是基于单头螺杆的结构给出的，如图1.1a所示。一般更多的时候，挤出机的螺杆为多头螺纹结构，即：流体进入加料口后，将同时沿着两道或多道平行螺棱流动。如图 1.1（b）和 1.1（c）所示的为双头螺杆和三头螺杆。如果一根螺杆上有 p 个平行螺棱，则

$$|S| = p\left(B + \frac{e}{\cos\phi}\right) \tag{1.6}$$

以及

$$W = \frac{|S|}{p}\cos\phi - e \tag{1.7}$$

当螺杆以顺时针方向旋转时，螺纹元件可能向前或向后泵送流体（常常被描述为右旋或左旋），如图1.2所示。向后泵送螺杆具有负螺旋角 ϕ 及螺距 S，这就是式（1.6）和式（1.7）中采用 S 的绝对值的原因。

单螺杆挤出机及双螺杆挤出机也可含有非螺纹元件。在双螺杆挤出机中，常有捏合盘，齿轮或转子的组合结构，以用于捏合或混炼加工。然而，捏合盘常常以近似向前或向后泵送螺杆的方式进行组装，在实际生产中类似于一种漏流

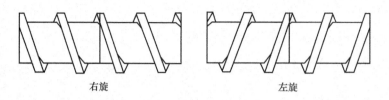

右旋 左旋

图 1.2 向前泵送（右旋）和向后泵送（左旋）螺杆

螺杆。

1.3 根据旋转方向和螺杆数的分类

本章节讨论双螺杆挤出机。显然，对这样一台机器最明显的分类是根据两螺杆转向是同向或异向，如图 1.3 所示。同向和异向双螺杆挤出机均具有重要的工业价值，并在全球范围内制造。

对于多螺杆挤出机，在专利文献中，不仅描述了双螺杆，而且还有 3，4，5，6，7，8 甚至更多螺杆。这些螺杆可以多种形式排列。这一技术领域先驱者之一 Roberto Colombo [1~3] 在其专利中描述了多螺杆挤出机的结构（见第 4 章），如图 1.4 所示。螺杆的排列可以是多样的。3 螺杆和 5 螺杆挤出机按线性结构排列。6 螺杆和 8 螺杆挤出机则按圆周方式排列。4 螺杆挤出机有 1 根主动螺杆和 3 根从动螺杆。这些螺杆排列方式绝不是唯一的。在这些专利文献中还讨论了其他的排列方式。不同作者举例描述了 V 形 3 螺杆排列[4,5]。图 1.5 描述了由 Meskat 与 Erdmenger [5] 给出的这样一种排列。

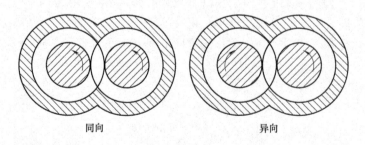

同向 异向

图 1.3 同向和异向双螺杆挤出机

对于多螺杆挤出机，可以有同向旋转、异向旋转或这两种的组合结构。Colombo [1~3] 所描述的 3，4，5，6，7 和 8 螺杆挤出机的螺杆都是以相同的方向旋转。Meskat 和 Erdmenger [5] 设计的结构也是同向旋转。然而，多螺杆挤出机也可能是异向旋转。在 Pfleiderer[4] 申请的一项 1881 年专利中，描述的第一台 3 螺

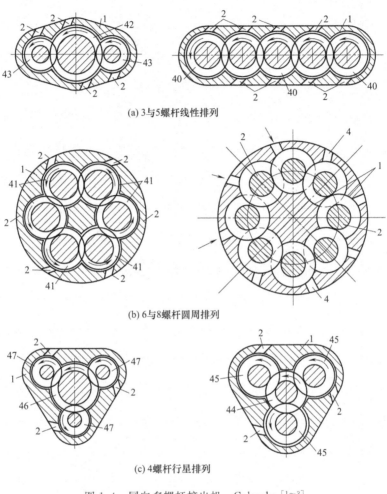

(a) 3与5螺杆线性排列

(b) 6与8螺杆圆周排列

(c) 4螺杆行星排列

图 1.4　同向多螺杆挤出机，Colombo[1~3]

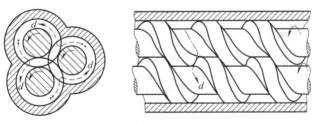

图 1.5　同向 V 形 3 螺杆排列，Meskat 和 Erdmenger[5]

杆挤出机是异向旋转的。图 1.6 给出的 3，4 和 5 螺杆异向挤出机来自专利文献[4,6~8]。在同一台挤出机设备中，同时含有同向和异向旋转螺杆也是有可能

(a) 异向3螺杆挤出机，Burghauser和Erb[6]

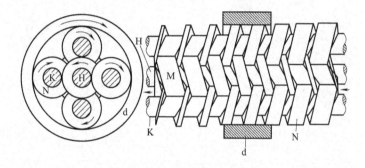

(b) 异向5螺杆挤出机 Anonymous[7]

图 1.6　异向 3 螺杆挤出机和异向 5 螺杆挤出机

的，如图 1.7 所示的 Erdmenger 及 Oetke[9] 设计的 4 螺杆挤出机。

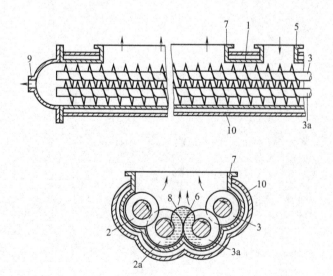

图 1.7　带有两对同向旋转和一对异向旋转的 4 螺杆挤出机，Erdmenger 和 Oetke[9]

1.4　根据螺杆接触形式的分类

　　多螺杆挤出机的另一种分类方法是根据螺杆之间是否分离、相切或啮合来归类，而啮合结构可进一步区分为部分啮合和全啮合，如图 1.8 所示的双螺杆挤出机。当考虑同向和异向螺杆时，这将产生 8 种类别。一般来说，本书中将考虑非啮合型（分离或相切）和啮合型双螺杆挤出机。

　　啮合同向双螺杆挤出机[10]和异向双螺杆挤出机[11]并不是新生事物，19 世纪的不同发明者对其进行了描述。

　　一根全啮合螺杆，不管是同向或异向，都具有自洁功能。这里涉及了特殊的螺根轮廓，即：H 沿螺杆轴线方向是变化的，这种效果在这类机器的最早专利中就已经被认识到。

　　Wunsche[12]在 1901 年首次详细描述了自洁同向双螺杆挤出。后来，Easton[13,14]也对其进行了论述。Easton[14]和后来的 Meskat 及 Erdmenger[5]讨论中指出，他们紧密配合的同向双螺杆挤出机具有特殊的全自洁性。

　　对于啮合型螺杆，我们必须谨慎地考虑螺杆之间是否真的是所希望的啮合。需要采用模型、好的几何设计和经验的结合。D. B. Todd[15]已经提醒读者，图 1.5 中的结构对单头和 3 头螺杆是合适的，但对双头螺杆却无法实现。

　　在多螺杆挤出机中，部分螺棱啮合和部分螺棱非啮合是可能的。图 1.7 中给出的 Erdmenger 和 Oetke[9]的 4 螺杆挤出机就是这样的例子，其中两对啮合同向螺杆相互之间形成了相切式异向旋转模式。

1.5　根据结构模式的分类

　　多螺杆挤出机可能采用单一机加工螺杆，或采用分段式/积木式螺杆。积木式螺杆不仅含有正向泵送的右旋螺纹元件，也包括了具有泵送作用的特殊混炼元件。也可以含有反向泵送的左旋螺纹元件。目前，准备用于非泵送应用的双螺杆挤出机的制造商通常生产分段式或积木式螺杆结构。

　　沿螺杆芯轴上积木式元件的出现可追溯到该领域中最早的专利技术。Pfleiderer[4] 1881 年的专利中有螺纹泵送段和混炼段，Pfleiderer 的挤出机和目前的许多此类机器都配有机加工螺杆芯轴。一种替代技术是制造单独的元件和其他的结构，在螺杆芯轴上将螺纹元件装配到一起。这些元件可以沿着芯轴长度方向上随时地拆分和重组装。这一原理首先出现在 20 世纪 50 年代的 Fuller[16]以及 Meskat 和 Pawlowski[17]申请的专利中。他们分别为相切式异向挤出机和啮合同向挤出机设计了正向泵送和反向泵送螺纹元件的组合结构。

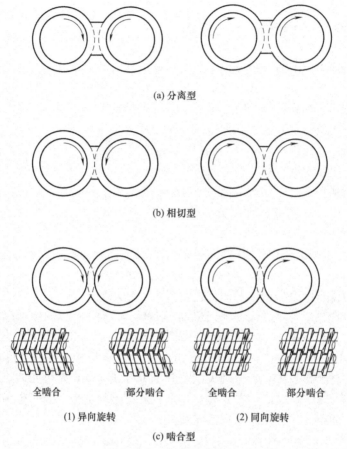

(a) 分离型

(b) 相切型

全啮合　　部分啮合　　全啮合　　部分啮合

(1) 异向旋转　　　　(2) 同向旋转

(c) 啮合型

图 1.8　双螺杆挤出机中螺杆间的接触分类

参考文献

[1]　R. Colombo, Italian Patent 370, 578 (1939).

[2]　R. Colombo, U. S. Patent 2, 563, 396 (1951).

[3]　R. Colombo, Canadian Patent 517, 911 (1955).

[4]　P. Pfleiderer, German Patent 18, 797 (1881).

[5]　W. Meskat and R. Erdmenger, German Patent 862, 668 (1953).

[6]　F. Burghauser and K. Erb, German Patent 690, 990 (1940).

[7]　Anonymous (IG Farbenindustrie-Hoechst), Italian Patent 373, 183 (1939).

[8]　M. B. Sennet, U. S. Patent 2, 581, 451 (1952).

[9]　R. Erdmenger and W. Oetke, German Auslegungschrift 1, 111, 154 (1961).

[10]　F. Coignet, U. S. Patent 98, 035 (1869).

［11］　S. L. Wiegand，U. S. Patent 155，602 (1874).

［12］　A. Wunsche，German Patent 131，392 (1901).

［13］　R. W. Easton，British Patent 109，663 (1912).

［14］　R. W. Easton，U. S. Patent 1，468，379 (1923).

［15］　D. B. Todd，*Personal Communication* (1989).

［16］　L. J. Fuller，U. S. Patent 2，615，199 (1952).

［17］　W. Meskat and J. Pawlowski，German Patent 949，162 (1956).

基础知识：聚合物性能和流动原理

2.1 概述

　　本书主要介绍的是在双螺杆挤出机中的物料加工。为了掌握这类设备的操作，学习与被加工物料性能、流动特征及存在的现象等相关的基础知识，不仅是有用的，而且是必要的。螺杆挤出机一般对黏性流体具有良好的泵送特征，这些特征对聚合物熔体和其共混物的加工应用已经变得非常重要。本章的主要目的是为读者提供这方面的基础知识。

　　首先，在2.2节中介绍聚合物的分类及其转变特征。2.3节讲述了聚合工艺及其动力学。2.4节叙述了质量守恒及力学基本定理。在2.5与2.6节中，将对聚合物熔体和溶液的流变行为并结合三维本构方程表达式做简要介绍。

　　在2.7节中，介绍了对挤出设备重要的黏性材料流动的其他知识，其中包括了对能量守恒及黏性耗散生热的分析。在2.8节中重点介绍了流体动力润滑理论，这是一种用于分析在含有运动部件的机械设备中（包括螺杆挤出机）黏性流体流动的主要方法。

2.2 聚合物特性

　　聚合物是化合物，通常未必是有机的，但具有非常高的分子量，一般可达20000~200000甚至更高。聚合物一般是单个或多个重复分子单元的线性分子链

结构。最常见的聚合物（或均聚物）只含有一个自身重复的分子单元，如聚乙烯，聚丙烯，聚氯乙烯及聚苯乙烯，其重复分子单元为

$$\left[\begin{array}{c} CH_2{-}CH \\ | \\ X \end{array}\right]$$

（分子式 2.1）

其中，X 分别为 H、CH_3、Cl 和苯环。均聚物的另一类重要材料是聚二烯弹性体，其重复分子单元为

$$\left[\begin{array}{c} CH_2{-}C{=}C{-}CH_2 \\ \quad\; | \quad | \\ \quad\; X \quad H \end{array}\right]$$

（分子式 2.2）

对聚丁二烯，X 为 H；对聚异戊二烯，X 为 CH_3；对聚氯丁烯，X 为 Cl。

由缩聚工艺制备的均聚物也应该被认为是均聚物的范畴，这些均聚物包括聚酰胺类、聚酯类、聚碳酸酯类、聚醚酮类。最重要的聚酰胺类材料的重复分子单元为

$$\left[\begin{array}{c} O \\ \| \\ C{-}(CH_2)_{n-1}{-}NH \end{array}\right]$$

（分子式 2.3a）

$$\left[\begin{array}{c} \quad\quad\quad\quad O \quad\quad\quad\quad O \\ \quad\quad\quad\quad \| \quad\quad\quad\quad \| \\ NH{-}(CH_2)_m{-}NH{-}C{-}(CH_2)_{p-2}{-}C \end{array}\right]$$

（分子式 2.3b）

以上表示的是聚酰胺-n 及聚酰胺-mp。这些聚合物材料常常也被称作尼龙，是杜邦公司最初的注册商标。尼龙-6，尼龙-11 和尼龙-12 是商业化的聚酰胺-n 类材料牌号。最重要的聚酰胺-mp 是尼龙-66，但尼龙-46 及尼龙-1212 也有供货。

最主要的聚酯类材料的分子式为

$$\left[\begin{array}{c} O \quad\quad\quad O \\ \| \quad\quad\quad \| \\ C{-}\bigcirc{-}C{-}O{-}(CH_2)_m{-}O \end{array}\right]$$

（分子式 2.4）

对聚对苯二甲酸乙二酯（PET），$m=2$；对聚对苯二甲酸丁二醇酯，$m=4$。其他的聚酯类材料包括聚己内酯，它的分子单元为

$$\left[\begin{array}{c} O \\ \| \\ C{-}(CH_2)_5{-}O \end{array}\right]$$

（分子式 2.5）

商业化的聚碳酸酯材料的分子单元为

$$\left[\begin{array}{c} CH_3 \\ | \quad\quad\quad\quad O \\ \bigcirc{-}C{-}\bigcirc{-}O{-}C{-}O \\ | \\ CH_3 \end{array}\right]$$

（分子式 2.6）

聚醚酮类是工程热塑性塑料中的最新成员，其中最重要的聚醚酮类材料为聚醚醚酮（PEEK），其分子单元为

$$\left[\begin{array}{c} \quad\quad\quad\quad O \\ \quad\quad\quad\quad \| \\ \bigcirc{-}O{-}\bigcirc{-}O{-}\bigcirc{-}C \end{array}\right]$$

（分子式 2.7）

除均聚物之外，我们也必须考虑主链上有两个不同分子单元的共聚物。这些

分子单元排列的方式可能是无规、嵌段、交替等，如下所示：

无规

ABAABABBABAAABAB

简单 AB 嵌段

AAAAAAAAABBBBBBBBBBB

ABA 嵌段

AAAAAABBBBBBBBBAAAAAA

交替

ABABABABABABABABABABAB

其他的变化也是可能的。人们也可以 AA，AB，BB 二元组合或者 AAA，ABA，BAB，BBB 三元组合等结构组建分子链。已有许多重要的商业化共聚物体系，包括丁二烯-苯乙烯共聚物、苯乙烯-丙烯腈共聚物，乙烯-丙烯共聚物，丁二烯-丙烯腈共聚物以及氯乙烯-偏二氯乙烯共聚物。

双螺杆挤出机也被广泛地应用在食品加工行业中，其中被加工的材料也是高分子的，如碳水化合物、蛋白质等，这些物质常为具有不同分子单元的缩聚物，蛋白-聚酰胺类共聚物（或更高级的，聚氨基酸）。

需要特别指出的是，聚合物材料最主要的特性是分子量。一般而言，聚合物分子量是根据不同的平均算法确定，特别有：

$$M_n = \frac{\sum_i N_i M_i}{\sum_i N_i} \tag{2.1a}$$

$$M_w = \frac{\sum_i W_i M_i}{\sum_i W_i} = \frac{\sum_i N_i M_i^2}{\sum_i N_i M_i} \tag{2.1b}$$

$$M_z = \frac{\sum_i N_i M_i^3}{\sum_i N_i M_i^2} \tag{2.1c}$$

$$M_{z+1} = \frac{\sum_i N_i M_i^4}{\sum_i N_i M_i^3} \tag{2.1d}$$

式中，N_i 表示分子量为 M_i 的分子个数。上述的平均分子量分别被称为数均分子量 M_n，重均分子量 M_w，z 均分子量 M_z，以及 z+1 均分子量 M_{z+1}。其中，数均分子量是基于所有不同聚合物分子等量平均。重均分子量是根据出现的单个分子的质量 W_i 平均计算得到的。

如果仅有一种特殊的分子量存在，则其所有的平均分子量 M_n，M_w，M_z，M_{z+1} 均相等。如果存在有分子量分布的话，则有

$$M_{z+1} > M_z > M_w > M_n \tag{2.2}$$

商业聚合物典型的分子量在 $10000 \sim 200000$ 之间，这取决于各种聚合物。分子量分布的宽度也有很大的差异，一般在 $1.5 \sim 10$ 之间，这取决于聚合方法。然而，分子量的分布可以根据应用需要进行设计。比如，窄分子量分布的线性聚烯烃在熔体纺丝过程中比宽分子量分布的线性聚烯烃生产稳定性高[5~9]。埃克森公司的 Kowalski 和同事[10,11] 以及其他人已经研发出反应挤出的技术，将宽分子量分布聚烯烃降解到较窄分子量分布，以实现改进加工性能。类似的，增宽分子量分布似乎可改善管状膜挤出的加工性能[8,9,12]。高分子量分数的存在一定能提高材料的力学性能。

现在讨论聚合物的热力学特征。一般而言，纯低分子量化合物存在于 3 种形态：低温下高度三维构象的结晶态，中等温度下的熔融态以及高温下的气态。熔融温度 T_m 表示聚合物从结晶态到熔融态的转变温度，汽化温度 T_v 表示从熔融态至气态的转变温度。例如，水的 3 种状态为冰（结晶态），水（熔融态）以及水蒸气（气态），其所对应的两个转变温度为 $0℃$（$273.2K$）和 $100℃$（$373.2K$）。

在聚合物中的这种情况更加复杂。首先，除非聚合物材料具有相同的分子结构，否则在低温下不能结晶；再者，对熔融态和液态急冷或玻璃化，形成玻璃态，一种相对刚硬的物质，它不具有结晶体的三维构象结构。它常常被认为是一种高黏液体。当然，这种特征在无机材料里面也常常被发现，如硅酸盐。转变温度 T_g 也称之为玻璃化温度，它与这种玻璃化过程相关。

综上所述，有规分子结构的聚合物可结晶，而无规分子结构的聚合物可玻璃化。因此，一般而言，无规共聚物形成玻璃态，而非结晶态。均聚物可能结晶也可能不结晶。我们再以分子式（2.1）的乙烯基聚合物为例，如下所示

$$\left[CH_2-\overset{*}{C}H \atop X \right] \tag{分子式 2.8}$$

星号标记的碳原子是不对称的，具有两种可能的镜像构型。只有在分子式（2.8）的星号不对称碳原子沿主链上具有相同的构型时，这些聚合物才具有规则的结构。主链上具有相同构型的不对称碳原子的乙烯基聚合物被称为等规聚合物。主链上的不对称碳原子交替排列的聚合物被称间规聚合物。如果不对称构型无序，则这种聚合物被称为无规聚合物。乙烯基聚合物的等规和间规结构一般为结晶型材料，而无规结构为无定形材料。

在重要的商用乙烯均聚物中，聚乙烯，聚丙烯（等规）以及聚丁烯-1（等

规）为结晶型材料，而聚苯乙烯（无规）为无定形材料。1,2-聚丁二烯已经有间规结构，是一种结晶型材料，它的无规结构是无定形材料。聚氯乙烯中有足够的间规含量，可形成很小的结晶度。然而，它经常被看作一种透明性材料。

关于其他类型的聚合物材料，聚酰胺类一般为结晶型材料。与脂肪族乙烯基聚合物及聚酰胺相比，主链上含有苯环的聚合物结晶速率非常慢。聚对苯二甲酸丁二醇酯的结晶速率比聚对苯二甲酸乙二酯要快得多，但二者皆属结晶型材料。类似的，分子式（2.7）中的聚醚醚酮的结晶速率也非常缓慢；分子式（2.6）中的聚碳酸酯，其结晶要困难得多，一般认为其为无定形材料。

表 2.1 中给出了常见的聚合物材料的转变温度。

表 2.1　几种聚合物材料的转变温度

聚合物	$T_m/℃$	$T_g/℃$
聚乙烯(线性高密度)	135	约－100
聚乙烯(低密度)	110	约－100
聚丙烯(等规)	160	约－15
聚苯乙烯	—	95
聚氯乙烯	240	70
尼龙 6	215	40
尼龙 66	260	40
聚对苯二甲酸乙二酯	260	70
聚碳酸酯	—	140

2.3　聚合反应

双螺杆挤出机已经被用于聚合反应器。应该了解一些有关聚合反应的基础知识，以便我们能够有效地讨论这一领域。在这一节中，将讲述聚合反应的机理[1~4]。聚合物可以通过加聚和缩聚机理形成。下面我们将分别对二者进行描述。

分子式（2.1）中的乙烯基聚合物是通过引发剂 R 进行加聚反应得到的，如：

$$R^* + CH_2\!=\!\underset{X}{CH} \xrightarrow{k_p} RCH_2\!-\!\underset{X}{CH^*} \qquad \text{（分子式 2.9a）}$$

$$RCH_2\!-\!\underset{X}{CH^*} + CH_2\!=\!\underset{X}{CH} \xrightarrow{k_p} RCH_2\!-\!\underset{X}{CH}\!-\!CH_2\!-\!\underset{X}{CH^*} \qquad \text{（分子式 2.9b）}$$

$$R \begin{bmatrix} CH_2-CH \\ | \\ X \end{bmatrix}_n \begin{bmatrix} CH_2-CH \\ | \\ X \end{bmatrix}^* + CH_2 = CH \xrightarrow{k_p} R \begin{bmatrix} CH_2-CH \\ | \\ X \end{bmatrix}_{n+1} \begin{bmatrix} CH_2-CH \\ | \\ X \end{bmatrix}^*$$

（分子式 2.9c）

对于二烯烃单体，如丁二烯，可以被类似地聚合。其聚合增长速率 r_P 及单体消失速率 r_M 如下所示：

$$r_P = r_M = k_P C_M \sum_n C_{RM_n^*} \tag{2.3}$$

式中，C_M 为单体浓度，C_{RMn^*} 为聚合度"n"时的活性物质的浓度。

关于加聚聚合反应的机理有很多，如自由基聚合、阴离子聚合及阳离子聚会。在自由基聚合中，自由基引发剂的降解如下，以过氧化物为例：

$$I \xrightarrow{k_i} R' \cdot + R'' \cdot \qquad \text{（分子式 2.10）}$$

$$r_I = 2r_R = 2k_i C_I \tag{2.4}$$

其中，C_I 为引发剂的浓度。

根据聚合机理，自由基一般被破坏：

$$R'M_n \cdot + R''M_m \cdot \xrightarrow{k_t} R'M_{n+m}R'' \qquad \text{（分子式 2.11）}$$

或者

$$R'M_n + R''M_m$$

相对于引发过程，聚合反应的速率非常快，这导致了引发与终结之间的稳态过程的发展，其动力学表达式为：

$$2k_i C_I = k_t (\sum C_{RM_r^*})^2 \tag{2.5}$$

式中，$C_{RM_n^*}$ 为 RM_r^* 物质的浓度。

这样，式（2.3）中的聚合速率或单体消失速率等于：

$$r_P = r_M = k_P \sqrt{\frac{2k_i}{k_t}} C_I^{1/2} C_M \tag{2.6}$$

在阴离子聚合反应中，一般存在一种化合物，例如烷基锂（RLi），它可与单体迅速反应，其反应速率比后续的加聚反应快得多，如下所示

$$RLi + CH_2 = CH \xrightarrow{k_i} RCH_2-CH^- Li^+ \qquad \text{（分子式 2.12）}$$
（下标 X）

其反应速率为

$$r_I = k_i C_{RLi} C_M \tag{2.7}$$

聚合反应速率比引发速率慢得多，该反应速率决定了反应步骤。从式（2.3）得到

$$r_P = r_M = k_P C_{RLi} C_M \tag{2.8}$$

同时，还常常伴随着烷基锂的反应过程，如

$$(RLi)_n \rightleftharpoons nRLi \qquad \text{（分子式 2.13）}$$

聚合反应速率由 RLi 的浓度决定，而后者的浓度由 (RLi)$_n$ 的平衡确定。

在缩聚反应过程中，所涉及的反应形式为

$$AXB + AXB \xrightarrow{k_p} AXCXB$$

$$AXCXB + AXB \xrightarrow{k_p} AXCXCXB \qquad \text{（分子式 2.14）}$$

$$AXCXCXB + AXCXB \xrightarrow{k_p} AXCXCXCXCXB$$

等等，其中端基团 A 与 B 反应，得到 C 或如下结构

$$AX_1A + BX_2B \xrightarrow{k_p} AX_1CX_2B$$

$$AX_1A + AX_1CX_2B \xrightarrow{k_p} AX_1CX_2CX_1B \qquad \text{（分子式 2.15）}$$

尤其当 A，B 为反应单元时，如羧酸、胺类及醇类，此时 C 对应为酯基、氨基或其他连接基团。以下举例为，由乙二酸与乙二醇合成聚酯，和由乙二酸与二元胺合成聚酰胺：

$$HOX_1OH + HOOCX_2COOH \xrightarrow{k_p} HO\left[X_1-O-\overset{\overset{O}{\|}}{C}-X_2-\overset{\overset{O}{\|}}{C}-O\right]_n X_1-OH + H_2O \qquad \text{（分子式 2.16）}$$

$$NH_2 X_1 NH_2 + HOOCX_2COOH \xrightarrow{k_p} NH_2\left[X_1-NH\overset{\overset{O}{\|}}{C}-X_2-\overset{\overset{O}{\|}}{C}NH\right]_n X_1-NH_2 + H_2O \qquad \text{（分子式 2.17）}$$

由氨基酸类和内酰胺合成的聚酰胺或由内酯合成的聚酯，可以通过缩聚或离子聚合反应得到[13]。在反应挤出中，通常采用反应速率较快的阴离子反应机理：

$$\xrightarrow{k_p} HOC\left[X-O-\overset{\overset{O}{\|}}{C}\right]_n X-OH^* \qquad \text{（分子式 2.18）}$$

$$\xrightarrow{k_p} HOC\left[X-NH-\overset{\overset{O}{\|}}{C}\right]_n X-NH_2^* \qquad \text{（分子式 2.19）}$$

聚氨酯是由二异氰酸盐和乙二醇合成

$$HOX_1OH + O=C=N X_2 N=C=O \xrightarrow{k_p} HO\left[X_1-NHCOX_2-OCNH\right]_n X_2 N=C=O \qquad \text{（分子式 2.20）}$$

2.4　质量守恒和力学

挤出中的流场数值模拟是基于应用质量守恒定律及力学平衡进行的[14~17]。本章节将对这些原理进行阐述。

流体力学中的质量守恒可以被看作是，在笛卡尔坐标系中的一小立方体单元中的材料平衡，其三维尺寸为 Δx_1，Δx_2，Δx_3。如果 ρ 表示密度和速度 v 的分量为

$$v = v_1 \underline{e}_1 + v_2 \underline{e}_2 + v_3 \underline{e}_3 \qquad (2.9)$$

则质量守恒方程的形式为

$$\frac{\partial \rho}{\partial t} + \frac{\partial}{\partial x_1} \rho v_1 + \frac{\partial}{\partial x_2} \rho v_2 + \frac{\partial}{\partial x_3} \rho v_3 = 0 \qquad (2.10)$$

也可以按矢量形式表示

$$\frac{\partial \rho}{\partial t} + \nabla \cdot \rho \underline{v} = 0 \qquad (2.11)$$

式中，∇ 是 "del" 算子，其定义为：

$$\nabla = \underline{e}_1 \frac{\partial}{\partial x_1} + \underline{e}_2 \frac{\partial}{\partial x_2} + \underline{e}_3 \frac{\partial}{\partial x_3} \qquad (2.12)$$

在圆柱坐标系中，连续性方程的形式为

$$\frac{\partial \rho}{\partial t} + \frac{\partial}{\partial z}(\rho v_z) + \frac{1}{r} \frac{\partial}{\partial r}(r \rho v_r) + \frac{1}{r} \frac{\partial}{\partial \theta}(\rho v_\theta) = 0 \qquad (2.13)$$

在处理包括聚合物熔体的流体中，一般认为这些材料是不可压缩的，即，密度 ρ 为常数。可将式 (2.10)、式 (2.11) 和式 (2.13) 简化为：

$$\nabla \cdot \underline{v} = 0 \qquad (2.14a)$$

$$\frac{\partial v_1}{\partial x_1} + \frac{\partial v_2}{\partial x_2} + \frac{\partial v_3}{\partial x_3} = 0 \qquad (2.14b)$$

$$\frac{\partial v_z}{\partial z} + \frac{1}{r} \frac{\partial}{\partial r}(r v_r) + \frac{1}{r} \frac{\partial v_\theta}{\partial \theta} = 0 \qquad (2.14c)$$

力学定理是基于与线动量变化率的力平衡或与角动量变化率的扭矩平衡。较为熟悉的是质点的随线动量变化的力平衡，如

$$\frac{\mathrm{d}}{\mathrm{d}t}(m \underline{v}) = \underline{F} \qquad (2.15)$$

上述表达式常被称为牛顿定律。在材料的形变过程中，外力 F 被认为由两部分构成，力场中的接触力与体积力。这些力可根据物体表面积分和体积积分被写为

$$\underline{F} = \oint \underline{t} \mathrm{d}a + \int \rho \underline{f} \mathrm{d}V \qquad (2.16)$$

式中，t 为应力矢量；f 为单元质量的体积力。应力矢量可根据二阶张量表达，应力张量 σ，其表达式为

$$t = \sigma \cdot n = \sum_i e_i \left(\sum_j \sigma_{ij} n_j \right) \tag{2.17}$$

可以将式（2.17）的应力分量分为两类，①沿受力表面法向方向施加的法向应力 σ_{ii}，②平行于受力表面方向的剪切应力 σ_{ij}。在变形和流动的聚合物熔体中，剪切应力与法向应力同时存在。

用式（2.17），可将式（2.16）简化为牛顿运动定律的表达式，但可适用于形变连续的一个质点上，其矢量表达式为

$$\rho \left[\frac{\partial v}{\partial t} + (v \cdot \nabla) v \right] = \nabla \cdot \sigma + \rho f \tag{2.18}$$

公式（2.18）被称为柯西运动定律。其中，∇ 为式（2.12）的算子。在笛卡尔坐标系中，式（2.18）可表示为：

$$\rho \left[\frac{\partial v_1}{\partial t} + v_1 \frac{\partial v_1}{\partial x_1} + v_2 \frac{\partial v_1}{\partial x_2} + v_3 \frac{\partial v_1}{\partial x_3} \right] = \frac{\partial \sigma_{11}}{\partial x_1} + \frac{\partial \sigma_{12}}{\partial x_2} + \frac{\partial \sigma_{13}}{\partial x_3} + \rho f_1$$

$$\rho \left[\frac{\partial v_2}{\partial t} + v_1 \frac{\partial v_2}{\partial x_1} + v_2 \frac{\partial v_2}{\partial x_2} + v_3 \frac{\partial v_2}{\partial x_3} \right] = \frac{\partial \sigma_{21}}{\partial x_1} + \frac{\partial \sigma_{22}}{\partial x_2} + \frac{\partial \sigma_{23}}{\partial x_3} + \rho f_2 \tag{2.19}$$

$$\rho \left[\frac{\partial v_3}{\partial t} + v_1 \frac{\partial v_3}{\partial x_1} + v_2 \frac{\partial v_3}{\partial x_2} + v_3 \frac{\partial v_3}{\partial x_3} \right] = \frac{\partial \sigma_{31}}{\partial x_1} + \frac{\partial \sigma_{32}}{\partial x_2} + \frac{\partial \sigma_{33}}{\partial x_3} + \rho f_3$$

在圆柱坐标中为：

$$\rho \left[\frac{\partial v_z}{\partial t} + v_z \frac{\partial v_z}{\partial z} + v_r \frac{\partial v_z}{\partial r} + \frac{v_\theta}{r} \frac{\partial v_z}{\partial \theta} \right] = \frac{\partial \sigma_{zz}}{\partial z} +$$

$$\frac{1}{r} \frac{\partial}{\partial r}(r \sigma_{zr}) + \frac{1}{r} \frac{\partial \sigma_{r\theta}}{\partial \theta} + \rho f_z$$

$$\rho \left[\frac{\partial v_r}{\partial t} + v_z \frac{\partial v_r}{\partial z} + v_r \frac{\partial v_r}{\partial r} + \frac{v_\theta}{r} \frac{\partial v_r}{\partial \theta} - \frac{v_\theta^2}{r} \right] = \frac{\partial \sigma_{rz}}{\partial z} +$$

$$\frac{1}{r} \frac{\partial}{\partial r}(r \sigma_{rr}) + \frac{1}{r} \frac{\partial \sigma_{r\theta}}{\partial \theta} - \frac{\sigma_{\theta\theta}}{r} + \rho f_r \tag{2.20}$$

$$\rho \left[\frac{\partial v_\theta}{\partial t} + v_z \frac{\partial v_\theta}{\partial z} + v_r \frac{\partial v_\theta}{\partial r} + \frac{v_\theta}{r} \frac{\partial v_\theta}{\partial \theta} - \frac{v_r v_\theta}{r} \right] = \frac{\partial \sigma_{\theta z}}{\partial z} +$$

$$\frac{1}{r^2} \frac{\partial}{\partial \theta}(r^2 \sigma_{\theta r}) + \frac{1}{r} \frac{\partial \sigma_{\theta z}}{\partial \theta} + \rho f_\theta$$

扭矩与角动量的守恒引起对应力张量的限制，即：

$$\sigma_{ij} = \sigma_{ji} \tag{2.21}$$

2.5　聚合物流体的流动

聚合物材料的加工，包括共混，一般是在熔融态下进行的，特别是在剪切流动中。因此，有必要了解聚合物熔体的流动（或流变）特征[16~18]。用简单剪切流动开始我们的讨论，其定义为

$$\underset{\sim}{v}=\dot{\gamma}\,x_2\underset{\sim}{e}_1+0\underset{\sim}{e}_2+0\underset{\sim}{e}_3 \tag{2.22}$$

式中："1"表示流动方向，"2"表示剪切方向，"3"表示中性方向。对牛顿流体，与这一流场响应的应力场 σ_{ij} 为

$$\begin{aligned}
&\sigma_{12}=\eta\dot{\gamma}\\
&\sigma_{11}=\sigma_{22}=\sigma_{33}=-p\\
&\sigma_{32}=\sigma_{13}=0
\end{aligned} \tag{2.23}$$

式中，η 为黏度，p 为压力。对聚合物熔体而言，其应力场的形式为：

$$\begin{aligned}
&\sigma_{12}=\eta\dot{\gamma}\\
&\sigma_{11}=-p+\beta_1\dot{\gamma}^2\\
&\sigma_{22}=-p+\beta_2\dot{\gamma}^2\\
&\sigma_{33}=-p\\
&\sigma_{23}=\sigma_{13}=0
\end{aligned} \tag{2.24}$$

可以看出，法向应力和剪切应力均出现。对聚合物溶液和熔体中，法向应力是众知的。在封闭流线的流动中，法向应力引发"爬杆效应"，这种情况典型地发生在烧杯中或同轴圆筒间的流动中（图 2.1）。的确，这种现象最初是由 Weissenberg 观察发现的[19]，并假定法向应力出现在这些材料的剪切流动中。

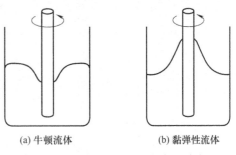

(a) 牛顿流体　　　　(b) 黏弹性流体

图 2.1　Weissenberg 法向应力效应

该数据曲线表示的是不同分子量和分子量分布的聚丙烯黏度曲线[22]。

聚合物熔体和溶液中的剪切黏度已经被研究了半个多世纪，也得到了一些公认的结论。剪切黏度的范围相当大，10000Pa・s（100000 泊）也很常见。按这样的单位，水的黏度为 0.001Pa・s（0.01 泊）。在低剪切速率下，聚合物熔体和溶液表现出黏度恒定或"零剪切"黏度 η_0。在高剪切速率下，剪切黏度减小。对聚合物溶液，可观察到一条高剪切速率的牛顿渐近线值 η_∞。图 2.2 中概述了聚

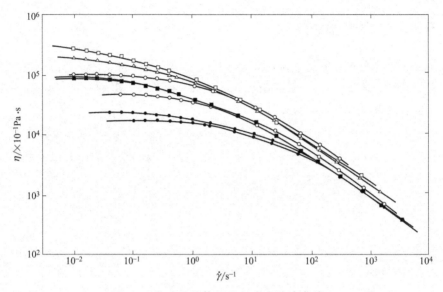

图 2.2　聚合物熔体的黏度-剪切速率曲线

合物熔体的黏度-剪切速率行为。

　　这些年来，大量的黏度和剪切速率的经验关系式已经被提出。其中最著名的是幂律模型，它表示了在聚合物熔体中的高剪切速率渐近线和在聚合物溶液中的中等剪切速率特征，如下所示：

$$\sigma_{12} = K\dot{\gamma}^{n}$$
$$\eta = K\dot{\gamma}^{n-1} \tag{2.25}$$

　　许多经验方程已经很流行，它们组合了两个或多个区域[20]。典型的有：

$$\eta = \frac{\eta_0}{1+(\eta_0/K)\dot{\gamma}^{1-n}} \tag{2.26}$$

上式可被用于聚合物熔体或聚合物溶液的低中剪切速率的行为表征。另一种已被用于聚合物溶液的表达式为：

$$\eta = \eta_\infty + \frac{\eta_0 - \eta_\infty}{1 + A\dot{\gamma}^2} \tag{2.27}$$

上式给出了低剪切速率渐近线 η_0 和高剪切速率渐近线 η_∞。

　　聚合物熔体和溶液的这种黏度-剪切速率行为强烈地受到聚合物分子结构的影响。大多数实验研究已经集中在柔性分子链聚合物。低分子量聚合物表现为牛顿特性，且黏度随分子量线性增大。当分子量超过约 350 个主链碳原子的临界分子量时，其剪切黏度呈非牛顿性，且 η_0 的增大可表示为：

$$\eta_0 = KM_{\mathrm{w}}^{3.5} \tag{2.28}$$

其中，M_w 为重均分子量。Vinogradov 和 Malkin[18,21] 已经发现了黏度 η 对剪切速率的依赖性，可被表示为与温度无关的形式：

$$\frac{\eta}{\eta_0} = F(\eta_0 \dot{\gamma}) \qquad (2.29)$$

众多的研究者发现[22~25]，式 (2.29) 的函数关系依赖于分子量分布的宽度 η/η_0，随着分子量分布增宽，$\eta_0 \dot{\gamma}$ 快速下降（图 2.3）。

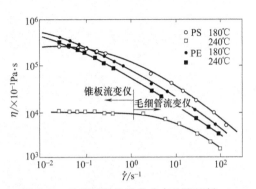

图 2.3　对于不同分子量分布的聚丙烯，分子量分布对 η/η_0-$\eta_0\dot{\gamma}$ 关系曲线的影响[22]

一般而言，剪切黏度随着温度的升高而降低（图 2.4）。Williams-Landel-Ferry 方程将零剪切黏度 η_0 对温度的依赖性通过玻璃化温度相互联系起来[26]：

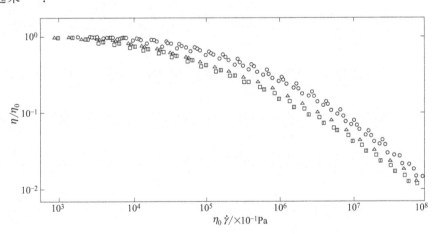

图 2.4　对于聚乙烯（PE）和聚苯乙烯（PS）熔体，温度对熔体黏度的影响

$$\eta_0(T) \approx \eta_0(T_g) e^{-[17.44(T-T_g)]/[51.6+(T-T_g)]} \qquad (2.30)$$

当 T 接近 T_g 时，黏度对温度的依赖性最大。图 2.4 描述了聚苯乙烯（$T_g \sim 100℃$）黏度对温度的强依赖性和聚乙烯（$T_g \sim -100℃$）黏度对温度的弱依赖性。

对于这种温度的依赖性，还有其他的经验关系式。其中包括简单的指数形式和活化能形式，如：

$$\eta = A e^{-B(T-T_0)} \qquad (2.31a)$$

$$\eta = C e^{-E/RT} \qquad (2.31b)$$

这些关系式也已经常被用于与非牛顿幂律剪切黏度方程组合成一个公式：

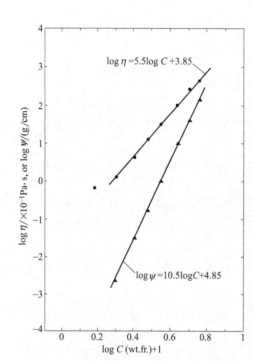

图 2.5　柔性链聚合物溶液的黏度和第一法向

应力差系数 $\psi_1 = N_1 / \dot{\gamma}^2$ 为浓度的函数[28]，

图中所用的材料为聚苯乙烯-苯乙烯溶液

$$\eta = A' \dot{\gamma}^{n-1} e^{-B(T-T_0)}$$

$$(2.32a)$$

$$\eta = C' \dot{\gamma}^{n-1} e^{-E/RT} \quad (2.32b)$$

溶剂的加入可降低聚合物的剪切黏度。已经发现，对柔性链聚合物而言，下述的经验公式对浓缩溶液是有效的[27,28]（见图 2.5）。

$$\eta_0 = K' M_w^{3.5} c^5 \quad (2.33)$$

刚性大分子溶液的行为是不同的。多肽聚合物溶液[29,30]和对苯芳香族聚酰胺[30,31]表现的剪切黏度为，剪切黏度首先随着浓度的增加而增大，当达到一个临界浓度值时，黏度达到最大值，随后黏度随着浓度的继续增加而降低。这种现象常常伴随着液晶相的形成。在浓度更高时，剪切黏度再一次增大。

聚合物溶液和熔体在稳态剪切流动中同时表现出法向应力及剪切应力，已经有许多对这些参数的测试方法。通过实验的方法一般可以得到第一法向应力差 N_1 和第二法向应力差 N_2，其定义如下：

$$N_1 = \sigma_{11} - \sigma_{22} \quad (2.34a)$$

$$N_2 = \sigma_{22} - \sigma_{33} \quad (2.34b)$$

相对于 N_2，已经有更多的测量 N_1 的方法。已经从这些研究中得到了某些普适的结论，尤其是[32]：

$$N_1 > 0 \qquad N_2 < 0 \quad (2.35a)$$

$$N_2 \approx -(0.1-0.3)N_1 \quad (2.35b)$$

一般而言，据发现，N_1 受到分子量分布的强烈影响，并随高分子量的增加而增大。Oda 等人[33]已经发现，对聚苯乙烯熔体而言，其 N_1 与 σ_{12} 之间的关系与温度无关，并可用幂律形式表示：

$$N_1 = A \sigma_{12}^a \quad (2.36)$$

上式中的系数 "A" 与指数 "a" 的大小取决于分子量分布的宽度。随着分子量分布宽度的增大，N_1 变大。一般 "A" 会增大，而 "a" 会减小。这已被后来对聚烯烃的研究所证实[22~25]。

法向应力有时也会依据法向应力系数 ψ_1 与 ψ_2 来表述，其定义为

$$N_1 = \psi_1 \dot{\gamma}^2 \qquad N_2 = \psi_2 \dot{\gamma}^2$$
$$(2.37)$$

式中，ψ_1 等于式（2.24）中的 $\beta_1 - \beta_2$；$\psi_2 = \beta_2$。对聚合物熔体，已经发现 ψ_1 与分子量及其分布相关，即[22~25]：

$$\psi_1 \sim M_w^{3.5} M_z^{3.5} \qquad (2.38)$$

在聚合物溶液中，法向应力对浓度存在着强烈的依赖性。对于柔性链聚合物的浓缩溶液，第一法向应力差系数可被表述为[28]：

$$\psi_1 \sim M_w^{3.5} M_z^{3.5} c^{10} \qquad (2.39)$$

填充小颗粒的聚合物熔体，其黏度增大，尤其是在非常低的剪切速率范围内。在高填充下，出现屈服应力值 Y[34~38]（见图 2.6）。这有效地说明，当剪切应力小于屈服值 Y 时，流动停止，由此得出下述方程[38]：

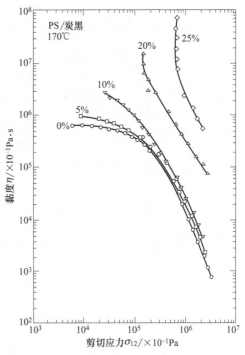

图 2.6　基于聚苯乙烯-炭黑共混物的填充颗粒混合物的黏度-剪切应力曲线[36]

$$\sigma_{12} = Y + K\dot{\gamma}^n$$

$$= Y + \frac{A\dot{\gamma}}{1 + (A/K)\dot{\gamma}^{1-n}} \qquad (2.40)$$

上式已被用于拟合剪切黏度数据。

2.6　本构方程

在聚合物流体体系中，已经建立了应力张量的三维本构方程[14~18]。这些本构方程重点描述了这些流体表现出的对牛顿流体行为的偏离。

应力张量 $\underset{\sim}{\sigma}$，在牛顿流体中也许遵循纳维-斯托克斯方程，可被表述为：

$$\underset{\sim}{\sigma} = -p\underset{\sim}{I} + 2\eta\underset{\sim}{d} \qquad (2.41)$$

其中，I 为单位张量，d 为应变速率张量，具体如下：

$$I = \begin{vmatrix} 1 & 0 & 0 \\ 0 & 1 & 0 \\ 0 & 0 & 1 \end{vmatrix} \tag{2.42}$$

$$d = \frac{1}{2}\left[\nabla v + (\nabla v)^T\right] \tag{2.43}$$

式中，上标"T"表示转置。

描述在聚合物体系中出现的非牛顿特性的最简单本构方程是采用式（2.41），其中，黏度依赖于变形速率。然而，我们现在必须表述变形速率，不仅包括上述的剪切速率，也包括了 d 项中的三维应变速率。为了表达黏度标量 η 为变形速率张量 d 的函数，我们引入张量不变量。这些不变量描述了张量分量的组合，并与坐标系无关[14~18]，其中最为重要的是第二不变量 $tr\,d^2$，即：第二变形速率不变量平方的迹。

具体如下：

$$\eta = \eta(tr\,d^2) \tag{2.44}$$

式中：

$$tr\,d^2 = \sum_i \sum_j d_{ij} d_{ij} \tag{2.45}$$

可根据式（2.24）表述式（2.25）和式（2.26）中的非牛顿剪切黏度。对于式（2.25）中的幂律流体，可改写为：

$$\eta = K(2\,tr\,d^2)^{(n-1)/2} \tag{2.46}$$

式（2.26）可改写为：

$$\eta = \frac{\eta_0}{1 + (\eta_0/K)(2tr\,dd^2)^{(1-n)/2}} \tag{2.47}$$

上述的本构方程不能预测法向应力或记忆效应。不同的科研人员已经提出了非常多的本构方程，可预测这些效应[16~18]。对于长久的剪切流动，已经表明，黏弹性流体一般可用下式表述：

$$\sigma = -p\,I + 2\eta d - \psi_1 \frac{\delta d}{\delta t} + \psi_2 \left(\frac{\delta d}{\delta t} + 4d^2\right) \tag{2.48}$$

上式被称为 Criminale-Eriksen-Filbery（CEF）方程[39]。其中 $\delta d/\delta t$ 被定义为：

$$\frac{\delta d}{\delta t} = \frac{\partial}{\partial t} d + (v \cdot \nabla)d - \nabla v \cdot d - d \cdot \nabla v \tag{2.49}$$

式中参量 η，ψ_1 及 ψ_2 为实验剪切黏度和法向应力系数，它们依赖于 $tr\,d^2$，如式

（2.26），式（2.27），式（2.35）和式（2.36）中的非线性形式一样。因此，式（2.46）和式（2.47）的非线性形式可被用于式（2.48）中的剪切黏度。

公式（2.49）的不足是，不能描述"强"瞬态特性，比如那些产生波动传播效应的特征。

可被用于宽范围的不同流场的更通用的本构方程还没有达到一致的认同。本书在这里将不讨论这些本构方程，感兴趣的读者可以参考 Middleman[17]，Vinogradov 和 Malkin[18] 以及 White[16] 的文献。

2.7　能量守恒和热传导

一般而言，双螺杆挤出机配有加热和冷却装置。因而，当描述它们的行为时，有必要考虑热能和动能现象[14]。其分析基础必定是热力学第一定律，即过程流体内能的变化量等于热能和输入功的总和，其表述形式为：

$$\frac{\mathrm{d}U}{\mathrm{d}t} = Q + W \tag{2.50}$$

式中，U 表示内能；Q 为总热流量；W 为输入功率。

进入一物体的热流量 Q 可根据局部热通量 $\underset{\sim}{q}$ 来表述，即：

$$Q = -\oint \underset{\sim}{q} \cdot \underset{\sim}{n} \mathrm{d}a \tag{2.51}$$

式中，$\underset{\sim}{n}$ 为表面积 $\mathrm{d}a$ 的法向单位矢量。

物体内部的传热由傅里叶热传导定律所确定，即局部热通量 $\underset{\sim}{q}$ 与温度梯度相关，其关系式为[14]：

$$q = -k \frac{\mathrm{d}T}{\mathrm{d}x} \tag{2.52a}$$

$$\underset{\sim}{q} = -k \nabla T \tag{2.52b}$$

式中，k 为热导率，该参数为标量。聚乙烯熔体的热导率约为 $0.25\mathrm{J/(m \cdot s \cdot ℃)}$，并随压力和温度而改变。在各向异性的介质中，$q$ 与 ∇T 的方向可能不同，这将使得热导率成为一个分量为 k_{ij} 的二阶张量。

在形变流体中，必须将式（2.50）简化为一个微分方程，具体步骤如下。首先，物体内能的变化量可以微分形式表示：

$$\mathrm{d}U = \int [\rho c_v \mathrm{d}V] \mathrm{d}T + \left(\frac{\partial U}{\partial V}\right)_T \mathrm{d}V \tag{2.53}$$

式中，V 表示总体积。

外力对物体所做功率 W 可表述为：

$$W = \oint \underset{\sim}{t} \cdot \underset{\sim}{v} \cdot \mathrm{d}a$$

$$= \oint \underset{\sim}{\sigma} \cdot \underset{\sim}{v} \cdot n \mathrm{d}a \tag{2.54}$$

将表示 Q，$\mathrm{d}U$ 和 W 的式（2.51）到式（2.54）一起代入式（2.50），并经过某些处理后，可得方程形式为[14]：

$$\rho c_\mathrm{v} \left[\frac{\partial T}{\partial t} + (v \cdot \nabla) T \right] = k \nabla^2 T + \rho^2 \left(\frac{\partial u}{\partial \rho} \right) \nabla \cdot \underset{\sim}{v} + \sum_i \sum_j \sigma_{ij} \frac{\partial v_i}{\partial x_j} \tag{2.55}$$

式中，u 为单位质量内能。对不可压缩流体，此方程可简化为：

$$\rho c_\mathrm{v} \left[\frac{\partial T}{\partial t} + (v \cdot \nabla) T \right] = k \nabla^2 T + \sum_i \sum_j \sigma_{ij} \frac{\partial v_i}{\partial x_j} \tag{2.56}$$

在笛卡尔坐标系中，式（2.56）形式为：

$$\rho c \left(\frac{\partial T}{\partial t} + v_1 \frac{\partial T}{\partial x_1} + v_2 \frac{\partial T}{\partial x_2} + v_3 \frac{\partial T}{\partial x_3} \right) =$$

$$k \left(\frac{\partial^2 T}{\partial x_1^2} + \frac{\partial^2 T}{\partial x_2^2} + \frac{\partial^2 T}{\partial x_3^2} \right) + \sum_i \sum_j \sigma_{ij} \frac{\partial v_i}{\partial x_j} \tag{2.57}$$

2.8 流体动力润滑理论

在处理高黏流体流经狭窄流道的问题中，包括那些含有运动部件的流道结构，被称为“流体动力润滑理论”的近似方法是非常有用的[16,40~43]。该理论最早由 Osborne Reynolds[40] 提出，并应用于带有运动部件的机械中的牛顿润滑油的流动。这一近似理论是基于对流过狭窄流道黏性流体做“量级”分析，并假定惯性与法向力可被忽略。假设流动发生在笛卡尔坐标系的 1~3 平面内，剪切发生在“2”方向上（图 2.7），则运动方程可被写为：

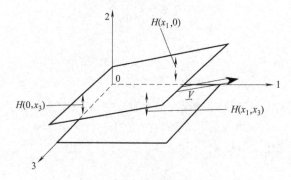

图 2.7 剪切润滑流动

$$0 = \frac{\partial \sigma_{11}}{\partial x_1} + \frac{\partial \sigma_{12}}{\partial x_2} = -\frac{\partial p}{\partial x_1} + \frac{\partial \sigma_{12}}{\partial x_2} = -\frac{\partial p}{\partial x_1} + \frac{\partial}{\partial x_2} \eta \frac{\partial v_1}{\partial x_2}$$

$$= \frac{\partial \sigma_{33}}{\partial x_3} + \frac{\partial \sigma_{32}}{\partial x_2} = -\frac{\partial p}{\partial x_3} + \frac{\partial \sigma_{32}}{\partial x_2} = -\frac{\partial p}{\partial x_3} + \frac{\partial}{\partial x_2} \eta \frac{\partial v_3}{\partial x_2} \tag{2.58}$$

沿 1、3 坐标方向上 σ_{11} 和 σ_{33} 的变化被归因于单独由压力引起的。

当然，相对于低黏度的油液而言，忽略惯性的近似方法更适合高黏聚合物熔体。忽略流动方向上法向应力变量的近似方法则比对牛顿油液的近似更差。在聚合物熔体中，N_1，即 $\sigma_{11} - \sigma_{22}$，是相当大的，一般大于剪切应力 σ_{12}。定性的推断为

$$\frac{\partial \sigma_{12}}{\partial x_2} \gg \frac{\partial N_1}{\partial x_1} \tag{2.59}$$

上式的假设对流体动力润滑理论的应用是至关重要的。

取式（2.58）作为流体动力润滑理论的基本前提，我们将推导这一公式。假设流体为牛顿流体，上表面和下表面为流体的边界条件：

$$\left. \begin{array}{l} v_1(x_1, H, x_3) = U_1 \\ v_3(x_1, H, x_3) = U_3 \\ v_1(x_1, 0, x_3) = 0 \\ v_3(x_1, 0, x_3) = 0 \end{array} \right\} \tag{2.60}$$

其中：

$$H = H(x_1, x_3) \tag{2.61}$$

求解式（2.58），可得到速度场：

$$v_1(x_1, x_2, x_3) = U_1\left(\frac{x_2}{H}\right) - \frac{H^2}{2\eta}\left(\frac{\partial p}{\partial x_1}\right)\left[\left(\frac{x_2}{H}\right) - \left(\frac{x_2}{H}\right)^2\right] \tag{2.62a}$$

$$v_3(x_1, x_2, x_3) = U_3\left(\frac{x_2}{H}\right) - \frac{H^2}{2\eta}\left(\frac{\partial p}{\partial x_3}\right)\left[\left(\frac{x_2}{H}\right) - \left(\frac{x_2}{H}\right)^2\right] \tag{2.62b}$$

定义平均速度 $\bar{v}_1$、$\bar{v}_3$ 及流通量 q_1、q_3 为：

$$q_1 = H\bar{v}_1 = \int_0^H v_1(x_2)\mathrm{d}x_2 \tag{2.63a}$$

$$q_3 = H\bar{v}_3 = \int_0^H v_3(x_2)\mathrm{d}x_2 \tag{2.63b}$$

根据通过流道深度 H 的平均速度，重写式（2.10）的不可压缩连续性方程为：

$$\frac{\partial q_1}{\partial x_1} + \frac{\partial q_3}{\partial x_3} = 0 \tag{2.64a}$$

$$\frac{\partial H\bar{v}_1}{\partial x_1} + \frac{\partial H\bar{v}_3}{\partial x_3} = 0 \tag{2.64b}$$

对牛顿流体，由式（2.62）和式（2.63）可得到 q_1 和 q_3 数值的表达式：

$$q_1 = \frac{1}{2} U_1 H - \frac{H^3}{12\eta}\left(\frac{\partial p}{\partial x_1}\right)$$

$$q_3 = \frac{1}{2} U_3 H - \frac{H^3}{12\eta}\left(\frac{\partial p}{\partial x_3}\right) \tag{2.65}$$

式（2.64）的连续性方程则可被写为：

$$\frac{\partial}{\partial x_1}\left(H^3 \frac{\partial p}{\partial x_1}\right) + \frac{\partial}{\partial x_3}\left(H^3 \frac{\partial p}{\partial x_3}\right) = 6\eta\left[\frac{\partial}{\partial x_1}(U_1 H) + \frac{\partial}{\partial x_3}(U_3 H)\right] \tag{2.66}$$

上述表达式由 Reynolds[40] 在 1886 年提出，因此被称为 Reynolds 方程。

式（2.66）的某些特定应用场合是值得注意的，最显著的情况是：

$$H \cong \text{constant}$$
$$U_1 = U_3 = 0 \tag{2.67}$$

这样，式（2.66）可被简化为：

$$v_1 = -\frac{H^2}{12\eta}\frac{\partial p}{\partial x_1} \qquad \bar{v}_3 = -\frac{H^2}{12\eta}\frac{\partial p}{\partial x_3}$$

或者

$$\bar{v} = -\frac{H^2}{12\eta}\nabla p \tag{2.68}$$

则 Reynolds 方程为：

$$\frac{\partial^2 p}{\partial x_1^2} + \frac{\partial^2 p}{\partial x_3^2} = 0 \tag{2.69}$$

或

$$\nabla^2 p = 0 \tag{2.70}$$

我们看到，Reynolds 方程变成与 Laplaces 方程等效[41]。平均速度可由式（2.70）中的速度势函数给出。这与在非黏流体的二维流动中发生情况相同。流体动力润滑理论的这种特殊形式被称为 Hele-Shaw 流动理论[41]。本节推导出的公式可用于类似热塑性塑料的注塑模具填充流动。这已经被许多学者用这一理论讨论过[16,42,43]。

润滑理论的公式推导方法也适用于非牛顿流体模型。大量的文献已经沿着这样的思路进行研究，尤其如应用在对聚合加工过程的模拟计算[42]。接着回到式（2.58）并采用现在的非牛顿剪切黏度 η 的表达式，则可得到幂律流体的黏度形式为：

$$\eta = K\left[\left(\frac{\partial v_1}{\partial x_2}\right)^2 + \left(\frac{\partial v_3}{\partial x_2}\right)^2\right]^{(n-1)/2} \tag{2.71}$$

此时，进行分析解是不再可能。

参考文献

[1] P. J. Flory, Principles of Polymer Chemistry, Ithaca, N. Y. (1953).

［2］ F. W. Billmeyer, Textbook of Polymer Science, Interscience, N. Y. (1962).

［3］ P. Meares, Polymers: Structure and Bulk Properties, Van Nostrand-Reinhold, London (1965).

［4］ J. M. Schultz, Polymer Material Science, Prentice-Hall, Englewood Cliffs (1974).

［5］ W. Minoshima, J. L. White, and J. E. Spruiell, *J. Appl. Polym. Sci.*, **25**, 287 (1980).

［6］ A. Ghijsels and J. J. S. M. Ente in Rheology (Proc 8th Int. Rheo. Conj.), edited by G. Astarita, G. Marrucci, and L. Nicolais, p. 15, Plenum, N. Y. (1980).

［7］ H. Yamane and J. L. White, *Polym. Eng. Sci.*, **15**, 131 (1987).

［8］ W. Minoshima and J. L. White, *J. Non-Newt. Fluid Mech.*, **19**, 275 (1986).

［9］ J. L. White and H. Yamane, *Pure Appl. Chem.*, **59**, 193 (1987); H. Yamane and J. L. White, *Nihon Reoroji Gakkaishi*, **15**, 131 (1987).

［10］ J. C. Staton, J. P. Keller, R. C. Kowalski, and J. W. Harrison, U. S. Patent 3, 551, 943 (1971).

［11］ R. C. Kowalski, U. S. Patent 3, 563, 972 (1972).

［12］ T. Kanai and J. L. White, *Polym. Eng. Sci.*, **24**, 1185 (1984).

［13］ P. Schlack, *Pure Appl. Chem.*, **15**, 507 (1967).

［14］ R. B. Bird, W. E. Stewart, and E. N. Lightfoot, *Transport Phenomena*, Wiley, N. Y. (1960).

［15］ A. C. Eringen, Non-Linear Theory of Continuous Media, McGraw-Hill, N. Y. (1962).

［16］ J. L. White, Principles of Polymer Engineering Rheology, Wiley, N. Y. (1990).

［17］ S. Middleman, The Flow of High Polymers, Wiley, N. Y. (1967).

［18］ G. V. Vinogradov and A. Y. Malkin, Rheology of Polymers, Mir, Moscow (1980).

［19］ K. Weissenberg, *Nature*, **159**, 310 (1947).

［20］ M. Reiner, Deformation and Flow, Lewis, London (1948).

［21］ G. V. Vinogradov and A. Y. Malkin, *J. Polym. Sci.*, **4**, 135 (1966).

［22］ W. Minoshima, J. L. White, and J. E. Spruiell, *Polym. Eng. Sci.*, **20**, 1166 (1980).

［23］ W. W. Graessley, *J. Chem. Phys.*, **47**, 1942 (1967).

［24］ S. Onogi, T. Masuda, I. Shiga and F. M. Costaschuk, *Appl. Polym. Symp.*, **20**, 37 (1973).

［25］ H. Yamane and J. L. White, *Polym. Eng. Rev.*, **2**, 167 (1982).

［26］ M. L. Williams, R. F. Landel, and J. D. Ferry, *J. Amer. Chem. Soc.*, **77**, 3701 (1955).

［27］ M. F. Johnson, W. W. Evans, I. Jordan, and J. D. Ferry, *J. Colloid Sci.*, **7**, 493 (1952).

［28］ Y. Ide and J. L. White, *J. Appl. Polym. Sci.*, **18**, 2997 (1974).

［29］ J. Hermans, *J. Colloid Sci.*, **17**, 638 (1962).

［30］ H. Aoki, J. L White, and J. F. Fellers, *J. Appl. Polym. Sci.*, **23**, 2293 (1979).

［31］ S. P. Papkov, V. G. Kulichikhin, V. D. Kalmykova, and A. Y. Malkin, *J. Polym. Sci. Polym. Phys.*, **12**, 1753 (1974).

［32］ B. L. Lee and J. L. White, *Trans. Soc. Rheology*, **18**, 467 (1974).

［33］ K. Oda, J. L. White, and E. S. Clark, *Polym. Eng. Sci.*, **18**, 25 (1978).

［34］ F. M. Chapman and T. S. Lee, *Soc. Plast. Eng. J.*, **26**, (1) 37 (1970).

［35］ G. V. Vinogradov, A. Y. Malkin, E. P. Plotnikova, O. Y. Sabsai, and N. E. Nikolayeva, *Int. J. Polym. Mat.*, **2**, 1 (1972).

［36］ V. M. Lobe and J. L. White, *Polym. Eng. Sci.*, **19**, 617 (1979).

［37］ Y. Suetsugu and J. L. White, *J. Appl. Polym. Sci.*, **28**, 1481 (1983).

［38］ J. L. White, Y. Wang, A. I. Isayev, N. Nakajima, F. C. Weissert, and K. Min, *Rubber Chem.*

Technol. , **60**，337（1987）.

[39] W. O. Criminale, J. L. Ericksen, and G. L. Filbey，*Arch. Rat. Mech. Anal.* ，1，410（1958）.

[40] O. Reynolds，*Phil. Trans. Roy. Soc.* ，**A 177**，157（1886）.

[41] H. Lamb，Hydrodynamics，6th ed. ，Cambridge U Press（1932）.

[42] Z. Tadmor and C. G. Gogos，Principles of Polymer Processing, 2nd ed, Wiley, N. Y. （2006）.

[43] J. L. White，*Polym. Eng. Sci.* ，**15**，44（1975）.

第
3
章
单螺杆挤出

3.1 概述

为了了解多螺杆挤出系统的操作机理、应用和性能，必须从单螺杆挤出机开始。本章的目的就是简要概述单螺杆挤出机的科技知识。本章不准备详尽介绍，而是提供足够的信息，以便让读者能够理解本书的后续内容。

本章首先讨论单螺杆挤出机的发展史。关于单螺杆挤出机有大量的专利文献，我们必须有选择性的介绍。接着将讨论在单螺杆挤出机中的流体熔融和混合的机理。从历史的角度，我们注意到 Paton，Squires，Darnell，Cash 和 Carley 的文章[1] 和 Schenkel 的早期论述[2]，Tadmor 和 Klein[3]、Rauwendaal[4] 以及 White 和 Potente[5] 的近期更多文献也值得引用。

3.2 单螺杆挤出机的发展史

螺杆泵的概念非常古老，经常被归于阿基米德。单螺杆挤出机的发展似乎起始于 19 世纪后期，大约在同时期，我们也将看到非啮合异向双螺杆挤出机的出现。在 Sturges[6] 的一项 1871 年美国专利中，有一个泵送肥皂的装有螺旋轮缘的轴或者螺杆（图 3.1）。在 Higbie[7] 的一项 1877 年美国专利中，描述了在输送和干燥谷物中螺杆的使用（图 3.2）。有关聚合物螺杆挤出机的第一项专利是 M. Gray[8] 的一项 1879 年专利，关于电线包覆专用的杜仲胶的挤出（图 3.3）。

或许还有许多被工业公司应用的单螺杆挤出技术，但没有申请专利或发表文章。一些作者指出[2]，在 1873 年 Hamburger Gummiwerke（现在是 Phoenix Gummi-werke AG）公司使用螺杆挤出机挤出橡胶化合物。总之，很明显，在 19 世纪最后 30 年中，螺杆泵在加工工业中变得非常普遍。

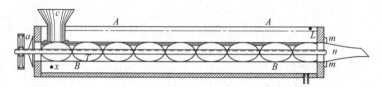

图 3.1　Sturges 的冷却和混合肥皂的设备（Sturges U. S 专利 114，063，1871 年）

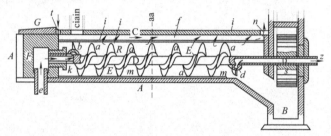

图 3.2　Higbie 的谷物输送和干燥设备（Higbie U. S 专利 192，069，1877 年）

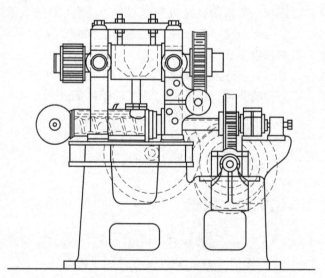

图 3.3　M. Gray 的电线包覆挤出机（Gray British 专利 5，056，1879 年）

螺杆和螺杆挤出机设计中的变化有着悠久的历史。在 Higbie 和 Gray 发表专利几年后，Desgoffe 和 DiGiorgio[9] 描述了一台沿机器方向上螺距变小的单螺杆挤出机。这台挤出机据说可混炼和捏合物料（图 3.4）。橡胶工业是螺杆挤出设备的早期使用者，正是在这种情况下，开发出第一台排气挤出机（图 3.5），通过在螺杆的两段[8,9]之间设置空穴实现排气，第二段设计有排气口。这些对提高连续共混橡胶的能力是相当有效的。早至 1919 年，就研发出装有多个加料口的单螺杆挤出机；在每一个加料口的前面都有一个减压空间[12]（图 3.6）。由于混炼和捏合橡胶和早期塑料的需要，在 20 世纪 20 年代出现了分段式螺杆的结构[13]（图 3.7），和在 20 世纪 30 年代出现了螺纹和沟槽的机筒衬套[14]（图 3.8）。销钉机筒结构有着悠久的历史[15,16]（图 3.9）。这种最基本的设计理念已经形成，尽管它们经常被后人忘记而又被重新发明。

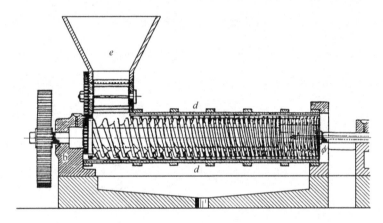

图 3.4　具有变化螺距的早期螺杆挤出机（Desgoffe 和 DiGiorjio 德国专利 26，177，1844 年）

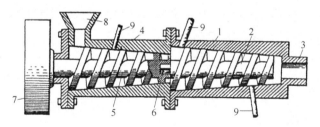

图 3.5　早期排气螺杆挤出机（Price U.S 专利 1，156，096，1915 年）

　　上述的这些专利大约覆盖了从 1880～1940 年间，世界上的许多公司都开始重点研究螺杆挤出机的制造。所涉及的公司有：美国的 Royle 和法雷尔-Birmingham，英国曼彻斯特的 Francis Shaw，德国汉诺威的 Paul Troester 机器制造公司。最早用于橡胶加工的挤出机是蒸汽加热的。1935 年，Paul Troester 机器制造公司制造了一台蒸汽和电力组合加热的挤出机[2,17~19]。1939 年，Paul Troester 机器制造公司开始提供完全电加热并配有压缩空气冷却的塑料挤出机[2,17~19]。

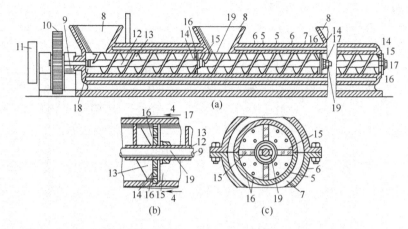

图 3.6　多加料口的螺杆挤出机（Felix U. S 专利 1，320，128，1919 年）

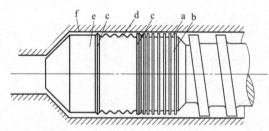

图 3.7　分段式螺杆结构（Stich 德国
专利 476，748，1929 年）

20 世纪 40 年代出现了两种基于往复式螺杆的精彩的机器。这其中最重要的是往复式螺杆注塑技术，可能最应该归功于 I. G. . 法本公司的 H. Beck[20]（图 3.10）。在这项技术中，聚合物被加入到喂料段，之后由旋转螺杆向前泵送。这一泵送动作将熔体聚集在模具浇口的前端。螺杆周期地向前运动，注射聚合物熔体进入模腔。这一螺杆注塑步骤将原来的间歇成型过程转变为半连续过程。第二种机器是 H. List 的往复式混炼机[21]，一根带有间断螺棱的螺杆在销钉机筒挤出机内，可产生混合和自洁的特点（见第 16 章）。这种机器由瑞士巴塞尔的布斯公司和北美的贝克-珀金斯公司首先进行商业制造，将在第 16 章中讨论。

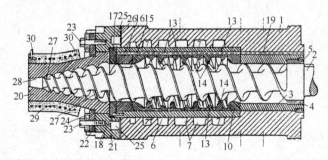

图 3.8　具有螺纹和沟槽机筒的螺杆挤出机（Royle U. S 专利 1，904，884，1933 年）

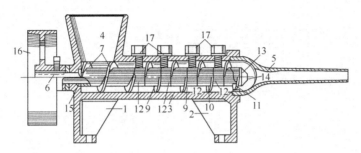

图 3.9　早期加工灌肠的销钉机筒挤出机（Anderson U.S 专利 1，848，236，1932 年）

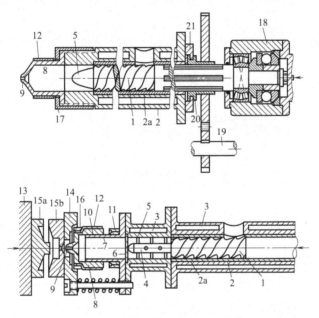

图 3.10　Beck 的螺杆注塑机[20]

第二次世界大战后，这些挤出机的研发活动已经得到了充分开展。研发的重点已经放在螺杆的均化段和混炼段上[22~29]（图 3.11）。挤出机变得越来越大。直径在 250~600mm 之间的挤出机开始被制造并被应用在工业中。在 1977 年，由汉诺威的赫尔曼·贝尔斯托夫机器制造公司生产的设备，其驱动功率达到 400kW，产量 17~22t/h。

在 1960 年，Kautex 在热塑性塑料挤出机的喂料段机筒上引入沟槽结构[30]。沟槽在提高单螺杆挤出机产量上的价值被清楚地表现在 Kautex 与巴斯夫公司合作研究的高密度聚乙烯的挤吹成型的项目中。

销钉机筒挤出机（图 3.12）在橡胶行业变得非常重要，并提供均化产品的高产出率[31]。Paul Troester 机器制造公司是第一个获授权制造这种机器，并在

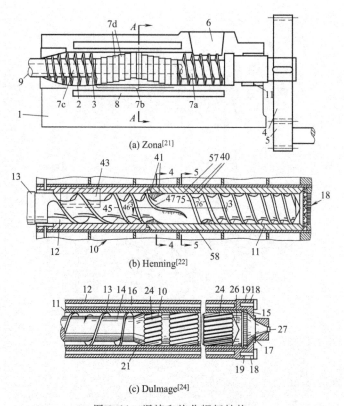

(a) Zona[21]

(b) Henning[22]

(c) Dulmage[24]

图 3.11 混炼和均化螺杆结构

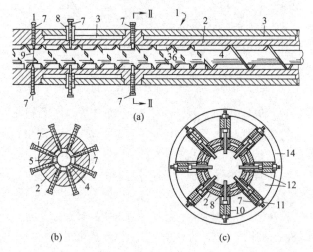

(a)

(b)   (c)

图 3.12 销钉机筒橡胶挤出机 (Menges，Harms，和 Hegele，
U.S 专利 4，178，104 和 4，199，263)

相应的制造业具有领先地位。

改进单螺杆挤出机的努力在持续着。这可在专利和工程文献中看到。典型的例子是最近的发展：包括 Grünschloss 的 Helibar 螺杆挤出机[32]。

塔德莫尔[33]已经设计了一种连续加工设备，它在静止的机壳内设置了一个旋转盘。这种盘式挤出机作用如一台连续泵送装置，但没有采用螺杆泵送原理。这种机器正在由法雷尔公司研发（法雷尔-Birmingham 公司的继任者）。

3.3 计量流动的机理

对在单螺杆挤出中流动的模拟的基础分析可追溯到 1922 年的一篇有关石油流动的文章[34]。这篇文章后来被 Pearsall[35]，Rowell 和 Finlayson[36]，Pigott[37]，Meskat[38]，Carley，Mallouk 和 McKelvey[39~41]， Maillefer[42]，Mohr 和 Mallouk[43] 等人的文章

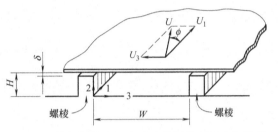

图 3.13 单螺杆挤出机中流动分析的坐标系和模型

中引述过。这一理论在 1959 年又被 Paton 等人[1]和 Schenkel[2]，及后来在 1962 年被 McKelvey[44]评论过。它还被塔德莫尔和 Klein[3] 以及 Rauwendaal[4] 最近的专著里非常详细地论述过。

这种理论分析基于在螺杆根部建立坐标系，螺杆被展成平面（图 3.13）。假定机筒相对于螺杆运动，其绝对速度：

$$U = \pi D N \tag{3.1}$$

式中，D 是螺杆外径；N 是转动速度。该坐标系被建立为："1"沿着螺槽方向，"2"垂直于螺杆根部，"3"垂直于"1"和"2"所确定的平面。机筒转速是：

$$
\begin{aligned}
\underset{\sim}{U} &= U_1 \underline{e}_1 + 0\underline{e}_2 + U_3 \underline{e}_3 = U\cos\phi \, \underline{e}_1 - U\sin\phi \, \underline{e}_3 \\
&= \pi DN\cos\phi \, \underline{e}_1 - \pi DN\sin\phi \, \underline{e}_3
\end{aligned}
\tag{3.2}
$$

这个建模是基于应用流体动力润滑理论。由此得到运动方程为：

$$0 = -\frac{\partial p}{\partial x_1} + \frac{\partial \sigma_{12}}{\partial x_2} + \frac{\partial \sigma_{13}}{\partial x_3} \tag{3.3a}$$

$$0 = -\frac{\partial p}{\partial x_3} + \frac{\partial \sigma_{32}}{\partial x_2} \tag{3.3b}$$

如果进一步假设流体为牛顿流体，式（3.3）可改写为：

$$0 = -\frac{\partial p}{\partial x_1} + \eta\left(\frac{\partial^2 v_1}{\partial x_2^2} + \frac{\partial^2 v_1}{\partial x_3^2}\right) \tag{3.4a}$$

$$0 = -\frac{\partial p}{\partial x_3} + \eta \frac{\partial^2 v_3}{\partial x_2^2} \qquad (3.4b)$$

一般而言，由螺棱壁面引起的剪切被认为是次级影响效应，式（3.4a）可被简化为：

$$0 = -\frac{\partial p}{\partial x_1} + \eta \frac{\partial^2 v_1}{\partial x_2^2} \qquad (3.5)$$

速度场为：

$$v_1(x_2) = U_1\left(\frac{x_2}{H}\right) - \frac{H^2}{2\eta}\frac{\partial p}{\partial x_1}\left[\left(\frac{x_2}{H}\right) - \left(\frac{x_2}{H}\right)^2\right] \qquad (3.6)$$

这一速度场如图 3.14 所示。螺杆和机筒的相对运动推动流体向前运动。由机头引起一个反向压力流。

沿螺槽的净流率为：

$$Q = W\int_0^H v_1 \, \mathrm{d}x_2 = \frac{WHU_1}{2} - \frac{WH^3}{12\eta}\frac{\mathrm{d}p}{\mathrm{d}x_1} \qquad (3.7)$$

式中，$U_1 = \pi DN\cos\phi$

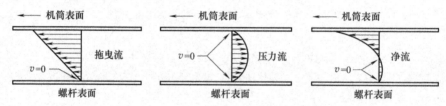

图 3.14　由模型确定的沿螺槽的速度分布

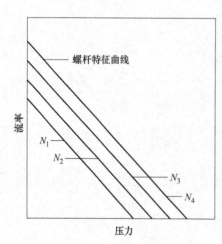

图 3.15　螺杆特征曲线

这个简单的结果来自于 Pearsall[35]。式（3.7）是表达螺杆特征曲线的基础，它表述了在指定螺杆转速 U 或 N 下，流量 Q 与压力降 ΔP 的关系，如图 3.15 所示。

现在我们观察横向流动，"3"分量。它具有类似式（3.6）的形式：

$$v_3(x_2) = U_3\left(\frac{x_2}{H}\right) - \frac{1}{2\eta}\frac{\partial p}{\partial x_3}\left[\left(\frac{x_2}{H}\right) - \left(\frac{x_2}{H}\right)^2\right] \qquad (3.8)$$

式中，$U_3 = -\pi DN\sin\phi$

速度分量 $v_2(x_3)$ 也必然存在，由此得到图 3.16 的速度场。隐含在式（3.6）

和式（3.8）中的速度分量 v_1（x_2）和 v_3（x_2）中的循环流动在 Eccher 和 Valentinotti[45]在 1958 年发表的实验研究中被观察到。

上述公式包含了速度场的基本形式。然而，我们已经假设螺槽中的流体为牛顿流体。更多情况下，我们必须考虑剪切黏度随剪切速率而变化，并用下式取代式（3.4a）：

$$0=-\frac{\partial p}{\partial x_1}+\frac{\partial}{\partial x_2}\left(\eta\,\frac{\partial v_1}{\partial x_2}\right)+\frac{\partial}{\partial x_3}\left(\eta\,\frac{\partial v_1}{\partial x_3}\right) \tag{3.9a}$$

可简化为：

$$0=-\frac{\partial p}{\partial x_1}+\frac{\partial}{\partial x_2}\left(\eta\,\frac{\partial v_1}{\partial x_2}\right) \tag{3.9b}$$

在这里我们忽略了由螺棱引起的剪切。

Mori，Otatake 和 Igarashi[46,47]于 1954 和 1955 年对在螺槽中的宾汉塑性流体的非牛顿流动进行了第一次分析。从长远看，更重要的是 Rotem 和 Shinnar[48]，Griffith[49]，以及 Kroesser 和 Middleman[50]对幂律流体进行的分析。对于幂律流体：

$$\eta=K\left(\frac{\partial v_1}{\partial x_2}\right)^{n-1} \tag{3.10}$$

带入式（3.9b）可得：

$$0=-\frac{\partial p}{\partial x_1}+\frac{\partial}{\partial x_2}\left[K\left(\frac{\partial v_1}{\partial x_2}\right)^n\right] \tag{3.11}$$

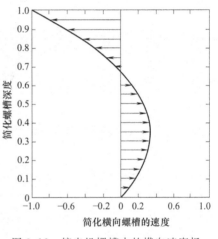

图 3.16　挤出机螺槽中的横向速度场

求解可得：

$$v_1(x_2)=\frac{n}{n+1}\frac{1}{K^{1/n}}\frac{1}{(\partial p/\partial x_1)}\left[\left(x_2\frac{\partial p}{\partial x_1}+C_1\right)^{(n+1)/n}-C_1^{(n+1)/n}\right] \tag{3.12}$$

式中 C_1 由下式确定：

$$U_1=\frac{n}{n+1}\frac{1}{K^{1/n}}\frac{1}{(\partial p/\partial x_1)}\left[\left(H\frac{\partial p}{\partial x_1}+C_1\right)^{(n+1)/n}-C_1^{(n+1)/n}\right] \tag{3.13}$$

需用数值解确定 C_1。在塔德莫尔和 Klein[3]及 Rauwendaal[4]的专著里较详细地讨论了这一求解方法。

对式（3.12）进行积分可得：

$$Q=W\int_0^H v_1(x_2)\mathrm{d}x_2$$

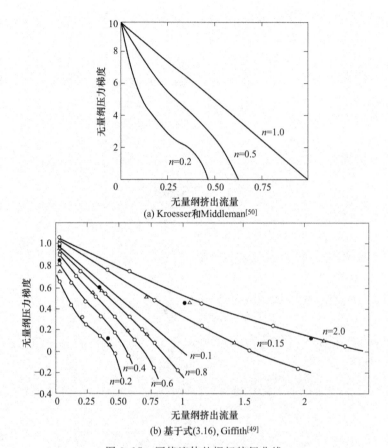

(a) Kroesser和Middleman[50]

(b) 基于式(3.16), Giffith[49]

图 3.17　幂律流体的螺杆特征曲线

$$= \frac{n}{n+1} \frac{1}{K^{1/n}} \frac{W}{(\partial p/\partial x_1)} \left\{ \frac{[H(\partial p/\partial x_1 + C_1)]^{(2n+1)/n} - C_1^{(2n+1)/n}}{[(2n+1)/n](\partial p/\partial x_1)} - \right.$$

$$\left. C_1^{(n+1)/n} H \right\} \tag{3.14}$$

式中，C_1 由式（3.13）确定。可对式（3.14）进行图解。从图 3.17a 中可观察到，牛顿流体的 $Q\text{-}\Delta p$ 的线性特征消失了，挤出机的泵送能力降低。Griffith[49] 分析了沿螺槽方向上的横向流动和纵向流动。因此可取代式（3.10）和式（3.11）得：

$$\eta = K \left[\left(\frac{\partial v_1}{\partial x_2} \right)^2 + \left(\frac{\partial v_3}{\partial x_2} \right)^2 \right]^{(n-1)/2} \tag{3.15}$$

和：

$$0 = -\frac{\partial p}{\partial x_1} + \frac{\partial}{\partial x_2} K \left[\left(\frac{\partial v_1}{\partial x_2} \right)^2 + \left(\frac{\partial v_3}{\partial x_2} \right)^2 \right]^{(n-1)/2} \frac{\partial v_1}{\partial x_2} \tag{3.16a}$$

$$0 = -\frac{\partial p}{\partial x_3} + \frac{\partial}{\partial x_2} K \left[\left(\frac{\partial v_1}{\partial x_2} \right)^2 + \left(\frac{\partial v_3}{\partial x_2} \right)^2 \right]^{(n-1)/2} \frac{\partial v_3}{\partial x_2} \tag{3.16b}$$

Griffith 对这种情况给出了一个数值解，对此可从图 3.17b 的螺杆特征曲线给出概述。

很明显，随"n"减小而增加的非牛顿特性降低了泵送能力（例如给定 $\partial p/\partial x_1$ 条件下的 Q）。

到此为止，我们没有研究挤出机中的黏性生成热。Griffith[49]，Zamodits 和 Pearson[51]，以及 Martin[52] 已对这个问题进行过分析。必须求解：

$$\rho c\left(v_1 \frac{\partial T}{\partial x_1}+v_2 \frac{\partial T}{\partial x_2}+v_3 \frac{\partial T}{\partial x_3}\right)=$$

$$k\frac{\partial^2 T}{\partial x_2^2}+\eta\left[\left(\frac{\partial v_1}{\partial x_2}\right)^2+\left(\frac{\partial v_3}{\partial x_2}\right)^2+\left(\frac{\partial v_1}{\partial x_3}\right)^2\right] \tag{3.17}$$

需与力平衡方程一起进行求解。此外，需要考虑黏度的温度和非牛顿黏度。Griffith[49] 及 Zamodits 和 Pearson[51] 将式（3.17）简化为：

$$0=k\frac{\partial^2 T}{\partial x_2^2}+\eta\left[\left(\frac{\partial v_1}{\partial x_2}\right)^2+\left(\frac{\partial v_3}{\partial x_2}\right)^2\right] \tag{3.18}$$

并将下式代人式（3.15）：

$$K=Ae^{-a(T-T_0)} \tag{3.19}$$

Martin[52] 论述了对流的重要性，并试求解：

$$\rho c v_1 \frac{\partial T}{\partial x_1}=k\frac{\partial^2 T}{\partial x_2^2}+\eta\left[\left(\frac{\partial v_1}{\partial x_2}\right)^2+\left(\frac{\partial v_3}{\partial x_2}\right)^2\right] \tag{3.20}$$

在塔德莫尔和 Klein[3] 以及 Rauwendaal[4] 的专著里，对上述模拟计算做了较详细的概述。

3.4　计量流动：螺棱及间隙的影响

上一节的分析忽视了螺棱的影响。流动熔体黏附在螺棱上，正如熔体黏附在螺杆表面。一个次级因素是，在螺棱顶端和机筒之间距离被定义为间隙，这个间隙连接了两个不同压力的区域。这一压力差引起一个反向漏流。本节的目的就是描述这两种流动的效应，并对它们进行分析和解释，以判断它们的正确性。

由式（3.4a）定义的一种牛顿流体在二维流道中的流动，其边界条件为：

$$\begin{aligned}v_1(0,x_3)&=0\\v_1(x_2,0)&=0\\v_1(x_2,W)&=0\\v_1(H,x_3)&=U\end{aligned} \tag{3.21}$$

从 20 世纪 20 年代以来，使用上述边界条件，由式（3.3a）对螺杆挤出进行求解的方法已经被讨论过。Meskat[38] 初期给出了这些求解方法的关键分析。

这些求解的典型形式为：

$$v_1(x_2,x_3) = \left[\frac{4}{\pi}\sum_{n=1,3,5}\frac{\sinh(n\pi x_2/W)}{n\sinh(n\pi H/W)}\sin\frac{n\pi x_3}{W}\right]U - \frac{H^2}{2\eta}\frac{\partial p}{\partial x_1}$$

$$\cdot\left[\frac{x_2}{H} - \left(\frac{x_2}{H}\right)^2 + \frac{8}{\pi^3}\sum_{n=1,3,5}\frac{\cosh\{n\pi(W/H)[(x_3/W)-(1/2)]\}}{\cosh[n\pi(W/2H)]}\sin\left(\frac{n\pi x_2}{H}\right)\right]$$

$$(3.22)$$

式（3.22）是式（3.6）的一个通式，速度场 v_1（x_2，x_3）在螺棱壁面处（$x_3 =$ 0 和 W）为零。

式（3.7）中通过螺槽的流量 Q 现在可表述为：

$$Q = \frac{HWU}{2}F_d - \frac{H^3 W}{12\eta}\frac{\mathrm{d}p}{\mathrm{d}x_1}F_p \qquad (3.23)$$

式中，F_d 和 F_p 是描述壁面效应的形状因子。其表达式为：

$$F_d = \frac{16W}{\pi^3 H}\sum_{n=1,3,5}^{\infty}\frac{1}{n^3}\tanh\frac{n\pi H}{2W} \qquad (3.24\text{a})$$

$$F_p = 1 - \frac{192}{\pi^5 W}\sum_{n=1,3,5}^{\infty}\frac{1}{n^5}\tanh\frac{n\pi H}{2W} \qquad (3.24\text{b})$$

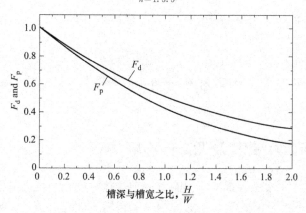

图 3.18　式（3.23）和式（3.24）中形状因子 F_d 和 F_p

图 3.18 给出的 F_d 和 F_p 是 H/W 的函数。如果 $H/W < 0.6$，上式可近似为：

$$F_d = 1 - 0.571\frac{H}{W} \qquad (3.25\text{a})$$

$$F_p = 1 - 0.625\frac{H}{W} \qquad (3.25\text{b})$$

许多挤出机螺杆的 $H/W = 0.03\sim0.10$。这使得 F_d 和 F_p 为 $0.94\sim0.98$。

对非牛顿流体，如幂律流体，可进行类似的推导。这些分析基于式（3.26a）的求解，其中，剪切黏度已经被写为：

$$\eta = K\left[\left(\frac{\partial x_1}{\partial x_2}\right)^2 + \left(\frac{\partial v_1}{\partial x_3}\right)^2\right]^{(n-1)/2} \tag{3.26}$$

由此得到：

$$0 = -\frac{\partial p}{\partial x_1} + K$$

$$\left\{\frac{\partial}{\partial x_2}\left[\left(\frac{\partial v_1}{\partial x_2}\right)^2 + \left(\frac{\partial v_1}{\partial x_3}\right)^2\right]^{(n-1)/2}\frac{\partial v_1}{\partial x_2} + \frac{\partial}{\partial x_3}\left[\left(\frac{\partial v_1}{\partial x_2}\right)^2 + \left(\frac{\partial v_1}{\partial x_3}\right)^2\right]^{(n-1)/2}\frac{\partial v_1}{\partial x_3}\right\}$$

$$\tag{3.27}$$

如果考虑横向流动，必须在式（3.26）和式（3.27）中引入 $\partial v_3 / \partial x_2$。公式（3.16b）也需要被引入。

几乎从开始研究螺杆挤出的流体力学以来，就已经考虑通过螺棱时所发生的漏流[35,39]。Carley 等人[39]注意到，从螺棱到螺棱的压力微分将产生一个向较低压力区的反向流。牛顿流体的这种漏流为：

$$Q_L = \frac{\pi D_b \delta^3 \Delta p_f}{12\eta b}E \tag{3.28}$$

式中，δ 是螺棱间隙，b 是螺棱厚度，D_b 是机筒直径，E 是偏心系数，如果螺杆在中心，这个系数为 1，Δp_f 是通过一个螺棱的压力降。Q_L 应该从螺槽净流量中被减去，如从式（3.23）中。后来的作者指出，拖曳流也将因漏流的出现而减小。由此给出（忽略 F_d 和 F_p）：

$$Q = \frac{HWU}{2}\left(1 - \frac{\delta}{H}\right) - \frac{H^3 W}{12\eta}\frac{\Delta p}{L}(1 + f_L)（译者注：原文此式中的 f_L 为 f）$$

$$\tag{3.29a}$$

其中：

$$f_L = \frac{\pi D_b \delta^3 L}{H^3 Wb} \tag{3.29b}$$

Mohr 和 Mallock[43]已经提出了一个比上述公式更通用的挤出机螺杆中的漏流表达式。

3.5　螺杆挤出机中的熔融

塑化螺杆挤出机的关键区域常常是颗粒熔融区。挤出机方面的专家已经意识到了这一点，并对熔融过程的机理做了基础性研究。Maddock[53]已经做过这些关键性的研究，他将原色和染色的塑料颗粒混合物喂入螺杆挤出机的料斗中。当达到稳态时，通过急冷机筒实现对挤出机内的聚合物快速冷冻。然后将挤出机螺杆从机筒中拔出，并将固化的塑料展平和切片。这些切片可以解释冷冻前的塑料状态。在塑料未进入熔融状态的区域内，有色和无色的颗粒保持着它们的原有特征。在塑料熔化的区域，聚合物呈现出颜料的均匀色质。根据沿着螺杆长度上的这两个区域的状态，给出熔融机理的假设。Street[54]，Tadmer，Duvdevani 和 Klein[55]，Menges 和 Klenk[56]，Martin[57] 以及 Dekker[58] 均已对这类实验进行了后续报道。

(a) Maddock[53]的熔融观察　　(b) Dekker[58]的熔融观察　　(c)Mengesh和Klenk[56]的熔融观察

图 3.19

Maddock[53] 和塔德莫尔等人[55] 清楚地观察到沿机筒的熔体层，熔体被螺槽内的横向流刮离，并聚积在推力螺棱处。Menges 和 Klenk[56] 发现，拖尾螺棱处形成熔池。Dekker[58] 的研究清楚地表明，熔体形成是完全环绕着固体床，即环绕着螺棱和根部以及机筒（见图 3.19）。

塔德莫尔[59] 在 1966 年首次提出了对螺槽内固体床熔融的建模研究。他考虑了 Maddock 的沿机筒熔融和在推力螺棱处熔体聚积的熔融机理。十年后，Lindt[60] 在 Dekker[58] 的实验基础上提出了一个新的模型。同时，Shapiro，Halmos 和 Pearson[61] 提出了一个类似的模型。

在塔德莫尔[59] 的初始模型中，认为固体床熔融如图 3.19a 所示。在螺杆和机筒之间形成一层厚度为 δ 的熔膜，并聚积在推力螺棱旁的熔池里。从熔膜到固体床的热通量被认为是从机筒的热传导和熔膜内黏性耗散生成热的热量总和：

$$q = \frac{k_m}{\delta}(T_b - T_m) + \frac{\eta(\pi D N - U_s)^2}{2\delta} \tag{3.30}$$

式中，U_s 是在 $1 \sim 3$ 坐标平面内的固体床速率，它选用了在 3.4～3.5 节中定义的几何结构。这一热通量进而加热和熔融固体床。

$$q = \rho_s [c_s (T_b - T_m) + \lambda] v_{s2} \tag{3.31}$$

式中，c_s 是固体热容；ρ_s 是固体密度；λ 是熔融潜热；v_{s2} 是固体床界面速率。合并式（3.30）和式（3.31），可以得到 v_{s2}，固体进入熔体相的速率。熔融速率为：

$$\omega = \rho_s v_{s2} W_s = \rho_m \frac{U_s}{2} \delta \tag{3.32}$$

式中，W_s 是固体床宽度。由此可得到固体床消失速率的表达式为：

$$\rho_s v_{s1} \frac{d}{dx_1}(W_s H) = -\omega = -\rho_s v_{s1} \tag{3.33}$$

求解式（3.33）可得到 $W_s(x_1)$，它可描述熔融过程。塔德莫尔和他的合作者通过考虑非牛顿剪切黏度和黏度对温度的依赖性，对上述模型进行了修正[3]。

在 Lindt[60] 的模型中认为，熔膜环绕形成，并包覆固体床。Lindt 建立了力平衡表达式：

$$0 = -\frac{\partial p}{\partial x_3} + \frac{\partial}{\partial x_2}\eta\frac{\partial v_3}{\partial x_2} \tag{3.34a}$$

并与能量平衡方程偶合：

$$0 = k\frac{\partial^2 T}{\partial x_2^2} + \eta\left[\left(\frac{\partial v_1}{\partial x_2}\right)^2 + \left(\frac{\partial v_3}{\partial x_2}\right)^2\right] \tag{3.34b}$$

上述公式应用在图 3.19b 中的上下熔膜层中。对于等温牛顿流体，求解式 (3.34a) 可得：

机筒上熔膜层：

$$q_b = \frac{1}{2}\delta_b U_s - \frac{\delta_b^3}{12\eta}\frac{\partial p_b}{\partial x_3} \tag{3.35a}$$

螺杆上熔膜层：

$$q_s = -\frac{\delta_s^3}{12\eta}\frac{\partial p_s}{\partial x_3} \tag{3.35b}$$

其中

$$q_b = q_s + q_1 \tag{3.35c}$$

式中，δ 是熔膜厚度，下标 "b" 和 "s" 表示机筒和螺杆的表面。公式 (3.35c) 表明，机筒处的通量 q_b 可分为通过螺棱的漏流 q_1 和环绕固体床的通量 q_s。

Lindt[60] 认为，固体床的位置取决于压力分布和梯度的相对大小。在 3-方向上作用在固体床上的力为

$$F_3 = W_B\left(\eta\frac{U_3}{\delta_b} - \frac{\delta_b}{2}\frac{\partial p_b}{\partial x_3} - \frac{\delta_s}{2}\frac{\partial p_s}{\partial x_3} - H_{bed}\frac{\partial p_b}{\partial x_3}\right) \tag{3.36}$$

式中，W_B 是固体床的宽度。

沿螺槽 "1" 方向上的压力梯度与横向压力梯度相关。大致为：

$$W_B\frac{\partial p_b}{\partial x_3} \cong \pi D\frac{\partial p}{\partial x_1} \tag{3.37}$$

F_3 的大小决定固体床的位置。Lindt 分析认为，Maddock[53]、Menges 和 Klenk[56] 以及 Dekker[58] 的不同观察结论均与 F_3 相对值有关，如由螺杆转速和压力梯度等参数确定。

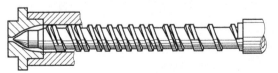

图 3.20　Maillefer 螺杆

这样的假定似乎是合理的，即塔德莫尔[59] 模型在熔融的初始阶段是有效的，而 Lindt 理论在熔融的后续阶段是准确的。在这些后续的熔融阶段中，当固体床被挤向拖尾螺棱时，塔德莫尔模型应该是 Lindt 模型的渐进值。

最近，Viriyathorkorn 和 Kassahon[62]通过数值模拟流动已经解决了这个问题，考虑了通过横截面的所有材料。没有区分不同的相态。流变特性被认为随温度的变化而变化，熔融潜热归于热容对温度的依赖性。这种预测一般符合上述段落的评述。

对熔融的不同基础研究作出响应的一个显著研发成果是 Maillefer[27]发明的屏障螺杆（图 3.20）。图中，熔融区有一个新螺棱延伸，这种结构将熔体从固体床分离，并沿螺杆长度上控制熔体。这一发明导致了单螺杆挤出机的新一代螺杆结构的形成，Rauwendaal 已对此进行过论述[4,63]。

3.6 塑料螺杆挤出机中的固体输送

在塑料螺杆挤出机中，塑料颗粒被加入料斗，然后通过螺杆与机筒的相对运动向前输送。随后，通过机筒加热器和与机筒的摩擦作用熔融颗粒。本节的目的是讨论单螺杆挤出机的固体输送段。

Darnell 和 Mol[64]已经描述过螺杆挤出机的固体输送段的实验研究。颗粒以固体塞的形式通过机筒向前运动。观察到显著的压力波动。

对单螺杆挤出机固体输送区的流动研究起始于 Maillefer[42]和后来的 Darnell 和 Mol[64]的工作。他们把颗粒床看做是连续的，随着机筒与螺杆的相对运动被拖曳向前输送。这样的运动受到施加在螺杆根部和螺棱侧面的摩擦力的抵抗。

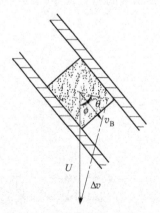

图 3.21　螺槽内固体床的运动

沿着螺槽方向，固体床内有压力存在。固体床以速度v_B运动，它小于沿螺槽方向的机筒速度分量。可写为（见图 3.21）：

$$v_B = U - \Delta v \tag{3.38}$$

式中，Δv决定了机筒上拖曳力$\underline{F}_d$在固体床的方向。

沿螺杆长度方向压力场的形成与机筒摩擦力和螺杆摩擦力之间的差值相关。

Maillefer 将此简单表述为：

$$v_B = U \frac{\cos(\phi + \theta)}{\cos\phi} \tag{3.39}$$

$$\frac{\mathrm{d}p}{\mathrm{d}x_1} = (\mu_b \sin\theta - k\mu_s)\frac{p}{b\sin\theta} \tag{3.40}$$

式中，θ是聚合物固体塞滑动速度矢量v_B和垂直$\underline{U} - \underline{v}_B$的方向之间的夹角。$\mu_b$是机筒的摩擦系数，$\mu_s$是螺杆的摩擦系数。压力的建立主要依赖于$\mu_b$。Darnell 和 Mol[64]将式（3.38）和（3.39）普适化，涵盖了螺杆和机筒的曲率。

以上论述明显地表明，为了在螺杆挤出机内建立强压力场，应该有很大的机筒摩擦系数 μ_b。这引出了沟槽机筒挤出机的概念[31]。沟槽机筒挤出机可形成很高的压力，由此可导致很高的产量。在这类挤出机内的压力流与机筒的拖曳流方向相同。Boes 等人[30]，Menges 和 Hegele[65]，Fritz[66]，Potente[67] 以及 Koch[68] 均对沟槽机筒挤出机进行过关键性的论述。

3.7　单螺杆挤出机中的停留时间分布

在螺杆挤出机中的平均停留时间和单个物料颗粒的停留时间的范围或分布是非常重要的。Pinto 和塔德莫尔[3,69] 以及后来的 Lidor 和塔德莫尔[70] 首先研究了螺杆挤出机内停留时间分布。他们发展了由 Mohr，Saxton 和 Jepson[71] 以及 McKelvey[44] 对层流剪切混合的早期研究。

跟踪流体颗粒的螺旋运动，如像这些颗粒沿着螺槽向前移动。对于牛顿流体，机筒附近的这些速度可由式（3.6）和式（3.8）确定；垂直螺棱的法向速度分量 $v_3(x_2)$ 的方向是负 3 方向，因为机筒速度 U_3 等于 $-\pi DN\sin\phi$，在螺杆的附近区域，速度 $v_3(x_2)$ 变为正的。正负速度的分界点可由下式确定：

$$\int_0^H v_3(x_2)\,\mathrm{d}x_2 = 0 \tag{3.41}$$

它的解必须由方程（3.8b）确定。当 $x_2 > 2H/3$ 时，$v_3(x_2)$ 是负的；当 $x_2 < 2H/3$ 时，$v_3(x_2)$ 是正的。为了追踪单个粒子：

$$\int_{x_2}^H v_3'(x_2)\,\mathrm{d}x_2 + \int_{x_2}^{x_2} v_3(x_2)\,\mathrm{d}x_2 = 0 \tag{3.42}$$

导致：

$$\left(\frac{x_2}{H}\right)^2 - \left(\frac{x_2}{H}\right)^3 = \left(\frac{x_2'}{H}\right)^2 - \left(\frac{x_2'}{H}\right)^3 \tag{3.43}$$

一个处在 x_2 位置的粒子以速度分量 $v_1(x_2)$ 和 $v_3(x_2)$，在一定的时间内沿着螺槽移动，大致时间是 $W(x_2)/v_3(x_2)$，之后，它将按照式（3.43）描述的轨迹移动到 x_2' 位置。然后，它将以速度分量 $v_1(x_2')$ 和 $v_3(x_2')$ 沿着螺槽运动，所用时间为 $W(x_2')/v_3(x_2')$。

流动粒子的停留时间 t_{res} 是挤出机螺槽轴向长度 L 除以轴向平均速度，即：

$$t_{res} = \frac{L}{\overline{v_1}} \tag{3.44}$$

式中，$\overline{v_1}$ 是粒子的轴向速度，颗粒在 x_L 和 x_2' 之间变换它的位置。这一速度的表达形式为：

$$\bar{v}_1 = v_1(x_2)y - v_1(x'_2)(1-y) \tag{3.45}$$

式中，y 是粒子在不同位置的每个点上花费的时间分数，显然：

$$y = \frac{|v_3(x'_2)|}{|v_3(x_2)| + |v_3(x'_2)|} \tag{3.46a}$$

$$= \frac{1}{1 + \left|\dfrac{v_3(x_2)}{v_3(x'_2)}\right|} \tag{3.46b}$$

式中假设 W 在 x_2 和 x'_2 处是相等的。

停留时间现在可被写为：

$$t_{res} = \frac{L}{U_1}\left\{\frac{1}{y\left[\dfrac{x_2}{H} - \dfrac{H^2}{2\eta U_1}\dfrac{\partial p}{\partial x_1}\left[\dfrac{x_2}{H} - \left(\dfrac{x_2}{H}\right)^2\right]\right] + (1-y)\left[\dfrac{x'_2}{H} - \dfrac{H^2}{2\eta U_1}\dfrac{\partial p}{\partial x_1}\left[\dfrac{x'_2}{H} - \left(\dfrac{x'_2}{H}\right)^2\right]\right]}\right\} \tag{3.47}$$

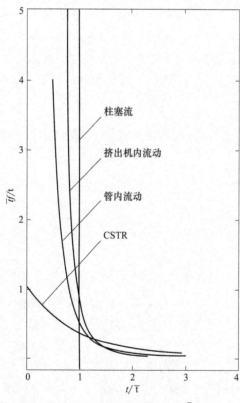

图 3.22　单螺杆挤出机中牛顿流体的 $\bar{t}resf$（tres）为 $t_{res}/\bar{t}_{res}$ 的函数，并与柱塞流、Poiseuille 流以及 Pinto 和塔德莫尔[69] 的 CSTR 对比（引自：Society of Plastics Engineers）

式（3.47）可被改写为：

$$t_{res} = \frac{L}{3\pi DN\cos\phi(1+\Phi)}$$

$$\left[\frac{3a - 1 + 3\sqrt{1 + 2a + 3a^2}}{a(1-a) + \sqrt{1 + 2a + 3a^2}}\right] \tag{3.48a}$$

式中，$a = x_2/H$，Φ 是：

$$\Phi = \frac{H^2}{\delta\eta U_1}\frac{\partial p}{\partial x_1} \tag{3.48b}$$

式（3.48）表明最小停留时间发生在 $x_2 = 2H/3$ 处，这正是我们所希望的。

停留时间分布函数 $f(t_{res})dt_{res}$ 与在 t_{res} 和 $t_{res} + dt_{res}$ 之间的停留时间内的挤出量 dQ 相关。因此，它与螺槽横截面内的两个位置 x_2 和 x'_2 有关。由此可得：

$$f(t_{res})dt_{res} = \frac{dQ(x_2) + dQ'(x'_2)}{Q} \tag{3.49}$$

现在：

$$dQ = v_1 W dx_2 = v_1 HW da$$
$$= WHU_1 a(1 + 3\Phi - 3a\Phi)da \tag{3.50}$$

由此可得：

$$f(t)\mathrm{d}t = \frac{3a}{\sqrt{1+2a-3a^2}}(1-a+\sqrt{1+2a-3a^2})\mathrm{d}a \qquad (3.51)$$

由上式可确定停留时间 t_{res}，即：

$$\bar{t}_{\mathrm{res}} = \frac{\displaystyle\int_0^\infty t_{\mathrm{res}}f(t_{\mathrm{res}})\mathrm{d}t_{\mathrm{res}}}{\displaystyle\int_0^\infty f(t_{\mathrm{res}})\mathrm{d}t_{\mathrm{res}}} = \int_0^\infty t_{\mathrm{res}}f(t_{\mathrm{res}})\mathrm{d}t_{\mathrm{res}} \qquad (3.52)$$

用式（3.51）对式（3.52）积分可得：

$$\bar{t}_{\mathrm{res}} = \frac{2L}{\pi DN\cos\theta}(1+\Phi) \qquad (3.53)$$

图 3.22 显示，$\bar{t}_{\mathrm{res}}f(t_{\mathrm{res}})$ 是 $t_{\mathrm{res}}/\bar{t}_{\mathrm{res}}$ 的函数，而在图 3.23 中，累计停留时间分布 $F(t_{\mathrm{res}})$ 为 $t_{\mathrm{res}}/\bar{t}_{\mathrm{res}}$ 的函数。

$$F(t_{\mathrm{res}}) = \int_0^{t_{\mathrm{res}}} f(t_{\mathrm{res}})\mathrm{d}t_{\mathrm{res}} \qquad (3.54)$$

可以看出，理想化的挤出机螺杆的停留时间分布远宽于柱塞流的停留时间分布，但窄于管道中的 Poiseuille 流或者理想化连续搅拌罐反应釜中的 CSTR 流。

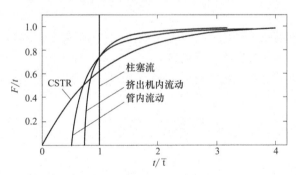

图 3.23　单螺杆挤出机中牛顿流体的 $F(t_{\mathrm{res}})$ 为 $t_{\mathrm{res}}/\bar{t}_{\mathrm{res}}$ 的函数，并与柱塞流、Poiseuille 流
以及 Pinto 和 Tadmor[69] 的 CSTR 对比（引自：Society of Plastics Engineers）

3.8　比例放大

单螺杆挤出机中的比例放大问题长期受到认真的关注[44,72~80]。Carley 和
McKelvey[72]最早期的研究基于等温牛顿流体模型，此时，此模型已由杜邦公司
的研究者[39~41,43,44]研发，用于描述单螺杆挤出机中流动。他们依据式（3.7）

开始研究，即：

$$Q = \frac{1}{2}\pi DWHN\cos\phi - \frac{WH^3}{12\eta}\frac{\Delta p}{L} \tag{3.55}$$

把尺寸均一地放大可得：

$$D_L = \xi D \quad H_L = \xi H \quad W_L = \xi W \quad \phi_L = \xi\phi \tag{3.56}$$

因此可得：

$$Q_L = \xi^3\left(\frac{1}{2}\pi DWH\cos\phi\right)N - \xi^4\frac{WH^3}{12\eta}\frac{\mathrm{d}p}{\mathrm{d}x_1} \tag{3.57}$$

如果均一地放大所有的尺寸，如 D，H，W 和 L，保持螺杆转速 N 不变，那么，敞口流量 Q 增大的比例为 ξ^3。

这种方法的问题在于它忽略了由于黏性耗散的生成热。这一问题可大致被描述为：

$$\frac{生成热}{热传导输出热} = \frac{\eta\left(\frac{U}{H}\right)^2}{k\left(\frac{\Delta T}{H^2}\right)} = \frac{\eta\left(\frac{\pi DN}{H}\right)^2}{k\left(\frac{\Delta T}{H^2}\right)} = \frac{\eta\pi^2 D^2 N^2}{k\Delta T} \tag{3.58}$$

这导致大型挤出机产生相对热传导输出热更多的生成热，其增加比率为 ξ^2，即比例放大系数的平方。聚合物熔体在大型挤出机中确实可能燃烧。

Maddock[73] 随后对挤出机放大给出深思熟虑的观点，通过停留时间表达了他的看法。Maddock 分析了不同的情况。首先，D 按照系数 ξ 增大，而螺槽深度 H 和螺杆转速 N 保持不变。敞口流量 Q_L 增加的幅度为 ξ^2。Maddock 得出的结论是：这种放大方式可能引起过度的加热，如式（3.58）中所见。Maddock 然后考虑了这样一种情况：螺杆直径 D 和 W 按照 ξ 增加，而 H 保持不变，N 按照 ξ 相反地降低。现在的敞开流量 Q 增加的幅度为 ξ。式（3.58）表明，生成热的速率与热传导量达到平衡，与小型挤出机的方式相同。可能存在较大的停留时间。这将改善分布混合，但会导致较多的生成热。Maddock 更倾向于这种情况：D 和 W 按照 ξ 增大，H 按照 $\sqrt{\xi}$ 增大，而 N 按照 $1/\sqrt{\xi}$ 降低。此时，敞口流量 Q 增加的幅度为 ξ^2。根据式（3.58），生成热量相对于热传导热量没有变化。这种情况的停留时间增加，但没有前一种情况中增加的多，加热程度也不太糟糕。

几年后，Maddock[74] 重新转向这类课题的研究，采用对熔融段和计量段的数值模拟研究放大问题，大概是基于塔德莫尔[59] 的熔融模型（3.5 节）和 3.3 节的模型。这一研究使得 Maddock 提出，按照 ξ 的 0.7 或 0.75 的幂指数，而不是 ξ 的 0.5 幂指数增大 H，或按照他的放大建议增大 D（按照 ξ）。

后来，Pearson[76] 提出了一个类似的比例放大的建模方法。然而，Pearson

采用了标准不变的式（3.58）为一个不变量，以及对流传热与热传导传热的比值。

Schenkel[77] 和 Potente[78~80] 也提出了螺杆挤出机的放大模型，Potente[80] 已经撰写了一本关于这一主题的专著。这些模型也是建立在能量平衡方程与放大比例无关的基础上。

在同一时期，Schenkel[77] 以及 Potente 和 Fischer[78~80] 提出了比例放大的建模方法。根据后者的理论，我们依据机械能-热能平衡开始分析：

$$p_s = \rho C_p Q \Delta T + \Delta p_d Q \qquad (3.59a)$$

式中，p_s 是螺杆驱动功率，Δp_d 是机头压力降。同除以 $\rho C_p Q \Delta T$ 可得：

$$\frac{p_s}{\rho C_p Q \Delta T} = 1 + \frac{\Delta p_d}{\rho C_p \Delta T} \qquad (3.59b)$$

如果保持熔体温度不变，并服从：

$$p_s \sim Q \qquad (3.60a)$$

$$\Delta p_d = 常数 \qquad (3.60b)$$

其中，p_s 为：

$$p_s = N \cdot M_s \qquad (3.61)$$

式中，M_s 是螺杆扭矩。

螺杆的螺槽深度 H 将随着螺杆直径的变化而变化。由下式可得：

$$\left(\frac{H}{H_0}\right) = \left(\frac{D}{D_0}\right)^\psi \qquad (3.62)$$

螺杆中的拖曳流可写为：

$$Q_d \sim H\,W\,D\,N \qquad (3.63a)$$

如果 W 与 D 同比例放大：

$$Q_d \sim D^{2+\psi}\,N \qquad (3.63b)$$

压力流为可写为（牛顿流体）：

$$Q_p \sim \frac{H^3 W \Delta p_d}{L} \qquad (3.64a)$$

如果 L 与 D 同比例放大：

$$Q_p \sim D^{3\psi} \qquad (3.64b)$$

压力流与拖曳流的比值为：

$$a = \frac{Q_p}{Q_d} \sim \frac{D^{2\psi-2}}{N} \qquad (3.65)$$

体积流量为：

$$Q = (1-a)Q_d \sim D^{3\psi} \qquad (3.66)$$

Potente 和 Fischer 也担心与喂料和非牛顿性的相关问题。

参考文献

[1] J. B. Paton, P. H. Squires, W. H. Darnell, F. M. Cash and J. F. Carley in Processing of Thermo-plastic Materials, edited by E. C. Bernhardt, Reinhold, N. Y. (1959).

[2] G. Schenkel, Schneckenpressen fur Kunststoffe, Hanser, Munich (1959) and Kunststoff Extruder-Technik, Hanser, Munich (1963).

[3] Z. Tadmor and I. Klein, Engineering Principles of Plasticating Extrusion, Van Nostrand, Reinhold, N. Y. (1970).

[4] C. Rauwendaal, Polymer Extrusion, 4th ed. Hanser, Munich (2001).

[5] J. L. White and H. Potente (Eds), Screw Extrusion, PPS Progress in Polymer Processing Series, Hanser, Munich (2003).

[6] J. D. Sturges, U. S. Patent 114, 063 (1877).

[7] W. H. Higbie, U. S. Patent 192, 069 (1877).

[8] M. Gray, British Patent 5, 056 (1879).

[9] A. Desgoffe and L. A. DiGiorgio, German Patent 26, 177 (1884).

[10] R. B. Price and W. J. Steinle, U. S. Patent 1, 211, 370 (1917).

[11] W. J. Steinle, U. S. Patent 1, 283, 947 (1918).

[12] B. B. Felix, U. S. Patent 1, 320, 128 (1919).

[13] E. Stich, German Patent 476, 748 (1929).

[14] V. Royle, U. S. Patent 1, 904, 884 (1933) and U. S. Patent 2, 200, 997 (1940).

[15] C. Wurster, German Patent 137, 813 (1901).

[16] F. B. Anderson, U. S. Patent 1, 848, 236 (1932).

[17] G. Schenkel in Kunststoffe, Ein Werkstoff Macht Karriere, edited by W. Glenz, Hanser, Munich (1985).

[18] G. Schenkel, *Int. Polym. Proc*, **3**, 3 (1988).

[19] H. Decker, German Patent 735, 000 (1943).

[20] H. Beck, German Patent (filed 1943) 858, 310 (1952).

[21] H. List, Swiss Patent 247, 704 (1947) and U. S. Patent 2, 505, 125 (1950).

[22] V. Zona, U. S. Patent 2, 485, 854 (1949).

[23] G. E. Henning, U. S. Patent 2, 496, 625 (1950).

[24] L. E. Bankey, U. S. Patent 2, 519, 614 (1950).

[25] F. E. Dulmage, U. S. Patent 2, 607, 077 (1952) and U. S. Patent 2, 765, 490 (1956).

[26] V. Zona, U. S. Patent 2, 765, 490 (1956).

[27] C. Maillefer, Swiss Patent 363, 149 (1961) and German Auslegeschrift 1, 207, 079 (1965).

[28] R. B. Gregory and W. S. McCormick, U. S. Patent 3, 300, 810 (1967).

[29] P. Geyer, U. S. Patent 3, 375, 549 (1968).

[30] A. Boes, A. Kramer, V. Lohrbacher and A. Schneiders, *Kunststoffe*, **80**, 659 (1990).

[31] G. Menges, E. G. Harms and R. Hegele, German Offenlegungschrift 2, 235, 784 (1974), U. S. Patent 4, 178, 104 (1979) and U. S. Patent 4, 199, 263 (1980).

[32] E. Grünschloss, *Int. Polym. Process.*, **17**, 291 (2002), *ibid* **18**, 235 (2003).

[33] Z. Tadmor, U. S. Patent 4, 142, 805 (1979).

[34] Anonymous, *Engineering*, **114**, 606 (1922).

[35] R. H. Pearsall, *Automobile Engineer*, 145 (1924).

[36] H. S. Rowell and D. Finlayson, *Engineering*, **126**, 249 (1928).

[37] W. T. Pigott, *Trans. ASME*, **73**, 947 (1951).

[38] W. Meskat, *Kunststoffe*, **41**, 417 (1951); *ibid* **45**, 87 (1955).

[39] J. F. Carley, R. M. Mallouk and J. M. McKelvey, *Ind. Eng. Chem.*, **45**, 974 (1953).

[40] J. F. Carley and R. A. Strub, *Ind. Eng. Chem.*, **45**, 970 (1953).

[41] J. M. McKelvey, *Ind. Eng. Chem.*, **45**, 982, (1953).

[42] C. Maillefer, *British Plastics*, 394 (1954).

[43] W. D. Mohr and R. S. Mallock, *Ind. Eng. Chem.*, **51**, 765 (1959).

[44] J. M. McKelvey, Polymer Processing, Wiley, N. Y. (1962).

[45] S. Eccher and A. Valentinotti, *Ind. Eng. Chem.*, **50**, 829 (1958).

[46] Y. Mori, N. Otatake and H. Igaroshi, *Kogaku Kagaku*, **18**, 227 (1954).

[47] Y. Mori and N. Otatake, *Kogaku Kagaku*, **19**, 9 (1955).

[48] Z. Rotem and R. Shinnar, *Chem. Eng. Sci.*, **15**, 130 (1961).

[49] R. M. Griffith, *IEC Fund*, **1**, 180 (1962).

[50] F. W. Kroesser and S. Middleman, *Polym. Eng. Sci.*, **5**, 231 (1965).

[51] H. J. Zamodits and J. R. A. Pearson, *Trans. Soc. Rheology*, **13**, 357 (1969).

[52] B. Martin, *Plastics and Polymers*, (April) 113 (1970).

[53] B. H. Maddock, *SPE Journal*, **15** (May) 383 (1959).

[54] L. F. Street, *Int. Plastics Eng.*, **1**, 289 (1961).

[55] Z. Tadmor, I. J. Duvdevani and I. Klein, *Polym. Eng. Sci.*, **7**, 198 (1967).

[56] G. Menges and K. P. Klenk, *Kunststoffe*, **51**, 598 (1967).

[57] G. Martin, *Kunststofftechnik*, 7, 238 (1969).

[58] J. Dekker, *Kunststoffe*, **66**, 130 (1976).

[59] Z. Tadmor, *Polym. Eng. Sci.*, **6**, 185 (1966).

[60] J. T. Lindt, *Polym. Eng. Sci.*, **16**, 284 (1976).

[61] J. Shapiro, A. L. Halmos and J. R. A. Pearson, *Polymer*, **17**, 905 (1976); *ibid*, **24**, 1199 (1978).

[62] M. Viriyathakorn and B. Kassahon, *SPE ANTEC Tech Papers*, **30**, 81 (1984).

[63] C. Rauwendaal, *Polym. Eng. Sci.*, **26**, 1245 (1986).

[64] W. H. Darnell and E. A. J. Mol, *SPE Journal*, **12**, (April), 21 (1956).

[65] G. Menges and R. Hegele, *Kunststofberater*, **11**, 1071 (1970).

[66] H. G. Fritz, *Chem. Ing. Tech.*, **55**, 256 (1983); *Polym. Proc. Eng.*, **5**, 209 (1988).

[67] H. Potente, *Kunststoffe*, **75**, 439 (1985).

[68] H. Potente and M. Koch, *Int. Polym. Process.*, **4**, 208 (1989).

[69] G. Pinto and Z. Tadmor, *Polym. Eng. Sci.*, **10**, 279 (1970).

[70] G. Lidor and Z. Tadmor, *Polym. Eng. Sci.*, **16**, 450 (1976).

[71] W. D. Mohr, R. L. Saxton and C. H. Jepson, *Ind. Eng. Chem.*, **49**, 1857 (1957).

[72] J. F. Carley and J. M. McKelvey, *Ind. Eng. Chem.*, **45**, 989 (1953).

[73] B. H. Maddock, *SPE Journal*, **15**, (November), 983 (1959).

[74] B. H. Maddock, *Polym. Eng. Sci.*, **14**, 853 (1974).

[75] R. T. Fenner, *Polymer*, **16**, 298 (1975).

[76] J. R. A. Pearson, *Plastics and Rubber Processing*, **113** (1976).

[77] G. Schenkel, *Ind. Anzeiger*, **94**, 113 (1972); *Kunststofftechnik*, **12**, 171, 203 (1973); *Kunstotoffe*, 68, 155 (1978).

[78] H. Potente and P. Fischer, *Kunststoffe*, **67**, 242 (1977).

[79] H. Potente, *Rheol. Acta.*, **17**, 406 (1978).

[80] H. Potente, Auslegen von Schneckenmaschinen Baureihen, Hanser, Munich (1981).

第

4

章

啮合同向双螺杆挤出技术

4.1 概述

积木式啮合同向双螺杆挤出机已经成为最重要的双螺杆机器。它也可能是最复杂的商业机器，包括了全啮合和自洁功能的几种不同元件组合类型。啮合同向双螺杆挤出机的专利技术可追溯到20世纪初期。商业机器始于1939年，而现代积木式机器始于20世纪50年代的后期。

在这一章中，我们将粗略地回顾啮合同向双螺杆挤出机技术的发展历程。4.2节中概述早期的技术。4.3节中描述第一台商业机器，LMP哥伦伯（Co-lombo）挤出机。4.4节到4.6节讲述I.G.法本（Farbenindustrie）公司和拜耳公司开发项目，由它产生了捏合块和积木式双螺杆机器。4.7节中总结WP（Werner and Pfleiderer）公司 ZSK 机器的研发。4.8节讲述装配由 Kraffe de Laubarede 发明的一种不同类型的混炼元件的机器。4.9节描述 Erdmenger-拜耳-WP四螺杆 VSD-V 型机器。4.10节中，介绍由 LMP 公司和它的 R. H. 温莎（Windsor）专利研发的最新进展，包括了一台双螺杆注射成型机器。4.11节回顾贝克-珀金斯公司的积木式双螺杆挤出机的发展历史。在4.12节中，我们重点讨论拜耳公司最新的研发动态。4.15节中给出最新的机器制造商的名单。4.16节讨论这些机器对于橡胶混合的应用。

这一章中在较早期的回顾方面的内容扩展（细节有点减少）以及这本书的第一版内容所参考的文献有：Herrmann[1]，White 等[2]，White，Wang[3]

和Ullrich[4,5]。

4.2 发展史

同向双螺杆挤出技术起源于 19 世纪 60 年代。法国巴黎人 F. Coignet[6] 申请的 1869 年美国专利描述的一台机器，用于泵送和"制造"人工石浆，他称这台机器为"拌料机"。图 4.1 展示了这台机器。

(柏林) 夏洛腾堡 (Charlottenburg) 人 A. Wunsche[7] 申请的 1901 年德国专利 (图 4.2) 描述了一台啮合同向双螺杆以及多螺杆挤出机。这项专利是第一次论述和声称自洁双螺杆机器。

英格兰伦敦人 R. W. Easton[8] 的 1916 年英国专利申请和 1920 年美国专利申请 (图 4.3) 中显然没有意识到 Wunsche 专利的存在[7]，也给出了一台全啮合自洁双螺杆机器，用于泵送液态气体、黏性的或颗粒物质。Easton 特别强调，他的螺杆形状是理想的和互补的，可相互紧密配合。Easton 说[8]："在所有的这些专利申请中，最大的优点源自于这样一个事实：在啮合位置上的双螺杆表面是相反方向运动的，因此，它们可保持相互清洁。"

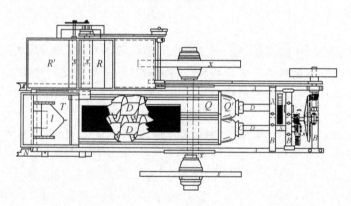

图 4.1 Coignet (1896) "拌料机" 双螺杆机器[6]

Easton 描述的这台新机器是一台改进型的螺杆泵。Easton 讨论了在焦炭炉和反应器中的应用。

H. La Casse[9] 在 1932 年美国专利中描述了一台带有六根圆周排列同向旋转螺杆的螺杆挤出机。

芝加哥的石灰国际公司的 W. K. Nelson 的 1932 年的美国专利描述了采用一台连续混合机制造石膏板的一种工艺，这台机器由一串同向旋转双头自洁"盘"组成。Nelson 说[10]："双轴被装配到端座的一个小平台的轴承上，相互平行，轴上固定安装有混合机的盘，当两根轴以相同的速度和相同的方向旋转时，其形状与排列可使每个轴上的每个盘的全部表面被另一个轴上的相应盘刮擦和清洁。"

图 4.2 Wunsche (1901) 自洁啮
合同向双螺杆挤出机[7]

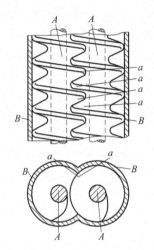

图 4.3 Easton (1916，1920) 自洁啮合同
向双螺杆挤出机[8]

图 4.4 给出了这一结构。这台机器不包含螺杆，但错列的盘能给出向前的泵送作用。Nelson[10] 再次说："这些盘以连续变化角度位置的方式排列，因此具有逆时针方向旋转的倾向，从而推动混合机的物料向前运动。"

瑞士布鲁克（Brugg）的 Buar & Cie 工业公司[11] 的 1935 年德国专利描述了一台部分啮合同向双螺杆挤出机。

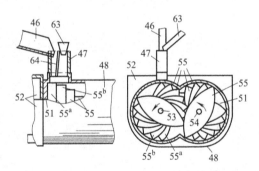

图 4.4 Nelson (1931) 自洁同向双螺杆
盘式连续混合机[10]

美国麻省剑桥的 Lever 兄弟公司的 F. F. Pease[12] 的 1936 年的美国专利讲述了一台类似的同向啮合双螺杆挤出机，用于泵送肥皂液。这台机器也是自洁式的。Pease 的专利给出的工程细节比 Coignet，Wunsche，Easton 或 Baur & Cie 的专利更为详细。

4.3 哥伦伯 LMP RC 挤出机

同向双螺杆挤出机的第一次商业应用是由意大利都灵的罗伯特·哥伦伯

（Roberto Colombo）和 Lavorazione Materie Plastiche（LMP）实施的。LMP公司创立于1937年，用于处理热固性混合物，和制造意大利汽车工业的热固性制品[13]。哥伦伯，这家公司的主要负责人之一，在1938年开发了一台同向啮合双螺杆挤出机，被LMP公司应用于硬聚氯乙烯管材的生产，这种管材以前是用水压机生产。他分别于1939年在意大利、1940/1941年在法国和瑞士申请了专利[14]。图4.5展示了这台机器。哥伦伯也描述了含有3根、4根、5根和8根螺杆的同向旋转挤出机（图4.6）。LMP说，在1939年，他们将首台双螺杆挤出机卖给了德国的I.G.法本公司。

I.G.法本公司创立于1925年，基本由德国的主要化学公司的全部组成。这是一战后抗衡同盟国的敌意（特别是法国）所必需的。这些所涉及的公司有Friederich拜耳，巴斯夫公司和Farbwerke Hoechst。正是这家公司购买了第一批LMP同向双螺杆挤出机。至少，其中一些LMP双螺杆挤出机被用作连续聚合反应器。I.G.法本公司在1943年申请的一项专利[15]中描述了这类双螺杆挤出机用于丁二烯与钠的聚合反应。这个反应应该是：

$$CH_2=CH—CH=CH_2 \xrightarrow{Na} \left[\begin{matrix} CH_2—CH \\ | \\ CH \\ || \\ CH_2 \end{matrix} \right]$$

（分子式4.1）

这类机器可大量生成乙烯基-1,2的微结构。他们也报告了缩聚聚合反应：

$$ONC—(CH_2)_6—CNO+OH—(CH_2)_4—OH \longrightarrow \left[\begin{matrix} O & & & O \\ || & & & || \\ O—C—NH—(CH_2)_6—NH—C—O—(CH_2)_4 \end{matrix} \right]$$

（分子式4.2）

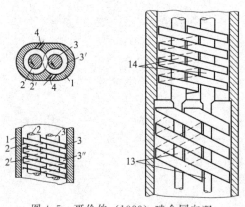

图4.5 哥伦伯（1939）啮合同向双
螺杆挤出机[14]

哥伦伯在二战后分别在英国[16]、美国[17]、加拿大[18]和其他地区申请了专利。这些专利强调了在型材的挤出和消泡的应用。二战后，LMP将哥伦伯啮合双螺杆机器的制造许可卖给了其他欧洲国家和日本。哥伦伯专利授权给了英格兰的R.H.温莎，法国的CAFL（Creusot-Loire），日本的池贝钢铁公司。R.H.温莎的机器通过美国宾州费城的R.J.Stokes机器公司销售到美国。这些机器被命名为RC（Roberto Colombo）挤出机。这些专利中的哥伦伯螺杆包括了啮合螺杆区之间的无螺纹段。因此，它们不能全啮合和自洁。当一段螺杆到达机头时，这一螺纹段直径较小和螺距较小。随

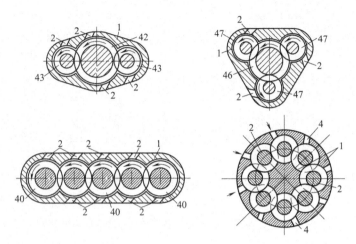

图 4.6　哥伦伯（1939）啮合同向多螺杆挤出机[14]

着这段螺纹段接近机头时，机筒的内径也随之减小（图 4.7）。这一压缩段估计可消除挤出机中的气泡。Greenwood[19] 在 1953 年的文章中讲述了 Stokes-温莎的 RC-65，RC-100 和 RC-200 型号的挤出机，RC-100 是一台 90mm 的双螺杆挤出机，挤出量在 100～160lb/h，其中 1lb＝0.453592kg。这类机器主要被用于硬聚氯乙烯管材的挤出。Schaerer[20]，Baigent[21]，Beyer[22]，Schutz[23] 和 Martelli[24] 讨论了 20 世纪 50 年代和 20 世纪 60 年代哥伦伯机器的详细特征。Schutz[23] 估计 1962 年大约有 40 台 R. H. 温莎-哥伦伯机器在美国销售。

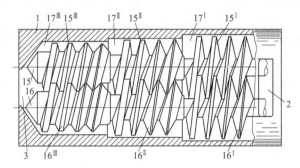

图 4.7　哥伦伯（1947）啮合双螺杆挤出机的螺杆-机筒特征细节[17]

4.4　Meskat-Erdmenger-Geberg, I. G. 法本公司的沃尔芬工厂的双螺杆研发简介

　　啮合同向双螺杆挤出机的单独研发发生在 20 世纪 40 年代 I. G. 法本公司，在靠近德国比特费尔德（Bitterfeld）的他们的沃尔芬（Wolfen）工厂。这项研

发的合作者有 Walter Meskat，Rudolf Erdmenger 和 A. Geberg。通过 Er-dmenger[25]的职业生涯可追踪这些研发活动。他记录了观察经历。这位 Far-bwerke Hoechst 化学工厂总工程师的儿子于 1935 年在慕尼黑工学院获得工学硕士学位。他后来在纽伦堡与 Maschinenfabrik Paul Leistritz 一起工作（1937～1939），研究内容为螺杆泵和螺杆捏合机。此时，也许是与之工作的关系，他知道了 F. Burghauser，P. Leistritz 以及与 I. G. 法本-Hoechst 在啮合异向双螺杆挤出机上沿机器方向上减小 C 型室容积的合作项目。雷士-I. G. 法本-Hoechst 项目将在 7.3 节中讲述。

1939，Erdmenger 离开了雷士（Leistritz）公司，并加入了 I. G. 法本公司在沃尔芬的工厂。二战后，这一地区在苏联占领区内，后来属于民主德国。在这里，他在 Kurt Riess 领导的 Walter Meskat 的研发团队中与 A. Geberg 一起工作。Meskat 等人在 I. G. 法本公司的沃尔芬工厂的研究内容涉及纤维素衍生物和人造纤维。首先，Erdmenger 与 Meskat 一起工作研发一种连续工艺，用于从碱纤维素中排出液体。Meskat 至少从 20 世纪 30 年代起已经涉及这些领域。后来，这些研发活动被总结在 Riess 和 Meskat 发表的文章中[26]。

20 世纪 40 年代，Meskat 和 Erdmenger 与 A. Geberg 一起发明了全啮合自洁双螺杆和三螺杆挤出机（见 18.3 节和 19.6 节）。由 Meskat[27] 在 1943 年 10月提交这一团队的第一项专利申请描述了一台啮合同向旋转机器，作为从纤维悬浮液中排水的装置。这一专利在 1952 年被授权，没有包含双螺杆机器的细节。Meskat 和 Erdmenger[28] 在 1944 年 7 月申请的一项专利（但直到 1953 年没有被授权）描述了一台自洁双螺杆机器的细节，用于塑料物质的捏合、凝胶、和挤压，替代聚合和缩聚反应的后反应器加工。他们描述了三螺杆和双螺杆机器。图4.8 中给出了这种双螺杆机器。Riess 和 Meskat[26] 讲述了 Kaufmann，Buhmann和 Meskat 如何使用这台机器生产绿色炭极。Meskat 和 Erdmenger[29] 在 1944 年7 月提交了第二项专利申请，自洁啮合三螺杆同向挤出机，用于从纤维悬浮液中排水（图 4.9）。这一专利试图改进上述的 Meskat 在 1943 年 10 月的专利申请[27]。

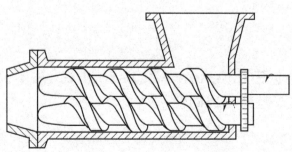

图 4.8　Meskat-Erdmenger（1944）啮合同向双螺杆挤出机[28]

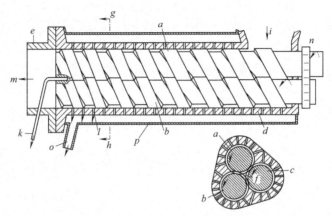

图 4.9　Meskat-Erdmenger[29] 用于排水的同向三螺杆挤出机

4.5　Meskat 拜耳 (多尔马根) 简介

1945 年当第二次世界大战结束时, I.G. 法本公司的沃尔芬工厂和比特费尔德被美军占领。这一占领区被协议移交给苏联 (交换柏林的一部分)。美国人给 I.G. 法本公司的科学家、工程师和管理者一次机会, 移居西德。Riess, Meskat 和 Erdmenger 全部移居西德, 联邦德国。I.G. 法本公司被盟军重新拆分成初始的几家工业公司。这些是较大 Friederich 拜耳公司, 它变为法本·拜耳 (后来的拜耳公司), Farbwerke Hoechst, 巴斯夫, 和一家新公司 Chemische Werke Hüls。Riess 在勒沃库森 (Leverkusen) 的法本拜耳获得了执行总裁的位置。他能够聘用 Meskat 和 Erdmenger, Meskat 在多尔马根 (Dormagen), Erdmenger 在勒沃库森。

法本公司, Friederich 拜耳公司于 1863 年由 Friederich 拜耳和 Friederich Weskott 在爱尔伯福 (Elberfeld) 创立, 从煤焦油中制造染料[30]。在后续的几年中, 这家公司成立了著名的研究实验室, 研发出许多新型染料和药物, 包括后来的阿司匹林。20 世纪初, 拜耳公司转由卡尔·杜伊斯贝格 (Carl Duisberg) 领导, 他是一位卓越的研究化学家 (research chemist)。杜伊斯贝格在 1912 年成为总经理, 同年拜耳将它的总部迁移到科隆 (Cologne) 东北郊外的勒沃库森。在一战前的几年中, 拜耳化学家研发出合成橡胶。他们在一战期间接着制造合成橡胶。在 1925 年, 杜伊斯贝格和拜耳取得了创立 I.G. 法本公司的领导权。后续年份见证了 I.G. 法本公司的拜耳分支研发现代乳化聚合丁钠 S 和丁钠 N 合成橡胶, 磺胺药物和聚氨基甲酸乙酯。在二战后期间, 拜耳保持很强的研发传统, 这可能是由于在英国占领区内受到了鼓励, 而不像在美法占领区的大化学公司[31]。

在第二次世界大战后, Meskat 和 Erdmenger 分别在双螺杆挤出技术上进行

研究和开发，前者在多尔马根，后者在勒沃库森。Meskat 在多尔马根与
J. Pawlowski 合作工作。他们在双螺杆挤出机上的合作努力形成了一个主要的研
发成果。这一成果在 1950 年 12 月申请了专利[32]，一种带有右旋以及左旋螺纹
元件的积木式啮合同向双螺杆机器（图 4.10）。这被称之为一种混炼和捏合机
器。在 1951 年，Reiss 和 Meskat[26]发表了一篇关于用于黏塑性流体的螺杆机器
的文章，其中包括对 Meskat-Erdmenger 双螺杆机器和对 Meskat-Pawlowski 积
木式双螺杆机器的描述。在 1955 年的化学工业方法欧盟年会的大会发言中（发
表在 Chemie Ingenieur Technik 上），Riess[33]讲述了 Meskat-Pawlowski 机器是
如何被用于纺丝溶液的连续化生产和纤维素酯化的。这是非常早期的反应双螺杆
挤出的示例。它表明已经包含有六台单独相互连通的双螺杆机器（图 4.11）。
Riess 于 1955 年发表[33]（引自：Chemie Ingenieur Technik）。

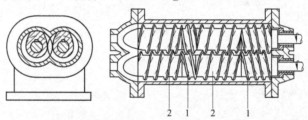

图 4.10　Meskat-Pawlowski[32]带有右旋和左旋螺纹元件的积木式啮合同向双螺杆挤出机

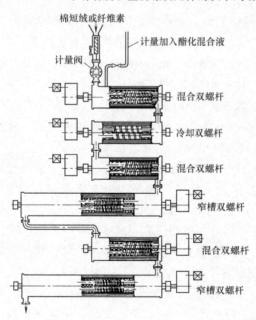

图 4.11　Meskat-Pawlowski 积木式啮合同向双螺杆挤出机在拜耳公
司的应用，用于纤维素和短棉绒的酯化

1951 年，Meskat 似乎已经从多尔马根搬迁到了勒沃库森。Pawlowski 也许在相同的时间搬迁。然而，他们与 Erdmenger 分别工作，似乎没有涉及双螺杆挤出的研发工作。Meskat 和 Pawlowski 实际上进行了单螺杆挤出技术的研发（见第 3 章）。当第 3 次国际流变会议于 1958 年在西德举行时，Meskat 取得了一本新杂志 Rheologica Acta 的创始人和编辑的位置，这本杂志出版了这次会议的论文集，然后成为了流变学领域永久性的期刊。

4.6　Erdmenger 拜耳（勒沃库森）简介

20 世纪 40 年代后期在勒沃库森，Erdmenger 探索开发具有超强混炼能力的双螺杆机器。第一项成果是含有屏障结构的迷宫式双螺杆机器[34]。这项专利申请于 1949 年 9 月，授权于 1951 年。

同期，Erdmenger[35,36]研发出用于混炼和捏合的自洁同向双螺杆捏合盘机器。单头和双头捏合块出现在 1949 年德国申请的专利中[35]（图 4.12）。Erdmenger 专利中的这种捏合盘被键装在轴上。值得注意的是，这种捏合盘被错列安装到结构上（类似螺纹元件），以便泵送材料向前运动。在纽伦堡（Nuremberg）的雷士公司为拜耳 AG 公司制造了几台实验机器[37]。Erdmengerd 美国专利[36]授权时宣称只有单头或凸轮捏合块，大概是因为美国专利审核员引证到 Nelson 的早前工作[10]。然而，应该注意到，Erdmenger 是独立的发明人。

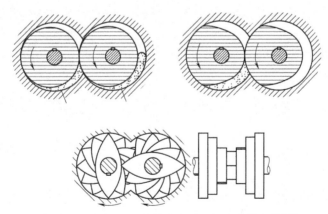

图 4.12　Erdmenger 的单头和双头捏合盘块机器[35]

1951 年 Riess 和 Erdmenger 发表的关于连续混炼机器的文章[37]中指明了 Meskat-Erdmenger 啮合同向双螺杆挤出机和同向捏合盘机器。

1953 年的一项专利申请中，Telle 和 Erdmenger[38]描述了应用于研磨团聚的粉料的捏合块机器。Erdmenger[39]申请的一项 1953 年专利，分别在德国和美国授权，描述了键装在轴上的错列啮合同向三头啮合块（图 4.13）。

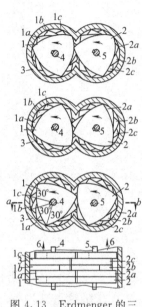

图 4.13 Erdmenger 的三头捏合块机器[39]

Erdmenger 也投入到另一个研究方向。1951 年 12 月 31 日，W. Winkelmuller，Erdmenger，S. Neidhardt，G. Hirschberg 和 B. Fortuna[40] 申请了一项专利，其中，一台啮合同向双螺杆挤出机在第二对双螺杆中横向喂料。这一专利为生产脱挥产品提供了一种方法，例如，在第二台双螺杆机器的料斗附近安装有横向接口（见 18.3 节）。

这些年中，Erdmenger 专注于带有螺纹和捏合块的积木式机器的研究中（图 4.14），我们在将在下一节中更详细地描述。他最终在 1958～1959 年对这类机器申请了多项专利[41]。Erdmenger 也研究了四螺杆机器，我们将会讨论。

Riess 于 1962 年从拜耳公司退休，Meskat 和 Pawlowski[42] 以及 Erdmenger[41] 在 Chemie Ingenieur Technik 上发表文章向 Riess 致意。只有 Erdmenger 的文章涉及了双螺杆挤出机。在这里，Erdmenger[43] 详细描述了脱挥、啮合同向双螺杆和捏合盘机器，Winkelmuller 等人[40] 的横向双螺杆机器也被讨论。

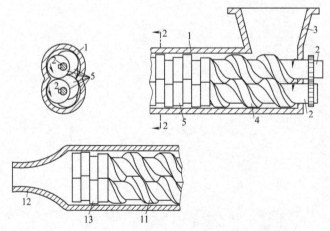

图 4.14　Erdmenger 的积木式啮合同向双螺杆挤出机[41]

　　两年后（1964 年），Erdmenger[44] 发表了关于啮合同向双螺杆挤出技术方面的较宽范围的文章，包括了流动机理的著名实验研究。

　　20 世纪 60 年代，Erdmenger 注重于研发新型自洁双螺杆元件结构。1962～

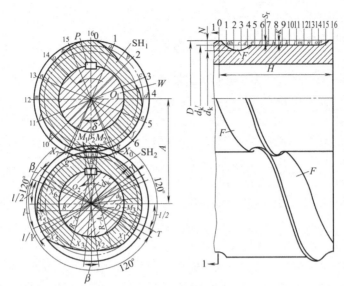

图 4.15 Erdmenger 的带有螺旋槽的啮合同向双螺杆元件[45]

1963 年申请的专利描述了一种新的结构，其中，在导向螺棱上加工有一个螺旋槽，其轴向尺寸小于螺距[45]。它与相对的螺棱刮擦接触（图 4.15），其作用将减小通过该螺纹元件的材料厚度。

4.7 Kraffe de Laubarede 的均化螺杆

在 1949~1953 年，法国巴黎的 Leonce Kraffe de Laubarede[46,47] 发明了改进型啮合同向双螺杆挤出机，在机头前的最后一段设计了带有狭槽的啮合盘。图 4.16 展示了这一结构。它可将热塑性熔体均化。

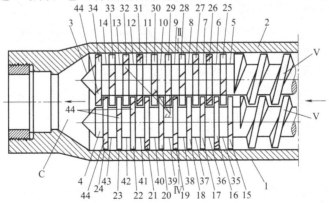

图 4.16 Kraffe de Laubarede 的混炼螺杆元件，在一个盘上含有狭槽[46,47]

4.8 WP ZSK 系列 Erdmenger

在 1953 年，拜耳公司与位于斯图加特（Stuttgart）的德国混炼机器制造商
WP 公司通力合作，商业开发啮合自洁同向双螺杆挤出机，WP 公司负责制造和
销售。WP 公司于 1880 年在斯图加特组建，为面包工业制造了第一台间歇式混
合机[1]。他们后来为橡胶工业制造密炼机（13.2 节），二战后，制造了名为 Ka-
mmerkneter 的异向连续混炼机（见 13.7 节）。WP 研发团队由 G. Fahr 和
H. Ocker 领导，成员包括 R. Fritsch 和 H. Herrmann. 在这一研发项目中，制造
出系列机器。1955 年试制出首台样机。Erdmenger 于 1958~1959 年申请了含有
螺纹和捏合盘元件的积木式双螺杆挤出机的几项专利。一项专利于 1964 年在美
国被授权[41]。捏合盘元件与螺纹元件的组合是这种新型同向双螺杆机器的关键
点。右旋螺纹元件负责输送，左旋螺纹元件建压，而捏合盘块负责熔融和混炼。

WP 公司至少在 1957 年就开始制造积木式啮合同向双螺杆挤出机。图 4.17
中给出了"ZSK 83/700 型系列 Erdmenger"（ZSK 表示 Zwei Schnecken Kneter）
的照片。1959 年，Fritsch 和 Fahr 的一篇文章[48]中描述了一种改进型 ZSK83/
700 系列 Erdmenger。这台机器含有螺纹元件（左旋和右旋）和三头啮合盘。它
有多个排气口，并可沿着螺杆方向的不同口加入混合助剂（图 4.18）。它的螺杆
直径为 83mm，长度为 700mm，即长径比 L/D 为 8.4。

图 4.17　1957 年 WP 公司的 83/700 系列 Erdmenger 积木式啮合同向双
螺杆挤出机照片（由 WP 公司提供）

WP 公司已于 20 世纪 50 年代后期开始销售商业化积木式啮合同向双螺杆挤
出机。早期的拜耳公司和 WP 公司的双螺杆挤出机在垂直方向装有两根同向旋

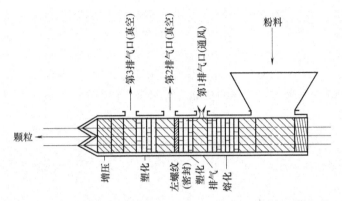

图 4.18　WP 公司早期带有排气口的积木式啮合同向双螺杆挤
出机，Fritsch 和 Fahr[48]

转的螺杆。在 1962 年，他们开始制造带有平行螺杆和不同螺纹元件长度的机器[49]。1964 年，Herrmann 的一篇文章[50]详细描述了 WP ZSK 系列 Erdmenger 机器，指出正在制造的不同型号的机器，包括 160mm 直径螺杆的 ZSK 160。Herrmann 描述了其应用：热塑性塑料的混炼、脱挥、均化和塑化。他给出的被加工的材料包括聚乙烯、聚苯乙烯、ABS 和合成橡胶。1966 年，Herrmann 的一篇文章[51]讲述了在 ZSK 机器中的一项混合基础研究。

　　WP 公司的工程师们早在 1963 年开始申请专利，关于加工工业的设备结构方面的[52~57]，螺纹元件的制造[58]，这些机器的应用[52,56~58]（图 4.18）。这些专利包括了通用的加工过程，诸如热塑性塑料的混合[55]和挥发物质的排出以及脱挥[57]。WP 公司的 Ocker 于 1968 年申请了关于排出挥发组分的专利[56]，其中设计的螺杆结构包括了可降低压力的左旋螺纹元件或钝边结构。接着，流动物料进入真空段，排出挥发物质。在离开真空段后，有一个阻隔结构，起到密封作用。WP 公司申请的专利也涉及特殊的应用，诸如巧克力的制造[59]，混合热固性树脂[60]和连续的肥皂生产[61]。

　　WP 公司的 Herrmann 在 1972 年编写的关于挤出技术的一本专著[1]中描述了 ZSK 机器的研发。

　　图 4.19 给出的 20 世纪 70 年代的一张照片展示了 WP 双螺杆挤出机的典型机筒节和安装在轴上的螺纹元件和捏合盘元件。

　　在 1964 年，Erlangen 大学的 Gerhard Illing[60]申请了一项转让给 WP 公司的专利，涉及了乙烯基单体的加聚与共聚，诸如苯乙烯和丙烯腈，以及甲基丙烯酸甲酯。Illing[61]后来描述了用积木式啮合同向双螺杆机器聚合己内酰胺，用于生成 PA-6。Illing 简要描述了执行这一反应的机器结构。从一台侧向挤出机加入催化剂。在捏合块的位置被认为会发生聚合反应。在这个捏合块之后，设置了左旋螺纹元件或阀门。然后，物料进入剪切区以控制分子量。接着设计了一个排气段。在 1976 年，WP 公司的 Mack 和 Herter[62] 讲述了采用这类机器作为聚合反应器的研究。

早期的 WP 公司的积木式同向双螺杆挤出机具有三头盘片。从 1973 年后，他们也开始制造两头盘片串联的机器[49]。

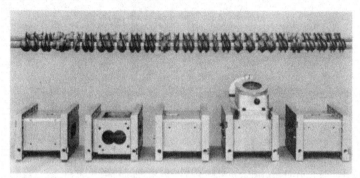

图 4.19　WP 公司的 ZSK 最新的螺纹元件和机筒节照片（由 WP 公司提供）

4.9　Erdmenger-Oetke 4-螺杆 VDS-V 脱挥器

Erdmenger 和他在拜耳公司的同事继续研发新型多螺杆机器。这不仅涉及双螺杆机器，也有四螺杆的机器，特别是两对啮合同向螺杆。这一研发成果分别被描述在 Erdmenger 和 Oetke 1960 年的专利[63]，Erdmenger[43,44] 和 Erdmenger 与 Ullrich[64] 在 1962~1970 年发表的文章中（见 18.3 节和图 18.4）。

WP 公司制造的这种机器被设计成 VDS-V（VDS-V 是 Vier-wellige Dicht-profilschneche zum Verdampfen）。这意味着它们可被用于深螺槽的螺杆脱挥。后来在上述引证的 1968 年 Ocker 专利申请中对这类机器有所描述[54]，其中讲述了在多螺杆机器中的脱挥。VDS-V 机器的主要应用是脱挥。也可以在 Herrmann[1] 的专著中发现对这项技术的讨论。

4.10　LMP-RH 温莎螺杆简介

LMP-RH 温莎机器受到新技术的竞争，特别是拜耳/WP 公司的技术。他们用自己的创新进行不断应对。

在一项独特的开发项目中，R. H. 温莎公司的 K. H. Baigent[65] 在 1957 年申请了一项专利，有关基于一台同向啮合双螺杆机器上的螺杆注射成型机。R. H. 温莎公司是哥伦伯 LMP 机器的许可使用者。Baigent 指出，采用哥伦伯结构螺

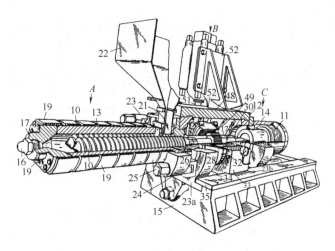

图 4.20　Baigent-RH 温莎双螺杆注射成型机[65]

杆和机筒是不可能的。均一的螺杆直径和机筒直径被引入（图 4.20）。在 1957 年 H. Beck[66] 的文章中也讨论了 Baigent-R. H. 温莎技术，他是螺杆注射成型技术的先驱。Schutz[23] 在 1962 年他的文章中简要讨论了这种机器，并指出，Baigent 已经在 1961 年 12 月克里夫兰（Cleveland）的塑料工程师协会的地区技术研讨会上发表了这项成果。

R. 哥伦伯[67] 在 1961 年申请和许可 LMP 制造的一项专利，描述了一台带有螺纹元件和类似文氏管机筒元件的啮合同向双螺杆机器（图 4.21）。这种螺杆是右旋并向前泵送。文氏管机筒元件，配合在积木式轴上的小直径的位置上，产生降压并进行脱挥。

LMP 的哥伦伯[68] 在 1963～1964 年申请的第 2 项专利包括了一种新型混炼元件，由在螺棱上带有切槽的左旋反向泵送螺纹构成（图 4.22）。没有提及这种螺杆积木式组合或混合是这种机器的主要应用。

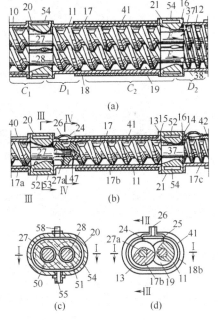

图 4.21　带有文氏管元件的哥伦伯积木式啮合同向双螺杆挤出机[67]

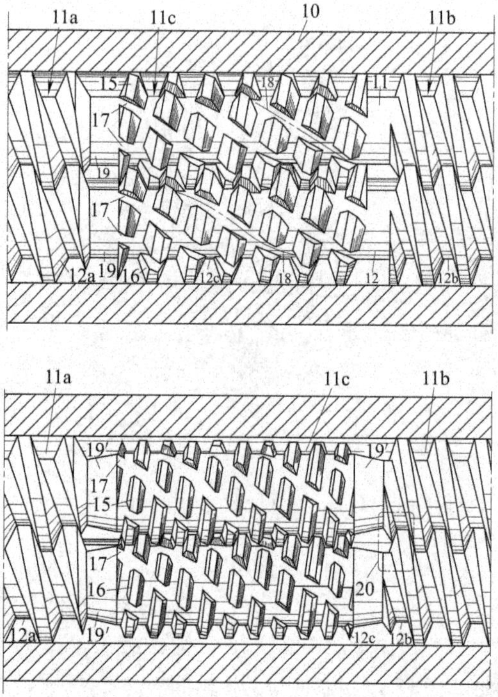

图 4.22　哥伦伯混炼元件[68]

4.11　Readco 和贝克-珀金斯双螺杆挤出机

　　一个独立研发积木式啮合同向双螺杆挤出机的事件发生在 20 世纪 60 年代的 Reado 公司［正式名称为宾州的约克阅读机器公司（the Reading Machine Company of York)］。1962 年初，Bernard A. Loomans 和 Ambrose K. Brennan 爵士[69,70]在申请的专利中描述了一种积木式啮合双螺杆机器。它的元件是螺纹和被称为"搅拌块"的双头捏合盘，这两种元件是自洁式的（图 4.23）。他们大概将 Nelson 的 1932 年专利[9]的捏合盘与这些元件结合在一起。Readco 公司的这两项专利申请和技术被转让给了密歇根州萨吉诺市（Saginaw）的贝克-珀金斯（Baker Perkins）公司（后来的 APV 化工机械公司），这家公司与 WP 公司的关系将在 13.2 节中讲述。当这两项专利被授权时，将使用许可权转移给贝克-珀金斯公司。包括 Loomans 的几位 Readco 公司的雇员去萨吉诺市贝克-珀金斯公司供职。贝克-珀金斯公司在 20 世纪 60 年代中期开始制造这种机器。

　　在贝克-珀金斯公司的这种机器中，与 WP 公司机器明显的区别是，螺杆顺时针旋转，而不是逆时针转动。

　　贝克-珀金斯公司的这种机器的专利申请中包括了反应挤出。Wheeler，Irving 和 Todd 的一项 1969 年专利[71]中论述了在这种机器中由预聚物进行的聚酯和聚酰胺的缩聚和脱挥。

　　萨吉诺市的贝克-珀金斯公司研发团队申请了许多项其他专利[72~74]。Loomans 的一项 1975 年的专利[74]描述了一种特殊的新型自洁形状，包括了一种径向凸环（图 4.24）。贝克-珀金斯公司的 Todd[75] 在 1979 年的专利中描述一种可调节的鞍式结构，它被引入螺纹元件之间（图 4.25）。这可获得流量和压力控制和较好的脱挥。

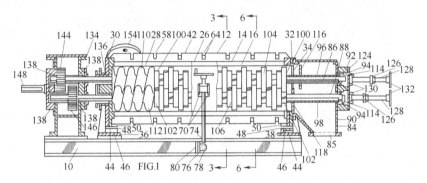

图 4.23　Loomans-Brennan 积木式双螺杆机器[69,70]

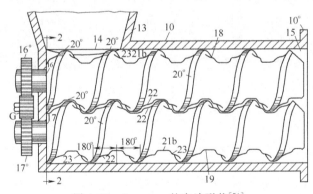

图 4.24　Loomans 的自洁形状[74]

　　APV 化工机械公司（APV Chemical Machinery）在 1986 年与贝克-珀金斯公司合并。1995 年，B&P 工艺设备和系统（B and P Process Equipment and Systems）公司，贝克-珀金斯公司的继任者，在美国密歇根州萨吉诺市成立，负责北美和日本的市场。位于英国纽卡斯尔的 APV Baker 公司负责世界其他地区的市场。

　　1969 年，Ambrose K. Brennan 爵士[76]依然在 Readco 实验室工作，它可能

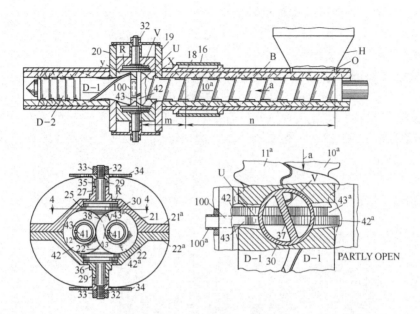

图 4.25 Todd 的可调节鞍式结构[75]

称为 Teledyne，申请了一项新专利，涉及含有特殊的啮合盘结构的一种新型积木式啮合同向双螺杆挤出机。Teledyne-Readco 公司将这些机器推向市场。这些研发成果的一个有趣的附加成果出现在 Brennan 1967 年的专利申请中[77]，这项专利描述了一种密炼机，其中的啮合同向转子含有扭转进入螺旋结构中的螺棱，用于纵向泵送。这种机器可被用于高黏性物质加工，诸如热塑性塑料和弹性体。

4.12 后续的拜耳研发成果

拜耳公司持续着创造性地应用积木式啮合同向双螺杆挤出机[78~83]。这类创造性的应用包括了反应挤出。应该注意的是，早在 1955 年，Riess[33] 就已经讲述了拜耳公司用啮合同向双螺杆挤出机进行纤维素的酯化生产。Erdmenger，Ullrich 和他们的合作者[78] 在其 1971 年的专利中提出了一项生产交联粉末漆的工艺。

Erdmenger 于 1976 年从拜耳退休。不久后，他编写了一本小册子 Schneckenmaschinen für die Hochviskos-Verfahrenstechnik[25]，这本书讲述了他研发积木式双螺杆挤出机的经历，并于 1978 年由拜耳公司出版发行。在 Erdmenger 退休之后，他的研发团队由 M. Ullrich 领导。

拜耳公司的研发成果在继续着。Ullrich, E. Meisert 和 A. Eitel[79] 的 1976 年

专利描述了这类机器被用于生产聚酯弹性体。Korber[80] 的专利讲述了使用双螺
杆挤出机在聚合物上设计过氧化物基团。

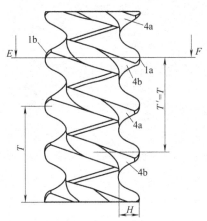

后来，Binsack，Rempel，Korber 和
Neuray[81] 的专利描述了在一台啮合同向
双螺杆挤出机中生成特殊的接枝共聚物，
它们可在共混物中与聚对苯二甲酸丁二醇
酯（PBT）或聚对苯二甲酸乙二醇酯
（PET）共用。Goyert，Meisert，Eitel 等
人[82]讲述了一种用扩链剂的工艺技术，在
这类机器中，生产改进型热塑性塑料。
Quiring 等人[83]描述了一种反应共挤工艺，
用于生产聚酯塑料。拜耳公司对反应挤出
研发的一个不变旋律是，除非唯一，持续
首先使用啮合同向机器。

图 4.26　Rathjen 和 Ullrich 用于
结晶化的改进型螺纹元件

　　在另一个研发项目中，Rathjen 和 Ul-
lrich[84,85]描述了啮合同向双螺杆挤出机的一种新型螺杆结构，可用于结晶生产
工艺（图 4.26）。这类机器在螺棱上有狭槽，可捕获晶体，并通过螺杆与机筒相
对运动而产生的剪切作用将这些晶体打碎。

4.13　后续的 WP 研发成果

　　WP 公司持续研发他们的 ZSK 积木式同向双螺杆挤出机的新一代产品。一
般包括：①增大螺杆的外内径比（OD/ID），②增加比扭矩［扭矩除以中心线距
离的立方（M/a^3）］。被称为"巨型混合机"（supercompounder）的第五代 ZSK
问世于 1983 年。它在同期的商业化积木式同向双螺杆挤出机中具有最高的比功
率。在 1995 年，WP 公司推出了他们的第六代机器，被称为"超级混合机"
（megacompounder），它的比功率高出巨型混合机的 30%。在同类商业化挤出机
中它的比功率也是最高的。WP 公司 ZSK 的第六代各种 OD/ID 和 M/a^3 见
表 4.1[47]。

　　WP 公司也已经推出了新型模块元件结构。较早的元件是 TME（叶片混合）
元件，如图 4.27a[47]中所示。在 Wobbe 和 Uhland[86] 的专利中给出了最新的元
件结构。Grillo 等人[87] 和 Andersen[49]也描述了这些元件。它们被命名为 ZME
（Zahn Misch 元件）。图 4.27b 中展示了这些元件，与捏合盘块相比，它们可提
供较好的分布混合和适中的分散混合。ZME 一般属于自洁式元件。Grillo 等
人[87]建议它们可被用于共混玻纤。

WP 公司已故的 Heinz Herrmann 一直关注着共混技术的发展[88,89]。双螺杆挤出技术发展前景被描述在 1988 年 Herrmann 的文章中[88]，文章的英文题目是"Towards the Flexibale and Intelligent Compunding Plants（面向灵活和智能化的共混工厂）"。它包括了聚合、共混（常常是反应共混）和最终成型。这也涵盖了引入新型质量控制的传感器和控制系统。

表 4.1　WP 公司的双螺杆挤出机发展阶段

ZSK 发展阶段	螺纹头数	螺杆 OD/ID	$\dfrac{扭矩}{C_L^3}$
标准型 ZSK(20 世纪 50 年代)	3	1.22	3.7~3.9
变化的 ZSK	3	1.22	4.7~5.5
变化的 ZSK	2	1.44	4.7~5.5
紧凑型 ZSK	2 or 3	1.22 or 1.44	7.2~8.0
巨型 ZSK	2	1.55	8.7
超级 ZSK	2	1.55	11.3

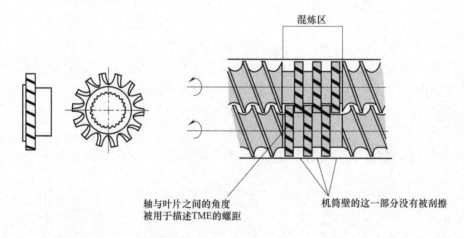

(a) 叶片混合元件(TME)

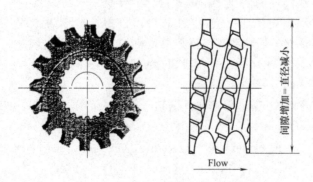

(b) Zahn Misch 元件(ZME)

图 4.27　WP 公司特殊混炼元件

在最近几年，WP 公司的所有权已经发生变化。在 20 世纪 90 年代早期，Werner 家族和贝克-珀金斯公司退出，由德国钢铁制造公司克虏伯（Krupp）取而代之。WP 公司从此变为克虏伯 WP 公司。后来，德国钢铁公司 Thyssen 收购克虏伯公司，更名为 Thyssen-Krupp 公司。这家新公司将他们的克虏伯 WP 子公司卖给了瑞士的 Georg Fischer 公司。WP 公司又变成了科倍隆（Coperion）WP 公司，一家布斯的姊妹公司。后来，布斯公司独立出去。

4.14　新增的机械制造商

当拜耳公司专利系统保护期满后，许多公司纷纷进入制造积木式同向双螺杆挤出机的市场。我们已经提及的当代早期进行研发的 LMP，RH 温莎，Readco，贝克-珀金斯等公司。其他的各类公司也已经进入了这一领域，包括了在德国的 Maschinenfabrik Paul Leistritz 有限公司（后来的雷士公司），赫尔曼·贝尔斯托夫机器制造公司，Reifenhauser 有限公司等公司；在日本有池贝（Ikegai）有限公司，日本制钢，神户制钢，三菱重工，东芝机械；美国的法雷尔（Farrel）公司和 Teledyne Readco 公司；法国的 Clextral 公司；意大利的 Pomini 公司；英格兰的 Betol 公司和印度的 RH 温莎公司。

贝尔斯托夫和雷士公司联合了他们的合作伙伴德国公司 WP，作为美国工业市场的主要代理商。

神户制钢和法雷尔公司在他们的机器中的捏合盘位置引入了转子结构。Valsamis 等人[90]讲述了法雷尔公司的螺杆结构（图 4.28）。

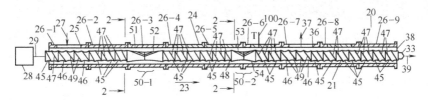

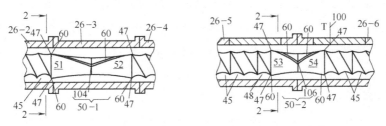

图 4.28　法雷尔转子类型的积木式混炼元件[90]

日本的池贝公司是在日本最先制造哥伦伯双螺杆机器的制造商，现在也制造由拜耳和 WP 公司原创的这种积木式双螺杆挤出机。第二个哥伦伯专利最初许可使用者，法国的 Clextral 公司今天也制造积木式同向旋转机器。雷士公司制造 ZSE GL 积木式同向机器。

在 1984 年，Hornsby 和他的合作者[91,92]介绍了在英格兰 Brunel 大学研发的积木式啮合同向双螺杆挤出机。这台原型机由 Brunel 大学的 Ivor Boyne 设计，并由 Gay's 公司（汉普敦）制造。它的螺杆直径为 40mm，因此被命名为 TS40 DV-L。在 1987 年，Hornsby[93]，Ess 和 Hornsby[94]讨论了关于这台机器的研究，他们指出这台机器有梯形非自洁螺棱。在他们 1987 年的文章中，Ess 和 Hornsby[94]表明他们的机器与 Betol TS40 DV-L 相同。

4.15　贝尔斯托夫研发成果

在拜耳专利保护期满后，德国[95~98]汉诺威的赫尔曼·贝尔斯托夫机器制造

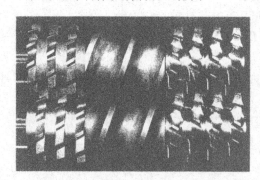

图 4.29　装配在 ZE 90A 双螺杆挤出机上的贝尔斯托夫齿轮混合元件的典型排列，（左）平行齿轮环；（右）沿螺旋线切割的齿轮（由贝尔斯托夫公司提供）

公司在 1981 年推出了一种积木式啮合同向旋转机器。这种机器在结构上类似于早先提到的由拜耳公司和 WP 公司研发的机器。它们包括了自洁螺杆和捏合块。某些机器结构已经包括了节流元件。

贝尔斯托夫公司（在 20 世纪 80 年代）将"混合齿轮"引入到先进的捏合块中，用于混炼。贝尔斯托夫的混合齿轮改进了分布混合，而没有捏合盘引起的严重剪切作用（图 4.29）。这种混合齿轮使人想起了 20 世纪 50 年代早期由 Kraffe de Laubarede[46,47]描述的螺杆结构。

贝尔斯托夫公司的另一项创新是螺纹元件，它是不完全自洁的。它的导向螺棱是不自洁的，但中间的螺棱是自洁的。这也改善了分布混合。

4.16　橡胶共混

对连续共混橡胶的研究具有很长的历史。至少可追溯到 20 世纪 60 年代法雷尔连续混合机的研发（见 13.8 节）。研发的目的是采用这种机器加工橡胶粉料，

诸如由 Chemische Werke Hüls 公司开发的橡胶[99~101][B. F. Goodrich [102,103]和固特异（Goodyear）轮胎橡胶公司[104]]。最近几年，经过几家公司大量的研究，已经将积木式同向双螺杆挤出机用于橡胶的共混。涉及的公司有，固特异[105,106]，道康宁（Dow Corning）Toray 硅橡胶公司[107]和 Pirelli[108]。在德国汉诺威的德国橡胶技术研究院的 Schuster 和他的合作者已经通报了一项新的研究项目[109~113]。

参考文献

[1] H. Herrmann, Schneckenmaschinen in der Verfahrenstechnik, Springer, Berlin (1972).

[2] J. L White, W. Szydlowski, K. Min, and M. Kim, *Adv. Polym. Technol.*, 7, 295 (1987).

[3] J. L. White and Y. Wang, *in* Progress in Polymer Processing, Vol. 1, edited by A. I. Isayev, Hanser, Munich (1990).

[4] M. Ullrich, Historische Entwicklung der Gleichdrall Doppelschnecken, VDI Wissenforum, Leverkusen, June 2005.

[5] M. Ullrich in Co-Rotating Twin Screw Extruders, edited by K. Kohlgrüber, Hamer, Munich (2007).

[6] F. Coignet, U. S. Patent 93, 035 (1869).

[7] A. Wunsche, German Patent 131, 392 (1901).

[8] R. W. Easton, British Patent (filed September 25, 1916) 109, 663 (1917); R. W. Easton, U. S. Patent (filed June 2, 1920) 1, 468, 379 (1923).

[9] H. La Casse, U. S. Patent (filed August 25, 1919) 1, 356, 296 (1920).

[10] W. K. Nelson, U. S. Patent (fried June 4, 1931) 1, 868, 671 (1932).

[11] Baur and Cie, German Patent (filed May 6, 1933) 617, 432 (1935).

[12] F. F. Pease, U. S. Patent (filed August 17, 1933) 2, 048, 286 (1936).

[13] Anonymous, *LMP and Polytal*, *The Extrusion Specialist*, Polytal and LMP, Turin (1986), (distributed at Dusseldorf K86 Show).

[14] R. Colombo, Italian Patent (fried February 6, 1939) 370, 578 (1939); Swiss Patent (filed January 3, 1941) 220, 550 (1942).

[15] Anonymous (BASF), German Patent (Filed July 24, 1943) 895, 058 (1953).

[16] R. Colombo, British Patent (applied May 2, 1946) 629, 109 (1949).

[17] R. Colombo, U. S. Patent (filed August 7, 1947) 2, 563, 396 (1951).

[18] R. Colombo, Canadian Patent (filed December 27, 1949) 517, 911 (1955).

[19] S. H. Greenwood, *Rubber World*, **129**, 73 (1953).

[20] A. J. Schaerer, *Kunststoffe*, **44**, 105 (1954).

[21] K. Baigent, *Trans. Plastics Inst.*, (April) 34 (1956).

[22] S. Beyer, *Kunststoffe*, **48**, 157 (1958).

[23] E C. Schutz, *SPE Journal*, **18**, (September) 1147 (1962).

[24] E Martelli, *SPE Journal*, **27**, (1) 26 (1971).

[25] R. Erdmenger, Schneckenmaschinen fur die Hochviskos-Verfahrenstechnik, Bayer AG, Leverkusen (1978).

[26] K. Riess and W. Meskat, *Chem. Ing. Tech.*, **23**, 205 (1951).

[27] W. Meskat, German Patent (filed October 17, 1943) 852, 203 (1952).

[28] W. Meskat and R. Erdmenger, German Patent (filed July 7, 1944) 862, 668 (1953).

[29] W. Meskat and R. Erdmenger, German Patent (filed July 28, 1944) 872, 732 (1953).

[30] E. Verg, G. Plumpe, and H. Schultheis, *Meilensteine*, Bayer AG, Leverkusen (1988).

[31] R. G. Stokes, Divide and Prosper: The Heirs of I. G. Farben under Allied Authority 1945-1951, University of California Press, Berkeley (1988).

[32] W. Meskat and J. Pawlowski, German Patent (filed December 10, 1950) 949, 162 (1956).

[33] K. Riess, *Chem. Ing. Tech.*, **27**, 457 (1955).

[34] R. Erdmenger, German Patent (filed September 24, 1949) 815, 641 (1951).

[35] R. Erdmenger, German Patent (filed September 29, 1949) 813, 154 (1951).

[36] R. Erdmenger, U. S. Patent (filed September 20, 1950) 2, 670, 188 (1954).

[37] K. Riess and R. Erdmenger, *VDI Zeitschr.*, **93**, 633 (1951).

[38] O. Telle and R. Erdmenger, German Patent (filed July 22, 1953) 945, 086 (1956).

[39] R. Erdmenger, German Patent (filed July 28, 1953) 940, 109 (1956); U. S. Patent (filed July 27, 1954) 2, 814, 472 (1957).

[40] W. Winkelmuller, R. Erdmenger, S. Neidhardt, G. Hirschberg, and B. Fortuna, German Patent (filed December 10, 1951) 915, 689 (1954).

[41] R. Erdmenger, U. S. Patent (filed August 17, 1959) 3, 122, 356 (1964).

[42] W. Meskat, *Chem. Ing. Tech.*, **34**, 742 (1962)
J. Pawlowski, *Chem. Ing. Tech.*, **34**, 749 (1962).

[43] R. Erdmenger, *Chem. Ing. Tech.*, **34**, 751 (1962).

[44] R. Erdmenger, *Chem. Ing. Tech.*, **36**, 175 (1964).

[45] R. Erdmenger, U. S. Patent (filed March 26, 1963) 3, 254, 367 (1966).

[46] L. Kraffe de Laubarede, U. S. Patent (filed July 10, 1950) 2, 631, 016 (1953).

[47] L. Kraffe de Laubarede, British Patent (filed April 22, 1953) 738, 784 (1955).

[48] R. Fritsch and G. Fahr, *Kunststoffe*, **49**, 543 (1959).

[49] P. G. Andersen, in Plastics Compounding: Equipment and Processing, edited by D. B. Todd. Hanser, Munich (1998).

[50] H. Herrmann, *Kunststoff und Gummi*, **3**, 217 (1964).

[51] H. Herrmann, *Chem. Ing. Tech.*, **38**, 25 (1966).

[52] H. Boden, H. Ocker, G. Pfaff, and W. Worz, U. S. Patent (filed November 13, 1964) 3, 305, 894 (1967).

[53] R. Fritsch and H. H. O. Kuhner, U. S. Patent (filed February 28, 1967) 3, 392, 962 (1968).

[54] H. Ocker, U. S. Patent (fried November 15, 1968) 3, 525, 124 (1970).

[55] H. Koch, U. S. Patent (filed November 20, 1968) 3, 608, 868 (1971).

[56] R. Fritsch, U. S. Patent (filed February 24, 1966) 3, 456, 317 (1969).

[57] H. Ocker, U. S. Patent (filed August 8, 1972) 3, 682, 086 (1972).

[58] H. Herrmann and H. Ocker, U. S. Patent (filed February 7, 1972) 3, 749, 375 (1973).

[59] H. Ocker, U. S. Patent (filed September 7, 1971) 3, 764, 114 (1973).

[60] G. Illing, U. S. Patent (filed October 23, 1964) 3, 536, 680 (1970).

[61] G. Illing, *Mod. Plastics*, (August) 72 (1969).

[62] W. A. Mack and R. Herter, *Chem. Eng. Prog.*, **72** (1) 64 (1976).

[63] R. Erdmenger and W. Oetke, German Auslegeschriff (filed March 16, 1960) 1, 111, 154 (1961).

[64] R. Erdmenger and M. Ullrich, *Chem. Ing. Tech.*, **42**, 1 (1970).

[65] K. H. Baigent, U. S. Patent (filed July 23, 1957) 2, 916, 769 (1959).

[66] H. Beck, *Kunststoffe*, **47**, 469 (1957).

[67] R. Colombo, U. S. Patent (filed December 27, 1961) 3, 114, 171 (1963).

[68] R. Colombo, U. S. Patent (filed January 15, 1964) 3, 252, 182 (1966); German Offenlegung-schrift (filed January 20, 1964) 1, 554, 761 (1970).

[69] B. A. Loomans and A. K. Brennan, U. S. Patent (filed March 21, 1962) 3, 195, 868 (1965).

[70] B. A. Loomans and A. K Brennan, U. S. Patent (filed March 21, 1962) 3, 198, 491 (1965).

[71] D. A. Wheeler, H. E Irving, and D. B. Todd, U. S. Patent (filed October 30, 1969) 3, 630, 689 (1971).

[72] B. A. Loomans, U. S. Patent (filed January 12, 1967) 3, 423, 074 (1969).

[73] B. A. Loomans, U. S. Patent (filed March 6, 1973) 3, 714, 350 (1973).

[74] B. A. Loomans, U. S. Patent (filed October 24, 1973) 3, 900, 187 (1975).

[75] D. B. Todd, U. S. Patent (filed July 27, 1977) 4, 136, 968 (1979).

[76] A. K. Brennnan, U. S. Patent (filed November 14, 1969) 3, 618, 902 (1971).

[77] A. K. Brennan, U. S. Patent (filed December 18, 1967) 3, 490, 750 (1970).

[78] R. Erdmenger, M. Ullrich, R. Germadonk, J. Pedain, B. Quiring, and F. Wingler, U. S. Patent (filed January 21, 1971) 3, 725, 340 (1973).

[79] M. Ullrich, E. Meisert, and A. Eitel, U. S. Patent (filed July 17, 1974) 3, 963, 679 (1976).

[80] H. Korber, European Patent Application 0, 002, 760 (1979).

[81] R. Binsack, D. Rempel, H. Korber, and D. Neuray, U. S. Patent (filed January 18, 1980) 4, 260, 690 (1981).

[82] W. Goyert, E. Meisert, W. Grimm, A. Eitel, H. Wagner, G. Niederdellmann, and B. Quiring, U. S. Patent (filed December 13, 1979) 4, 261, 946 (1981).

[83] B. Quiring, W. Wenzel, G. Niederdellmann, H. Wagner, and W. Goyert, U. S. Patent (filed June 20, 1980) 4, 286, 080 (1981).

[84] C. Rathjen and M. Ullrich, European Patent (filed October 15, 1980) 0, 049, 835 (1982).

[85] M. Ullrich and C. Rathjen, *Chem. Ing. Tech.*, **58**, 590 (1986).

[86] H. Wobbe and E. Uhland, U. S. Patent (filed October 15, 1992) 5, 318, 358 (1994); German Patent 4, 134, 026 (1991).

[87] J. Grillo, F. G. Andersen, and E. Papazoglou, *SPE ANTEC Tech. Papers*, **38**, 20 (1992).

[88] H. Herrmann, *Kunststoffe*, **78**, 876 (1988).

[89] H. Herrmann, in Plastics Extrusion Technology, edited by F. Hensen, Hanser, Munich (1988).

[90] L. N. Valsamis, E. L. Canedo, J. M. Pereira, and D. U. Poscich, U. S. Patent (filed June 3, 1994) 5, 487, 602 (1996).

[91] P. R. Hornsby, *Plastics Compounding*, (September/October) 65 (1983).

[92] J. W. Ess, P. R. Hornsby, S. Y. Lin, and M. J. Beris, *Plastics Rubber Proc. Appl.*, **4**, 7 (1984).

[93] P. R. Hornsby, *Plastics Rubber Proc. Appl.*, **7**, 237 (1987).

[94] J. W. Ess and P. R. Hornsby, *Plastic Rubber Proc Appl.*, **8**, 147 (1987).

[95] D. Anders, U. S. Patent (filed July 7, 1981) 4, 423, 960 (1984).

[96] D. Anders, *Kunststoffe*, **74**, 367 (1984).

[97] D. Anders, *SPE ANTEC Tech. Papers*, **34**, 15 (1988).

[98] M. H. Mack, in Plastics Compounding: Equipment and Processing, edited by D. B. Todd, Hanser, Munich (1998).

[99] F. Zeppernick, *Kautsch Gummi Kunstst.*, **18**, 231 (1965).

[100] F. Zeppernick, *Kautsch Gummi Kunstst.*, **18**, 313 (1965).

[101] F. Zeppernick, *Kautsch Gummi Kunstst.*, **18**, 806 (1965).

[102] T. R. Goshorn and F. R. Wolf, *Rubber Age*, (November) p. 77 (1965).

[103] T. R. Goshorn, *J. Inst. Rubber Ind.*, (April) p. 77 (1972).

[104] R. G. Bauer, J. L. Bush, H. K. Foley, D. C. Grimm, H. L. Gunnerson, G. E., Meyer, J. R. Purdon, and W. A. Wilson, in Science and Technology of Polymer Processing, edited by N. P. Suh and N. H. Sung, MIT Press, Cambridge, Mass., USA (1979).

[105] P. K,. Handa, C. M. Lansinger, V. R Paramseran, and G. R. Schear, U. S. Patent (filed April 29, 1991) 5, 158, 725 (1992).

[106] V. R Eswaran, C. Kiehl, C. L. Magnus, and P. K. Handa, U. S. Patent (filed September 5, 1995) 5, 711, 904 (1998).

[107] M. Hamada, T. Kinoshita, K. Kunimatsu, and S. Terashima, U. S. Patent (filed April 28, 1994) 5, 409, 978 (1995).

[108] R. Caretta, R Pessiwa, and A. Proni, European Patent Application (filed September 25, 1997) 0, 911, 359 A1 (1999).

[109] R. Ophus, O. Skibba, R. H. Schuster, and U. Gorl, *Kautsch Gummi Kunstst.*, **53**, 279 (2000).

[110] A. Amash, M. Bogun, R. H. Schuster, and M. Schrnitt, *Plastics Rubber Comp.*, **30** 401 (2001).

[111] U. Gorl, M. Schmitt, A. Amash, and M. Bogun, *Kautsch Gummi Kunstst.*, **55**, 23 (2002).

[112] M. Bogun, F. Abraham, L. Muresan, R. H. Schuster, and H. J. Radasch, *Kautsch Gummi Kunstst.*, **57**, 363 (2004).

[113] M. Bogun, S. Luther, R. H. Schuster, U. Gorl, and H. J. Radasch, *Kautsch Gummi Kunstst.*, **57**, 633 (2004).

第

5

章

啮合同向双螺杆挤出机的流动机理及建模

5.1 概述

在本章中，重点讨论对啮合同向双螺杆挤出机流动机理的基本认识及其研究进展。在开发这项技术的主要专利中，首次揭示了流动机理的基本认识，在前一章中对这些专利给予了总结。大部分早期的文献是不清晰的，因为作者没有正确地区分啮合同向和异向双螺杆挤出机之间的流动机理。早期的专利普遍认为沿螺槽长度方向的螺槽是充分敞开的。1964 年 Erdmenger[1] 在他的公开科学文献中对这个问题给出了第一个明确的论述。在 20 世纪 70 年代的科学期刊中，首次出现了大量的流体力学研究的文章，并一直持续到近 10 年。在本章中，将会认真总结这项工作。

在 5.2 节，开始讨论啮合同向双螺杆系统的螺杆几何形状。至于在异向旋转机器中的情况，这是一个需要单独讨论的专题。5.3 节总结了这些机器的正向泵送螺纹元件中的流体运动。5.4 节将介绍反向泵送螺纹元件中的流动。5.5 节介绍了捏合盘。5.6 节介绍了非等温特性和在 5.7 节中介绍了熔融。然后，第 5.8 探讨了积木式啮合同向双螺杆系统整体特性，讨论不同模块元件对整个系统特性的影响。

5.2 螺杆几何结构

啮合同向双螺杆挤出机的螺纹元件和捏合盘一般具有自洁外形，如在图 5.1

中 WP 公司的螺杆和捏合盘的组合所见。

Wunsche[2]，Easton[3]，Pease[4]，Colombo[5] 以 及 Meskat 和 Er-
dmenger[6]在早期给出的专利中描述了啮合自洁同向双螺杆机器的运行机理。
Wunsche[2]首先分析了所需的螺棱的详细形状。Wolfen 工厂的 A. Geberg 随后
也在 1944 年研究出了自洁螺纹的几何形状，并把这一结果告知了 Meskat 和 Er-
dmenger[7]。

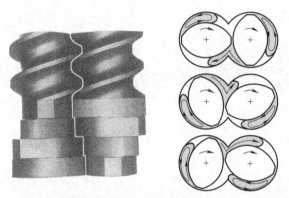

图 5.1　WP 公司的自洁螺杆和捏合盘的组合。（由 WP 公司提供）

在后来的 Kalle 公司的 Zimmermann 1965 年的专利中讨论了自洁式剖面的
数学基础[7]。后来 Booy[8]继续研究这个问题。他推导出螺杆形状的几何关系，
可实现完全啮合和自洁。Booy 指出，具有连续单调递增的二阶导数的自洁螺纹
剖面的螺槽深度的变化必须根据：

$$H(\theta) = R_s(1+\cos\theta) - \sqrt{C_L^2 - R_s^2 \sin^2\theta} \qquad (5.1)$$

式中，R_s 是螺杆的外半径；θ 是螺杆的旋转角；C_L 螺杆中心线之间的距离。对于
螺纹元件，角度 θ 可用沿螺杆长度的轴向距离 z 来表示：

$$\theta = 2\pi \frac{z}{S/p} \qquad (5.2)$$

式中，S 是螺距；p 是螺纹头数。

Erdmenger[9]和 Loomans[10]后来的专利已经描述了不同的自洁螺杆外形。
这些形状被显示在图 4.14 和 4.15 中。Erdmenger 和 Loomans 的这些螺杆形状
具有"凹槽"和"凸面"。

5.3　正向泵送螺纹元件的流场建模

流动机理暗含在这些专利文献中。的确，Easton[3]充分认识到，螺槽沿螺
杆的长度方向是完全敞开的，在其后的所有专利中都包含了这一点。一种对流动

机理的合理分析出现在 Erdmenger [1]1964 年 和 Martelli[11] 1971 年的文章中。Erdmenger 指出，流体以 8 字形运动轨迹沿着螺杆长度运动通过这些螺槽。许多作者阐明了这种机理，他们是巴斯夫公司的 Armstroff 和 Zettler [12]，Herrmann 和 Bukhardt[13]，Mack 和 Eise[14]，Eise，Herrmann ，Werner 和 Burkhardt[15] 以及 Eise，Curry 和 Nageroni[16]（WP 公司）。

　　根据这些作者的论述，我们注意到，在一个全啮合同向双螺杆挤出机的螺纹元件中，流道是完全敞开的，如图 5.2 所示。

　　这是不像具有 C 形室的啮合异向机器的情况，并类似于单螺杆挤出机。根据近似，即沿着螺槽的速度分量 v_1 和横向速度分量 v_3 只取决于螺槽深度 x_2，如在 3.3 节中那样，我们有：

$$0 = -\frac{\partial p}{\partial x_1} + \frac{\partial \sigma_{12}}{\partial x_2} = -\frac{\partial p}{\partial x_1} + \eta \frac{\partial^2 v_1}{\partial x_2^2} \tag{5.3a}$$

$$0 = -\frac{\partial p}{\partial x_3} + \frac{\partial \sigma_{32}}{\partial x_2} = -\frac{\partial p}{\partial x_3} + \eta \frac{\partial^2 v_3}{\partial x_2^2} \tag{5.3b}$$

其边界条件为：

$$
\begin{array}{ll}
v_1(0) = 0 & v_1(H) = U_1 = U\cos\phi \\
v_3(0) = 0 & v_3(H) = U_3 = -U\sin\phi
\end{array} \tag{5.4}
$$

沿螺槽方向的速度场为：

$$v_1(x_2) = U\cos\phi\left(\frac{x_2}{H}\right) - \frac{H^2}{2\eta}\frac{\mathrm{d}p}{\mathrm{d}x_1}\left[\left(\frac{x_2}{H}\right) - \left(\frac{x_2}{H}\right)^2\right] \tag{5.5}$$

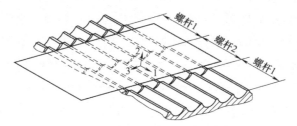

图 5.2　啮合自洁同向双螺杆挤出机中的螺槽分布平面展开图

对上式积分可得流率：

$$Q = \frac{1}{2}WHU_1 - \frac{WH^3}{12\eta}\frac{\mathrm{d}p}{\mathrm{d}x_1} \tag{5.6}$$

　　根据没有流体通过螺棱的边界条件，横向速度场为：

$$v_3(x_2) = -U\sin\phi\left[2\left(\frac{x_2}{H}\right) - 3\left(\frac{x_2}{H}\right)^2\right] \tag{5.7}$$

　　为了进一步的研究，有必要详细地考虑螺杆的几何形状，正如 Booy [8] 所做的那样。Denson 和 Hwang[17]，Booy[18] 以及 Szydlowski 和 White[19] 已经分析了在考虑平展结构中详细的几何结构下经过螺槽的流动。前面的作者忽略了啮合区的复杂性，并继续求解下述方程：

$$0 = -\frac{\partial p}{\partial x_1} + \eta \left(\frac{\partial^2 v_1}{\partial x_2^2} - \frac{\partial^2 v_1}{\partial x_3^2} \right) \tag{5.8}$$

此式应满足由式（5.4）定义的在螺杆根部无滑移的边界条件和机筒速度 U。他们利用有限元方法和将 Booy 的螺槽形状作为边界条件。求解挤出量的公式为：

$$Q = \frac{1}{2} W H_0 U_1 F_D - \frac{WH^3}{12\eta} \frac{\mathrm{d}p}{\mathrm{d}x_1} F_P \tag{5.9a}$$

$$Q = \frac{1}{2} W H_0 U \cos\phi F_D - \frac{WH^3}{12\eta} \frac{\mathrm{d}p}{\mathrm{d}x_1} F_P \tag{5.9b}$$

式中，H 是特征螺槽深度；F_D 和 F_P 是形状因子。Denson 和 Hwang 根据下列变量计算和绘制了螺杆特征曲线（图 5.3）

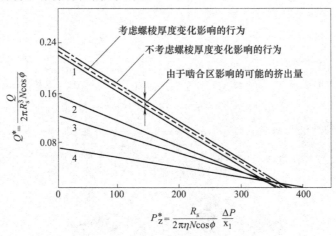

图 5.3　Denson 和 Hwang[17] 以及 Szydlowski 和 White[19] 对选定螺杆结构的特征曲线计算

$$Q^* = \frac{Q}{2\pi R^3 N} \cos\phi \qquad \frac{\mathrm{d}p^*}{\mathrm{d}x_1^*} = \frac{R}{2\pi\eta N\cos\phi} \frac{\mathrm{d}p}{\mathrm{d}x_1} \tag{5.10}$$

这些特征曲线具有线性递减形式，如在单螺杆挤出机中（第 3 章）和相切式异向双螺杆挤出机中（第 11 和 12 章）牛顿流体的典型计算形式。

　　Szydlowski 和 White[19] 在后续的研究中试图考虑啮合区的这些问题。正如图 5.4 中所示，在螺杆啮合区流动转向，这将必然增加一个压力损失。他们接着采用流体动力润滑理论，并考虑在 x_3 方向的剪切。他们对式（5.3a，b）积分得到：

$$q_1 = \int_0^H v_1 \mathrm{d}x_2 = \frac{1}{2} U_1 H - \frac{H^3}{12\eta} \frac{\partial p}{\partial x_1} \tag{5.11a}$$

$$q_3 = \int_0^H v_3 \, dx_2 = \frac{1}{2}U_3 H - \frac{H^3}{12\eta} \frac{\partial p}{\partial x_3} \qquad (5.11b)$$

应用塔德莫尔等人[20]的 FAN 方法（流场分析网格法）可联立求解这几个方程。本质上讲，这是一个基于式（5.11）流量平衡式，即：

$$q_1(x_1 + \Delta x_1, x_3)\Delta x_3 + q_3(x_1, x_3 + \Delta x_3)$$
$$\Delta x_1 - q_1(x_1, x_3)\Delta x_3 - q_3(x_1, x_3)\Delta x_1 = 0$$
$$(5.12a)$$

相当于求解：$\dfrac{\partial q_1}{\partial x_1} + \dfrac{\partial q_3}{\partial x_3} = 0$ 　　(5.12b)

这是一个关于函数 $p(x_1, x_3)$ 的偏微分方程。

在图 5.3 中，Szydlowski 和 White[19]的计算结果与 Denson 和 Hwang 计算进行了比较。一般而言，对于被分析的螺杆结构，这种一致性是极好的。然而，对于大螺棱厚度，对于忽略啮合区的任何建模都将引起差异，如图 5.5 所示。

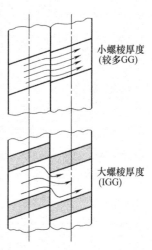

图 5.4　同向双螺杆挤出机啮合区内的流动[18]

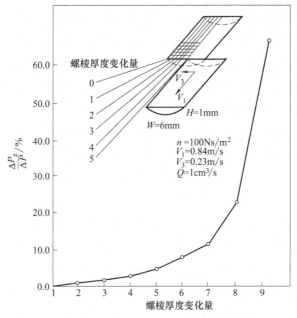

图 5.5　螺棱厚度对压力变化的影响[18]

Kalyon 和他的同事[21,22]运用一种更复杂的数值分析方法求解这个问题的复杂几何形状，他们试图将这种机器的全曲率考虑在内，特别是在两个螺杆相互接触的啮合区。Crochet[23]报到了类似的啮合同向双螺杆挤出机螺槽内的有限元研究，其中包括了曲率的影响。

Szydlowski 和 White 的上述分析已经被 Wang 和 White[24]应用到非牛顿流体。他们用幂律流体公式作为非牛顿流体的黏度函数，采取 η 依赖于第二章所述的变形速率的不变量，如第二章所描述 [式 (2.45)]，即：

$$\eta = K(2\ tr\ \underline{d}^2)^{(n-1)/2} \tag{5.13a}$$

可改写为：

$$\eta = K\left[\left(\frac{\partial v_1}{\partial x_2}\right)^2 + \left(\frac{\partial v_3}{\partial x_2}\right)^2\right]^{(n-1)/2} \tag{5.13b}$$

将其带入式 (5.3) 可得：

$$0 = -\frac{\partial p}{\partial x_1} + \frac{\partial \sigma_{12}}{\partial x_1}$$

$$= -\frac{\partial p}{\partial x_1} + \frac{\partial}{\partial x_2}K\left[\left(\frac{\partial v_1}{\partial x_2}\right)^2 + \left(\frac{\partial v_3}{\partial x_2}\right)^2\right]^{(n-1)/2}\frac{\partial v_1}{\partial x_2} \tag{5.14a}$$

$$0 = -\frac{\partial p}{\partial x_3} + \frac{\partial \sigma_{32}}{\partial x_1}$$

$$= -\frac{\partial p}{\partial x_3} + \frac{\partial}{\partial x_2}K\left[\left(\frac{\partial v_1}{\partial x_2}\right)^2 + \left(\frac{\partial v_3}{\partial x_2}\right)^2\right]^{(n-1)/2}\frac{\partial v_3}{\partial x_2} \tag{5.14b}$$

对上述公式积分可得：

$$\frac{\partial v_1}{\partial x_2} = \frac{1}{\eta}\frac{\partial p}{\partial x_1}(x_2 - C_1) \tag{5.15a}$$

$$\frac{\partial v_3}{\partial x_2} = \frac{1}{\eta}\frac{\partial p}{\partial x_3}(x_2 - C_3) \tag{5.15b}$$

假设（根据 Griffith[25]）：

$$\eta = K\left[\frac{1}{\eta^2}\left(\frac{\partial p}{\partial x_1}\right)^2(x_2 - C_1)^2 + \frac{1}{\eta^2}\left(\frac{\partial p}{\partial x_3}\right)^2(x_2 - C_3)^2\right]^{(n-1)/2} \tag{5.16a}$$

$$\eta = K^{1/n}\left[\left(\frac{\partial p}{\partial x_1}\right)^2(x_2 - C_1)^2 + \left(\frac{\partial p}{\partial x_3}\right)^2(x_2 - C_3)^2\right]^{(n-1)/2n} \tag{5.16b}$$

对式 (5.15) 积分可得 v_1 和 v_3 以及 $\bar{v}_1$ 和 $\bar{v}_3$，依次可得：

$$q_1 = \bar{v}_1 H$$

$$= \int_0^H\int_0^{x_2} K^{-1/n}\left[\left(x_2\frac{\partial p}{\partial x_1} - C_1\right)^2 + \left(x_2\frac{\partial p}{\partial x_3} - C_3\right)^2\right]^{(1-n)/2n}$$

$$\left(x_2\frac{\partial p}{\partial x_1} - C_1\right)\mathrm{d}x_2\mathrm{d}x_2 \tag{5.17a}$$

$$q_3 = \bar{v}_3 H$$

$$= \int\limits_{0}^{H}\int\limits_{0}^{x_2} K^{-1/n} \left[\left(x_2 \frac{\partial p}{\partial x_1} - C_1 \right)^2 + \left(x_2 \frac{\partial p}{\partial x_3} - C_3 \right)^2 \right]^{(1-n)/2n}$$

$$\left(x_2 \frac{\partial p}{\partial x_3} - C_3 \right) \mathrm{d}x_2 \mathrm{d}x_2 \tag{5.17b}$$

将式（5.17）代入式（5.12a）可求得压力场，依次进行微分可求得流场中的流量 q_1 和 q_3。

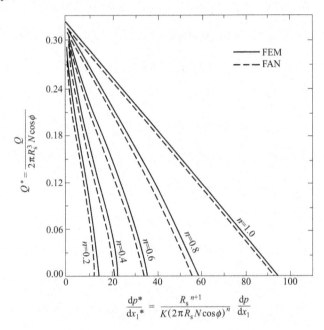

图 5.6 由 Wang 和 White[24] 给出的幂律流体螺杆特征曲线，

FAN 方法和有限元（FEM）技术的对比

图 5.6 给出了非牛顿流体的螺杆特征曲线。这些可根据以下变量进行描述：

$$Q^* = \frac{Q}{2\pi R^3 N \cos\phi}$$

$$\frac{\mathrm{d}p^*}{\mathrm{d}x_1^*} = \frac{R}{K(2\pi R N \cos\phi)^n} \frac{\mathrm{d}p}{\mathrm{d}x_1} \tag{5.18}$$

这些曲线表明，泵送特性随着幂律指数的减小而降低。这些结果与 Griffith[25] 的预测以及后来对单螺杆挤出机特性的研究（见 3.3 节）相类似。

Wang 和 White[24] 也已经对这个问题给出了更普遍的见解。他们用速度场对非牛顿流体在螺槽中流动进行模拟：

$$\underset{\sim}{v} = v_1(x_2, x_3)\underset{\sim}{e_1} + v_2(x_2, x_3)\underset{\sim}{e_2} + v_3(x_2, x_3)\underset{\sim}{e_3} \tag{5.19}$$

他们采用运动方程：

$$0 = -\frac{\partial p}{\partial x_1} + \frac{\partial}{\partial x_2}\left(\eta\,\frac{\partial v_1}{\partial x_2}\right) + \frac{\partial}{\partial x_3}\left(\eta\,\frac{\partial v_1}{\partial x_3}\right) \tag{5.20a}$$

$$0 = -\frac{\partial p}{\partial x_2} + \frac{\partial}{\partial x_2}\left(2\eta\,\frac{\partial v_2}{\partial x_2}\right) + \frac{\partial}{\partial x_3}\left[\eta\left(\frac{\partial v_2}{\partial x_3} + \frac{\partial v_3}{\partial x_2}\right)\right] \tag{5.20b}$$

$$0 = -\frac{\partial p}{\partial x_3} + \frac{\partial}{\partial x_2}\left[\eta\left(\frac{\partial v_3}{\partial x_2} + \frac{\partial v_2}{\partial x_3}\right)\right] + \frac{\partial}{\partial x_3}\left(2\eta\,\frac{\partial v_3}{\partial x_3}\right) \tag{5.20c}$$

剪切黏度为：

$$\eta = K\left[\left(\frac{\partial v_1}{\partial x_2}\right)^2 + \left(\frac{\partial v_1}{\partial x_3}\right)^2 + \left(\frac{\partial v_3}{\partial x_2} + \frac{\partial v_2}{\partial x_3}\right)^2 + \left(\frac{\partial v_2}{\partial x_2}\right)^2 + \left(\frac{\partial v_3}{\partial x_3}\right)^2\right]^{(n-1)/2}$$

$$\tag{5.21}$$

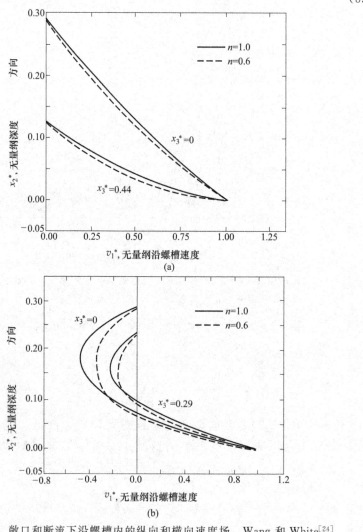

图 5.7 敞口和断流下沿螺槽内的纵向和横向速度场，Wang 和 White[24]

利用基于优化的变分原理的有限元方法，可求解这个问题：

$$J = \int \frac{(2tr\,\underline{d}^2)^{(n+1)/2}}{(n+1)}\mathrm{d}V - \int p\left(\frac{\partial v_2}{\partial x_3} + \frac{\partial v_3}{\partial x_3}\right)\mathrm{d}V \qquad (5.22)$$

式中，$2tr\,\underline{d}^2$ 如同式（2.45）中的定义。

Lai-Fook 和他的合作者[25,26]已经给出了第 2 种在平展自洁螺槽内的幂律流体流动的有限元模拟分析。Goffart 等人[27]和 Bierdel[28]最近也进行了有限元研究。

Wang 和 White[24]分别计算出了敞口和断流的沿螺槽的速度场，如图 5.7 所示。在敞口条件下，只存在一项正速度分量 v_1。但是在断流情况下，也有负速度分量。对于断流而言，非牛顿流体的速度场的数值小于预期值，而大于牛顿流体的流场的数值。

这些作者应用上述结果计算了螺杆特征曲线，如图 5.6 所示。与式（5.13）和（5.17）中的简单模型的差值不超过 10%。

5.4　反向泵送螺纹元件的流场建模

上一节的讨论适用于正向泵送的螺杆元件。相同的建模方法也可以被应用于反向泵送的螺杆元件。不同点在于式（5.4）中的边界条件。替换 $v_1(H) = U\cos\phi$，为 $v_1(H) = -U\cos\phi$，即：

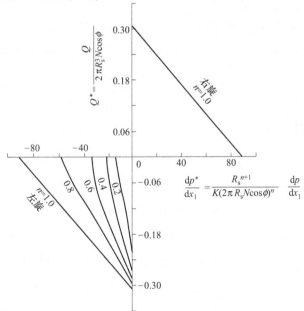

图 5.8　左旋和右旋螺纹元件的螺杆特征曲线，White 和 Szydlowski[23,29]

$$v_1(0)=0 \qquad v_1(H)=U_1=-U\cos\phi$$
$$v_3(0)=0 \qquad v_3(H)=U_3=U\sin\phi \tag{5.23}$$

拖曳流逆向流动并趋向推动流体向进料口的方向运动，而不是去机头。White 和 Szydlowshi[29]已经对牛顿流体的这种情况进行了分析。公式 5.9 或许能表述这一问题的解，但是 U 的数值是负的，即：

$$Q=-\frac{1}{2}UWH_0\cos\phi F_D-\frac{WH_0^3}{12\eta}\frac{\mathrm{d}p}{\mathrm{d}x_1}F_p \tag{5.24}$$

从式（5.24）可以看出，当 $\mathrm{d}p/\mathrm{d}x_1$ 为负值时，正流率 Q 才是可能存在的，即，沿挤出方向上的压力是减小的。

Tayed 等人[30]对在圆柱坐标系下反向泵送螺纹元件中牛顿流体的流动进行了建模分析。对幂律流体流动的建模方法可被扩展到左旋螺纹元件。Wang 和 White[24]已经给出了左旋螺纹元件中幂律流体的流场计算。图 5.8 给出了左旋螺纹元件的螺杆特征曲线。

5.5 捏合块元件中的流动机理及建模

啮合同向双螺杆挤出机的核心是捏合块或捏合片元件，它们熔融聚合物和分散组分。正如在前一章所描述的，对捏合块/转子元件（paddle elements）的开发源自于 Nelson[31] 和 Erdmenger[32~34] 的研究工作。Erdmenger[1]解释了在捏合块元件中许多基本流动机理。

遗憾的是，对于流体在捏合块区内的研究远少于对螺纹元件的研究。Hans Werner[35]首先认真研究了在啮合块区内的流动机理，他是一位 WP 公司的工程

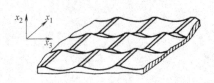

图 5.9 Szydlowski 等人[37]
模型中的平展捏合块

师，在慕尼黑大学完成了他的博士论文。Werner 和 Eise[36]也对这一问题进行了讨论（也可参见 Eise 等人的文章[16]）。

最近，Szydlowski，Brzoskowski 和 White[37,38]已经更详细地研究了这一专题。Szydlowski 等人采用流体动力润滑理论并结合上一节中介绍的 FAN 技术，分析了捏合块区内的流动。这一研究已经被用于分析不同的捏合盘几何结构和错列角。他们建立了一个坐标系，其中"1"代表轴向，"3"代表圆周方向，"2"代表捏合盘和机筒之间的垂直距离（图 5.9）。由此可得：

$$q_1=-\frac{H^3}{12\eta}\frac{\partial p}{\partial x_3} \tag{5.25a}$$

$$q_3 = \frac{1}{2}U_3 H - \frac{H^3}{12\eta}\frac{\partial p}{\partial x_3} \tag{5.25b}$$

式中，代表螺杆轴向速度 U_1 为零。

坐标系固定在螺杆上，机筒被认为是移动的。变量 $H(x_3)$ 由 Booy 的公式 (5.1) 给出。变量 $H(x_1)$ 由捏合盘的厚度和错列角确定。Szydlowski 等人[37] 选用式 (5.12a) 作为流量平衡方程。

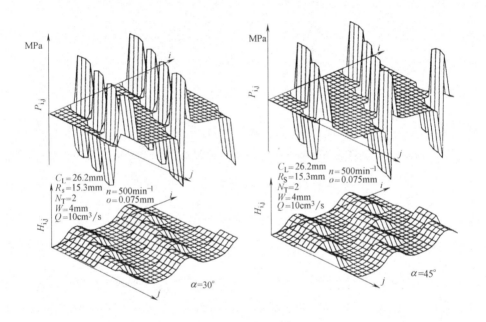

图 5.10　捏合块区内的压力场[37]。错列角分别为 30°和 45°

Szydlowski 等人[37]计算了捏合块中的压力分布。在图 5.10 中给出了不同捏合盘错列角的压力分布。如果采用式 (5.10)，压力分布也许与通量 q_1 和 q_3 有关。

捏合盘片的相错排列可建立一个螺旋流道，类似于一个螺纹，这取决于相邻盘片的错列角度。这些流道可能沿螺杆正向或反向泵送流体。如果将漏流也考虑在内，因此，有可能计算出捏合盘组件泵送行为的螺杆特征曲线。根据以下变量做出这种曲线：

$$Q^* = \frac{Q}{2\pi R N \cos\phi} \tag{5.26a}$$

$$\frac{\mathrm{d}p^*}{\mathrm{d}x_1^*} = \frac{R}{2\pi\eta N \cos\phi}\frac{\mathrm{d}p}{\mathrm{d}x_1} \tag{5.26b}$$

图 5.11 给出了捏合块典型的 $Q^* - \dfrac{\mathrm{d}p^*}{\mathrm{d}x_1^*}$ 螺杆特征曲线。这些曲线是由

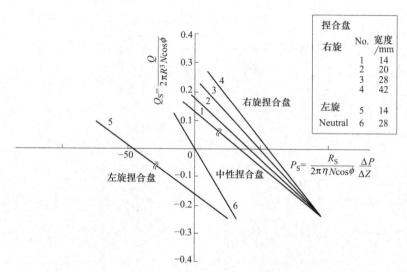

图 5.11 基于 White 和 Szydlowski[29] 的捏合块的螺杆特征曲线

White 和 Szydlowski[29] 完成的，它们比图 5.3 中螺纹元件的螺杆特征曲线更陡。这种情况表明，一个捏合块抗压力梯度的泵送能力没有螺杆的大。图 5.11 也给出了左旋捏合块元件的螺杆特征曲线，即错列角大于 90°的左旋捏合块元件，以及右旋捏合块元件的特征曲线。右旋捏合块的螺杆特征曲线比螺纹元件的螺杆特征曲线较陡。

现在讨论流型和分布混合。图 5.12 给出了捏合盘元件中的流场。在捏合块内的流场基本类似于很差设计的螺纹段。正如我们已经指出的，捏合盘以不变角度相错排列确定了一个螺槽，它可能有右旋或左旋结构。右旋捏合盘结构沿着流动方向建立压力，这可在相邻两个捏合盘顶端之间的缝隙内产生反向流动。这些反向流动可产生分布混合。

Szydlowski 等人[36]定义了由捏合盘相错排列引起的轴向正向流量 Q_L，环向流量 Q_C 和反向流量 Q_b。这些不同流量的相对重要性可由下列比值确定：

$$f_L = \frac{Q_L}{Q_L + Q_C + Q_b} \tag{5.27a}$$

$$f_C = \frac{Q_C}{Q_L + Q_C + Q_b} \tag{5.27b}$$

$$f_b = 1 - f_L - f_C \tag{5.27c}$$

由 Q_b 和 Q_C 产生混合效果，并可由 f_L 和 f_C 的大小评估。代表回流的 f_b 似乎可衡量分布混合效果和 f_C 可衡量分散混合效果，因为 f_C 代表流过捏合盘顶端的流量。Szydlowski 等人计算出的典型图形，如图 5.13 中所示。错列角是影响混合效果的主要因素。错列角约为 60°时，f_b 有最大值。f_b 随着挤出量的增加而减小。

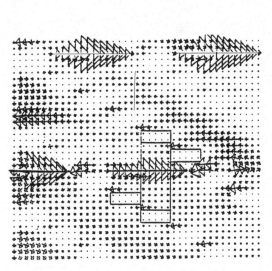

图 5.12　Szydlowski 等人计算
的捏合盘区内的流场

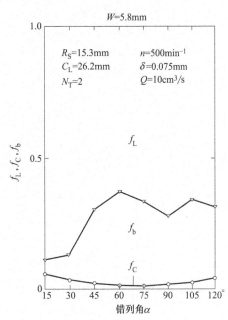

图 5.13　Szydlowski 等人[36]
计算的因子 f_L、f_C、f_b 作为
捏合盘中加工条件的函数

Werner[35] 引入了一个因子 G 来表征流场，可由下式确定：

$$G = \frac{Q_b}{Q_L - Q_b} = \frac{Q_b}{Q} \tag{5.28}$$

Szydlowski 等人将 G 计算为加工条件的函数，如图 5.14 所示。Szydlowski 和 White[39] 以及 Wang，White 和 Szydlowski[40] 第一次分析了捏合盘区内非牛顿流体的流动。他们描述了在这些机器中分析非牛顿流体流动的四种不同的方法。其中最成功的方法是通过式（5.17）应用式（5.12）。这种方法已经被用于计算压力场、螺杆特征曲线以及流型，并包括 f_L、f_C、f_b 和 G。随着幂律指数的减小，压力场的强度大大降低。图 5.15 给出了幂律流体在捏合盘区的螺杆特征曲线。

如螺纹元件的螺杆特征曲线（图 5.6），通过减小幂律指数增加非牛顿性可降低泵送能力。图 5.16 给出了幂律流体的 f_L、f_C、f_b。一般而言，减小幂律指数可增加 f_b，依次可增加混合效果。但是，不包括黏弹性的影响，读者应该注意。

Szydlowski 和 White[38] 已经讨论，在捏合块区的流场远比上述的情况复杂。由于蠕动泵送的影响，存在有一个附加的运动。这是因为在螺杆之间啮合区

内局部值的变化。在图 5.17 中描述了这种影响。Szydlowski 和 White 通过引入下式分析这种影响:

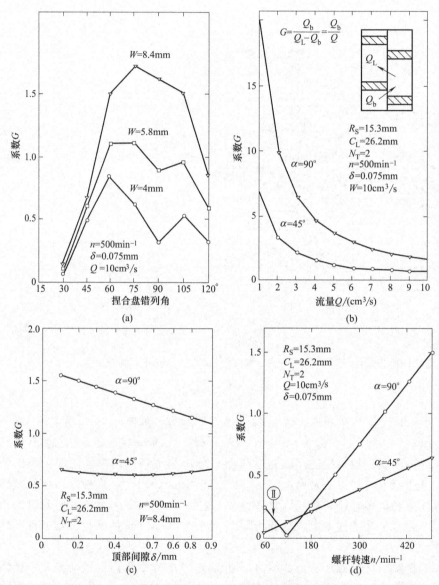

图 5.14　Szydlowski 等人[37]计算的 Werner 的因子 G 为捏合盘中加工条件的函数

$$q_1(x_1+\Delta x_1,x_3)\Delta x_3+q_3(x_1,x_3+\Delta x_1)\Delta x_1-q_1(x_1,x_3)\Delta x_3-$$

$$q_3(x_1,x_3)\Delta x_1=\frac{\mathrm{d}}{\mathrm{d}t}(H\Delta x_1,\Delta x_3) \tag{5.29}$$

这表明在螺杆每转一圈期间,存在一个周期性运动。对于捏合盘的右旋排

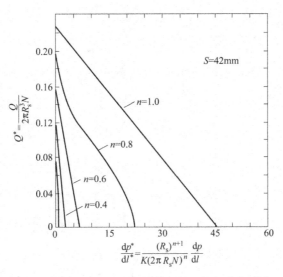

图 5.15　捏合盘区幂律流体的"螺杆特征曲线"[40]

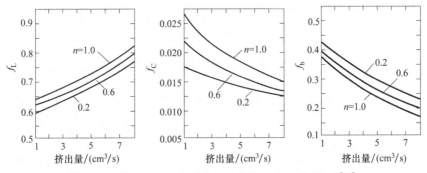

图 5.16　捏合盘区域内幂律流体的因子 f_L、f_C 和 f_b[36]

列，这将产生一个正向泵送的运动；对于捏合盘的左旋排列，将会产生一个反向泵送的运动。这将产生随时间变化的压力流 Q_L 以及 Q_C 和 Q_b（图 5.18）。因此，在螺杆转动期间，f_L、f_C 和 f_b 随时间变化。

　　Szydlowski 和 White 采用一种模型进行他们的计算，在该模型中，将坐标系建立在捏合盘上。塔德莫尔[41]指出，这些结果将更自然地演变为一个将圆柱坐标系建立在机筒上的公式。这类公式已经由 Sebastian 和 Rakos[42]给出。

　　已经对捏合块中的流场进行有限元模拟分析的作者有：Gotsis 和 Kalyon[43]，Yang 和 Manas-Zloczower[44]，Lawal，Kalyon 和 Ji[45]，Kiani 和 Samann[46]，van der Wal 等人[47]以及 Ishikwa 等人[48]。Gotsis 和 Kalyon[43]已经计算了在几对自洁同向捏合盘内牛顿流体三维流场的流线和速度场。Yang 和 Manas-Zloczower[44]用幂律流体计算，并得出了类似的速度场。他们强调了拉伸流场可能的重要性，以前被提到

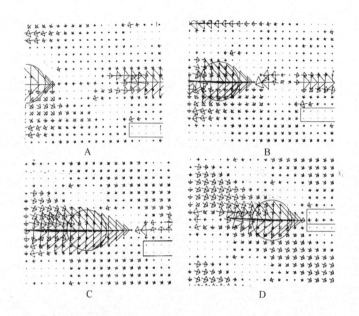

图 5.17 捏合盘区内蠕动泵送运动，Szydlowski 和 White[38]

过。他们寻求用参数 λ 表述这一问题，λ 被定义为：

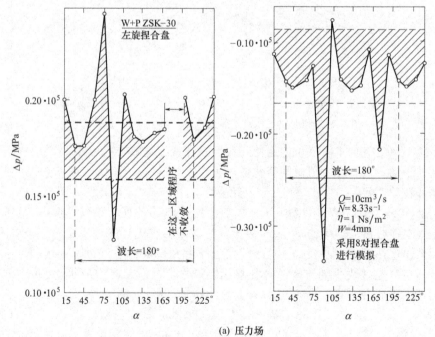

(a) 压力场

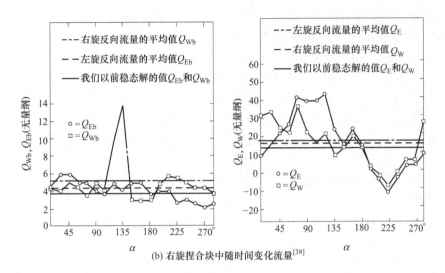

(b) 右旋捏合块中随时间变化流量[38]

图 5.18　因蠕动泵送影响随时间变化的压力和流量为错列角的函数

$$\lambda = \frac{\dot{\gamma}}{\dot{\gamma} + \dot{\omega}} = \frac{\mathrm{tr}\, \underline{d}^2}{\mathrm{tr}\, \underline{d}^2 + \mathrm{tr}\, \underline{\omega}^2} \tag{5.30}$$

式中，$\underline{d}$ 和 $\underline{\omega}$ 是变形速率张量和涡量张量，tr（）代表 $\underline{d}$ 和 $\underline{\omega}$ 矩阵的对角线分量之和。van der Wal 等人[47]给出了在不同捏合盘错列角和螺杆转速、回流程度以及压力降条件下计算的剪切与拉伸比。

5.6　能量平衡

Meijer 和 Elemans[49]首先分析了同向双螺杆挤出机中能量平衡问题。需要一个能量方程可适用于 5.3 到 5.5 节中提出的流体力学。这个是基于通量。这个应该依据合适的平均温度。

能量方程的形式为（2.7 节）

$$\alpha \left[\frac{\partial T}{\partial t} + (\underline{v} \cdot \nabla) T \right] = k \nabla^2 T + \sum_i \sum_j \sigma_{ij} d_{ij} \tag{5.31}$$

如果将此问题指定为在流道中稳态流动，"2"垂直于流动方向，并忽略沿主要流动方向"1"的热传导。在直角坐标系下的速度场为

$$\underline{v} = v_1(x_2) \underline{e}_1 + 0 \underline{e}_2 + v_3(x_2) \underline{e}_3 \tag{5.32}$$

可得：

$$\alpha \left(v_1 \frac{\partial T}{\partial x_1} + v_3 \frac{\partial T}{\partial x_3} \right) = k \left(\frac{\partial^2 T}{\partial x_2^2} + \frac{\partial^2 T}{\partial x_3^2} \right) + \sigma_{12} \frac{\partial v_1}{\partial x_2} + \sigma_{32} \frac{\partial v_3}{\partial x_2} \tag{5.33}$$

考虑通过横截面的平均温度是很重要的。分析这一问题的方法是，沿槽深 x_2 进行积分并引入 Reynolds 润滑理论[50]（2.8 节）出现的通量 q_1 和 q_3。

$$q_1 = \int_0^H v_1 \, \mathrm{d}x_2 \qquad q_3 = \int_0^H v_3 \, \mathrm{d}x_2 \tag{5.34}$$

对式（5.33）式进行积分

$$\rho c \int_0^H \left(v_1 \frac{\partial T}{\partial x_1} + v_3 \frac{\partial T}{\partial x_3} \right) \mathrm{d}x_2 = k \int_0^H \frac{\partial^2 T}{\partial x_2^2} \mathrm{d}x_2 + \int_0^H \left(\sigma_{12} \frac{\partial v_1}{\partial x_2} + \sigma_{32} \frac{\partial v_3}{\partial x_2} \right) \mathrm{d}x_2 \tag{5.35}$$

可得：

$$\rho c \left(q_1 \frac{\partial \overline{T}}{\partial x_1} + q_3 \frac{\partial \overline{T}}{\partial x_3} \right) = E(H) + E(0) + \sigma_{12}(H)U_1 +$$

$$\sigma_{32}(H)U_3 - q_1 \frac{\partial p}{\partial x_1} - q_3 \frac{\partial p}{\partial x_3} \tag{5.36}$$

其中

$$E(H) = k \frac{\partial T}{\partial x_2}(H) \qquad E(0) = -k \frac{\partial T}{\partial x_2}(0) \tag{5.37a}$$

$$\frac{\partial \overline{T}}{\partial x_j} = \frac{1}{q_j} \int_0^H v_j \frac{\partial T}{\partial x_j} \mathrm{d}x_2 \tag{5.37b}$$

公式（5.36）由 White 和 Chen[51] 给出。

如果坐标轴沿螺槽方向，我们有：

$$q_3 = 0 \tag{5.38}$$

式（5.36）可改写为：

$$\rho c q_1 \frac{\partial \overline{T}}{\partial x_1} = E(H) + E(0) + \sigma_{12}(H)U_1 + \sigma_{32}(H)U_3 - q_1 \frac{\partial p}{\partial x_1} \tag{5.39}$$

如果现在沿螺槽宽度 x_3 积分，可得：

$$\rho c Q \frac{\partial \overline{T}}{\partial x_1} = E(H)W_b + E(0)W_s + \pi DN \int_0^W [\sigma_{12}(H)U_1 +$$

$$\sigma_{32}(H)U_3] \mathrm{d}x_3 - Q \frac{\partial p}{\partial x_1} \tag{5.40}$$

其中

$$Q = \int_0^H \int_0^W v_1 \, \mathrm{d}x_2 \, \mathrm{d}x_3 \qquad \overline{\overline{T}}(x_1) = \frac{1}{Q} \int_0^W q_1 \, \overline{T}(x_1, x_3) \, \mathrm{d}x_3$$

$$= \frac{1}{Q} \int_0^W \int_0^H v_1 T(x_1, x_2, x_3) \, \mathrm{d}x_2 \, \mathrm{d}x_3 \tag{5.41}$$

被称为杯型混合温度（cup mixing temperature）。

热通量 $E(H)$ 和 $E(0)$ 一般可根据传热系数表示：

$$E(H) = h_b(T_b - \overline{\overline{T}})$$
$$E(0) = h_s(T_s - \overline{\overline{T}})$$

(5.42)

5.7　熔融

对积木式同向双螺杆挤出机中的熔融研究始于 1992 年 Todd[52] 的一项研究，他通过查看因为粒子间摩擦诱导熔融的切片得出结论。Bawiskar 和 White[53]，Curry[54] 以及 Potente 和 Melish[55] 在 1995～1996 年进行了后续的研究。Potente 和 Melish[55] 对熔融的建模进行了首次尝试。他们假定熔融始于颗粒的表面，这些颗粒被包裹在晶格内。粒子表面的高温驱动着粒子内的热通量。在 1997～1998 年，Bawiskar 和 White[56,57] 研究切片及其横截面切片，并发现了热（$T_b > T_m^0$）机筒表面存在熔膜的证据。根据他们的看法，Potente-Melish 的研究针对熔融过程后面阶段，而不是开始阶段。

高戈斯，Esseghir，Yu 和 塔德莫尔等[58] 继续着 Todd 的这一早期研究[52]，高戈斯等人[59,60] 依据颗粒间耗散生成热建立了熔融的量化模型。

Potente 和 Melish[55] 以及 Bawisker 和 White[56,57] 的模型对每一相态采用合适的能量平衡方程，并且考虑了相边界的边界条件。高戈斯和 Kim[59] 以及钱百年和高戈斯[60] 给出了他们的能量方程，式（5.31），该式表示在连续点上的能量守恒：

$$\rho c \frac{\mathrm{D}T}{\mathrm{D}t} = k\nabla^2 T + \sum_i \sum_j \sigma_{ij} d_{ij} + PED + FED$$

(5.43)

其中，耗散函数项已被扩展为 3 项。第 1 项代表黏性耗散，第 2 项代表颗粒塑性变形，第 3 项代表粒子间的摩擦。公式（5.43）不能实际正确地反映一种存在颗粒和相边界的熔化过程。热塑性塑料颗粒床的熔融不是一个连续过程。在 Vergnes 等人[61] 随后的研究中，作者发现在机筒上的一层熔膜和后续的单个粒子的熔融。他们提出了一个模型包含了 Bawiskar 和 White[56,57] 以及 Potente 和 Melish[55] 所研究的内容。

最近 Jung 和 White[62] 对螺杆转速、机筒温度和挤出量等条件变化非常大的范围内进行了实验研究。他们发现，根据操作条件，由 Bawiskar-White 的热机筒或者 Todd-高戈斯的颗粒摩擦/变形机理引发的熔融以及螺杆引发的熔融过程都可能会发生（见 6.7 节）。在低螺杆转速下，在熔融过程中颗粒床紧密地在一起，而在较高螺杆转速下，颗粒床破裂。在颗粒床破裂的情况下，熔融可能依据 Potente-Melish 机理进行。

Jung 和 White[63]后来讨论认为，人们可以对每个熔融机理进行建模和预测，并应用可表示首先发生熔融的这个模型。他们描述了每个区域的专用模型。

5.8 整体组合积木式双螺杆挤出机的建模

在本章中迄今为止，已经讲述了单个元件中的流场以及传热。现在将机器作为一个整体进行研究，它是一个不同机器模块的组合结构。

对于单螺杆挤出机而言，整体计算通常包括模拟计算流体力学的力平衡和从料斗到机头的能量平衡。在料斗处的材料性能已知，螺杆转速 N 也已知。质量流量 $G = \rho Q$ 和出口处温度 $\overline{T}$ 均未知。

积木式同向双螺杆挤出机的情况是不同的。它通常被用于共混或反应挤出。所有进入挤出机物料组分的质量流量是已知的，这些组分是根据产品的性能和客户的需求所确定的。这种机器采用计量饥饿喂料的方式运行。贯穿机器的质量流量是已知的。在运行过程中，这种喂料方式导致沿双螺杆挤出机的轴向上存在着充满区和非充满区。这个问题已经被不同的实验研究观察到，可追溯到 Erdmenger 的实验，下一章将对这个问题进行讨论。

如果知道贯穿机器的质量流量 G 和机头出口压力 $p(L)$（标准大气压），我们可采用机头尺寸和熔体流变性能计算从机头到螺杆起点的压力分布。然而，离开机头的共混物温度 $\overline{T}(L)$ 是未知的。如果假定一个杯型混合温度分布 $\overline{T}(x)$，这样导致的计算后续必须用能量平衡修正。这种方法出现在 White 和 Szydlowski[29]1987 年的文章中，并在 Wang 等人[40]1989 年的文章中有更详细的阐释。使用不同机器元件（如图 5.13 和图 5.15）的螺杆特征曲线，可计算出沿着积木式螺杆向后的压力分布。

随着我们计算，总会发现压力 $p(x)$ 将降至大气压。这可表示非充满流动的演变。沿着螺纹元件上关于流量和压力梯度的公式大致为：

$$Q = \alpha(n)N - \frac{\beta(n)}{K}\left(\frac{\mathrm{d}p}{\mathrm{d}x}\right)^n \tag{5.44}$$

质量流量小于拖曳流。当压力降低于大气压时，非充满流动出现，由充满横截面得出的式（5.44）必须被下式取代：

$$Q = \phi\alpha'N \tag{5.45}$$

式中，ϕ 是横截面的填充分数。因此，在沿螺杆轴向的质量流量可有两个表达式：

$$G = \rho Q = \alpha(n)N - \frac{\beta(n)}{K}\left(\frac{\mathrm{d}p}{\mathrm{d}x}\right)^n = \phi\alpha'N \tag{5.46}$$

如上述段落描述的计算方法可沿着螺杆反向长度继续进行。这些计算可得到压力曲线，正如图 5.19 中所给出的曲线。

通过流体力学反向迭代分析和包括熔融的能量平衡的正向计算，对这台机器进行分析。Chen 和 White[64]1994 年的文章对这种算法进行了概述，Bawiskar 和 White[65] 在 1997 增加了熔融模型。

向前流动所必需的能量平衡包括了 5.6 节的能量平衡，尤其是式（5.40），和根据 5.7 节改写的合适熔融模型。能量平衡应该计算螺杆头部和机头处的 $\overline{T}$。这个计算可与初始假设做比较。流体力学的模型可能被修正。在图 5.20a，b，c，d，e 中，给出了沿积木式同向双螺杆挤出机的轴向上的压力、填充系数、杯型混合温度以及功率的曲线，作为一套操作条件，是由上述方法计算得出。

Potente 和他的合作者[66,67]在 1996 年和 1999 年以及 Canedo[68]在 1999 年均给出了相似的更加模糊不清的研究内容。Vergnes 等人[69,70]在 1996～1998 年对这样一个研究给出了一个较好的和更加可读的解释。他们提出并描述了向前的流体力学平衡和能量平衡（见表 5.1）。

表 5.1　用于积木式同向双螺杆的完整软件

软件名称	特性	参考文献
第一版(1989)	等温 非牛顿熔体流动	Wang et al.[40] White et al.[42]
第二版(1993)	非等温 非牛顿熔体流动	Chen and White[64]
第三版(1997)	非等温 含有熔融的非牛顿熔体流动	Bawiskar and White[65]
第四版(2003)	对第三版增加了反应挤出和脱挥	White et al.[70]
Sigma(1996～1999)	非等温 含有熔融的非牛顿熔体流动	Potente et al.[66] Potente et al.[67]
Ludovic(1996～1998)	非等温 非牛顿熔体流动	Vergnes et al.[69]
TXS(1999)	非等温 含有熔融的非牛顿熔体流动 过分简化的螺杆特征曲线计算	Canedo[68]

在这类软件中有可能增加附加功能。在 White 等人[71] 2006 年的一篇文章中描述了一个软件，不仅可进行所有的 Bawiskar 和 White[65] 描述的计算内容，而且可模拟反应挤出和脱挥。也已经有对混合建模的研究（见 5.9 节）

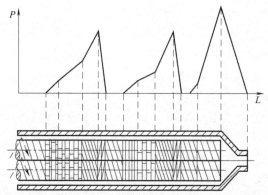

图 5.19 啮合同向双螺杆挤出机的压力曲线和非充满区，White 和 Szydlowski[29]

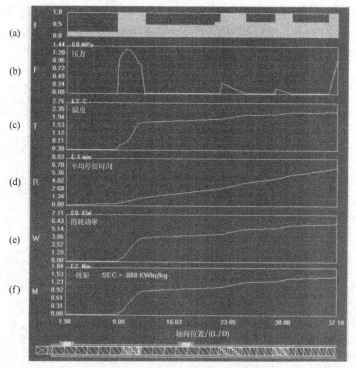

图 5.20 模拟（一台 40mm 直径同向双螺杆挤出机，转速 300r/min，挤出量 300lb/h，材料为聚丙烯）

(a) 填充系数，(b) 压力，(c) 杯型混合温度，(d) 平均停留时间，

(e) 消耗功率；(f) 扭矩分布

5.9 混合建模

对流经积木式同向双螺杆挤出机的混合建模，已经存在有各种研究[45~74]。

在这些文章中最早的 Schmidt 等人[72]的一篇中，讲述了一种通过计算剪切应变对界面面积变化的建模方法。他们定义总剪切应变为：

$$\gamma_T = \gamma_s \cdot \gamma_k^T \tag{5.47}$$

式中，γ_s 是计算出的螺纹元件的剪切应变，γ_k^T 是由捏合块施加的横向应变。Montes 和 White[73]也考虑了随着剪切应变的增加而使界面面积的变化。他们给出

$$\gamma_T = \gamma_s \cdot \gamma_k \tag{5.48}$$

并且试图应用 Wang 等人[40]的模型。

Delamare 和 Vergnes[69]通过分析破碎和聚积机理对共混物中的液滴相态变化建模。这个模型可以整合到他们的 Ludovic 软件[70]。

Chen 和 Manas-Zloczower[74]描述了在捏合盘内流型的有限元分析。他们应用式（5.30）的参数 λ 来表征混合。

5.10　瞬态分析

Curry 等人[75]在 1991 年首次讨论了在同向啮合双螺杆挤出机中的瞬态问题。他们注意到喂料机误差范围的影响。

直到 2000 年，当 E. K. Kim 和 White[76,77]的文章对积木式同向啮合双螺杆挤出机中的等温和非等温瞬态启动流动建模时，似乎才有一点研究成果。他们分析了模块化螺杆结构的影响。

在随后的一篇文章中，Kim 和 White[78]对在非充满流动的积木式双螺杆挤出机中来自喂料机的叠加的流体力学扰动问题进行建模。

参考文献

[1]　R. Erdmenger, *Chem. Ing. Tech.*, **36**, 175 (1964).

[2]　A. Wunsche, German Patent 131, 392 (1901).

[3]　R. W. Easton, U. S. Patent 1, 468, 37 (1923).

[4]　F. F. Pease, U. S. Patent 2, 048, 286 (1936).

[5]　R. Colombo, Italian Patent 370, 578 (1939).

[6]　W. Meskat and R. Erdmenger, German Patent (filed July 7, 1944) 862, 668 (1953).

[7]　M. Ullrich in Co-Rotating Twin Screw Extruders, edited by K. Kohlgrüber, Hanser, Munich (2007).

[8]　M. L. Booy, *Polym. Eng. Sci.*, **18**, 978 (1978).

[9]　R. Erdmenger, U. S. Patent 3, 254, 367 (1966).

[10]　B. A. Loomans, U. S. Patent 3, 900, 187 (1975).

[11]　F. Martelli, *SPE Journal* **27**, (1) 26 (1971).

[12]　O. Armstroff and H. D. Zettler, *Kunststofftechnik*, **12**, 240 (1973).

[13] H. Herrmann and U. Burkhardt, in 5th Leobener Kunststoffkolloquium Doppelschnecken-Extruder, p. 11, Lorenz Verlag, Vienna (1978).

U. Burkhardt, H. Herrmann and S. Jakopin, *Plastics Compounding*, (Nov/Dec) 73 (1978).

[14] W. A. Mack and K. Eise in Science and Technology of Polymer Science and Technology of Polymer Processing, edited by N. P. Suh and N. H, Sung, MIT, Cambridge (1979).

[15] K. Eise, H. Herrmann, H. Werner and U. Burkhardt, *Adv. Polym. Technol.*, **1**, (2) (1981).

[16] K. Eise, J. E. Curry and J. F. Nangeroni, *Polym. Eng. Sci.*, **23**, 642 (1983).

[17] C. D. Denson and B. K. Hwang, *Polym. Eng. Sci.*, **20**, 965 (1980).

[18] M. L. Booy, *Polym. Eng. Sci.*, **20**, 1220 (1980).

[19] W. Szydlowski and J. L. White, *Adv. Polym. Tech.*, **7**, 177 (1987).

[20] Z. Tadmor, E. Broyer, C. Gutfinger, *Polym. Eng. Sci.*, **14**, 660 (1974).

[21] D. M. Kalyon, A. D. Gotsis, C. G. Gogos and C. Tsenoglou, *SPE ANTEC Tech Papers*, **34**, 64 (1988).

[22] D. M. Kalyon, A. D. Gotsis, U. Y. Imazer, C. G. Gogos, H. N. Sangani, B. Aral, and C. Tsenoglou, *Adv. Polym. Technol.*, **8**, 337 (1988).

[23] M. J. Crochet, Personal Communication, (1988).

[24] Y. Wang and J. L. White, *J. Non-Newt. Fluid Mech.*, **32**, 19 (1989).

[25] R. M. Griffith, *IEC Fund*, **1**, 180 (1962).

[26] R. A. Lai-Fook, A. Senouci, A. C. Smith, and D. P. Isherwood, *Polym. Eng. Sci.*, **29**, 433 (1989).

R. A. Lai-Fook, Y. Li, and A. C. Smith, *Polym. Eng. Sci.*, **31**, 1157 (1991).

[27] D. Goffart, D. J. van der Wal, E. M. Klomp, H. W. Hoogstraten, L. P. B. M. Janssen, L. Breysse and Y. Trolez, *Polym. Eng. Sci.*, **36**, 901 (1996).

[28] M. Bierdel, in Co-Rotating Twin Screw Extruders, edited by K. Kohlgrüber, Hanser, Munich (2007).

[29] J. L. White and W. Szydlowski, *Adv. Polym. Technol.*, **7**, 419 (1987).

[30] J. Tayeb, B. Vergnes, and G. Della Valle, *J. Food Sci.*, **53**, 616 (1988).

[31] W. K. Nelson, U. S. Patent 1, 868, 671 (1932).

[32] R. Erdmenger, German Patent 813, 154 (1951).

[33] R. Erdmenger, U. S. Patent 2, 670, 188 (1954).

[34] R. Erdmenger, German Patent 940, 109 (1956).

[35] H. Werner, Dr. Ing. Dissertation, University of Munich (1976).

[36] H. Werner and K. Eise, *SPE ANTEC Tech. Papers*, **25**, 181 (1979).

[37] W. Szydlowski, R. Brzoskowski, and J. L. White, *Int. Polym. Process.*, **1**, 207 (1987).

[38] W. Szydlowski and J. L. White, *Int. Polym. Process.*, **2**, 142 (1988).

[39] W. Szydlowski and J. L. White, *J. Non-Newt. Fluid Mech.*, **28**, 29 (1988).

[40] Y. Wang, J. L. White and W. Szydlowski, *Int. Polym. Process.*, **4**, 262 (1989).

[41] Z. Tadmor, Personal Communication, Nice, April (1990).

[42] D. H. Sebastian and R. Rakos, *SPE ANTEC Tech. Papers*, **36**, 135 (1990).

[43] A. D. Gotsis and D. M. Kalyon, *SPE ANTEC Tech. Papers*, **35**, 44 (1989) and with Z. Ji, *ibid*, 36, 139 (1990).

[44] H. H. Yang and I. Manas-Zloczower, *Polym. Eng. sci.*, **32**, 1411 (1992).

［45］ A. Lawal, D. M. Kalyon, and Z. Ji, *Polym. Eng. Sci.*, **33**, 140 (1993); *ibid*, **35**, 1325 (1995).

［46］ A. Kiani and H. J. Samann, *SPE ANTEC Tech. Papers*, **39**, 2758 (1998).

［47］ D. J. van der Wal, D. Goffart, E. M. Klomp, H. W. Hoggstraten and L. P. B. M. Janssen, *Polym. Eng. Sci.*, **36**, 912 (1996).

［48］ T. Ishikawa, S. Kihara and K. Funatsu, *Polym. Eng. Sci.*, **40**, 357 (2000).

［49］ H. E. H. Meijer and P. H. M. Elemans, *Polym, Eng, Sci*, **28**, 275 (1988).

［50］ O. Reynolds, *Phil. Trans. Roy. Soc.*, **4177**, 157 (1886).

［51］ J. L. White and Z. Chen, *Polym. Eng. Sci.*, **34**, 229 (1994).

［52］ D. B. Todd, *SPE ANTEC Tech. Papers*, **38**, 2528 (1992).

［53］ S. Bawiskar and J. L. White, *Int. Polym. Process.*, **10**, 105 (1995).

［54］ J. E. Curry, *SPE ANTEC Tech. Papers*, **41**, 92 (1995).

［55］ H. Potente and U. Melisch, Paper presented at Polymer Processing Society Meeting, Seoul, Korea, March (1995); *Int. Polym. Process.*, **11**, 101 (1996).

［56］ S. Bawiskar and J. L. White, *Int. Polym. Process.*, **12**, 331 (1997).

［57］ S. Bawiskar and J. L. White, *Polym. Eng. Sci.*, **38**, 727 (1998).

［58］ M. Esseghir, D. W. Yu, C. G. Gogos, D. B. Todd and Z. Tadmor, *SPE ANTEC Tech. Papers*, **43**, 3684 (1997).

［59］ C. G. Gogos and M. H. Kim, *SPE ANTEC Tech. Papers*, **46**, 134 (2000).

［60］ B. Qian and C. G. Gogos, *SPE ANTEC Tech. Papers*, **47**, 124 (2001).

［61］ B. Vergnes, G. Souveton, H. L. Delaceua and A. Ainson, *Int. Polym. Process.*, **16**, 351 (2001).

［62］ H. Jung and J. L. White, *Int. Polym. Process.*, **18**, 127 (2003).

［63］ H. Jung and J. L. White, *Int. Polym. Process.*, **23**, 242 (2008).

［64］ Z. Chen and J. L. White, *Int. Polym. Process.*, **9**, 310 (1994).

［65］ S. Bawiskar, J. L. White, *Int. Polym. Process.*, **12**, 331 (1997).

［66］ H. Potente, U. Melisch and J. Flecke, *SPE ANTEC Tech. Papers*, **42**, 334 (1996).

［67］ H. Potente, M. Bastian and J. Flecke, *Adv. Polym. Technol.*, **18**, 147 (1999).

［68］ E. L. Canedo, *SPE ANTEC Tech. Papers*, **45**, 310 (1999).

［69］ L. Delamare and B. Vergnes, *Polym. Eng. Sci*, **36**, 1685 (1996).

［70］ B. Vergnes, G. Dellavalle and L. Delamare, *Polym. Eng. Sci.*, **38**, 1781 (1998).

［71］ J. L. White, J. M. Keum, H. Jung, K. Ban and S. H. Bumm, *Polym. Plastics Technol. Eng.*, **45**, 539 (2006).

［72］ L. R. Schmidt, E. M. Lovgren and P. C. Meissner, *Int. Polym. Process.*, **4**, 270 (1989).

［73］ S. Montes and J. L. White, *Int. Polym. Process.*, **6**, 156 (1991).

［74］ H. Cheng and I. Manas-Zloczower, *Polym. Eng. Sci.*, **37**, 1082 (1997).

［75］ J. E. Curry, A. Kiani, and A. Dreiblatt, *Int. Polym. Process.*, **6**, 148 (1991).

［76］ E. K. Kim and J. L. White, *Polym. Eng. Sci.*, **40**, 543 (2000).

［77］ E. K. Kim and J. L. White, *Int. Polym. Process.*, **15**, 233 (2000).

［78］ E. K. Kim and J. L. White, *Polym. Eng. Sci.*, **41**, 232 (2001).

啮合同向双螺杆挤出机的实验研究

6.1 概述

现在讨论在啮合同向双螺杆挤出机中流动机理的实验研究。这样的研究在数量上相对受到限制，不能形成一个连贯的文献。尽管如此，流体的基本特征还是非常清楚的。本章将描述这些实验研究结果。

在 6.2 中，总结了针对流体运动的流场可视化的研究。在 6.3 中，讲述了对泵送特征的研究。6.4 节分析了停留时间分布的研究。在 6.5 中论述了混合。6.6 节是传热分析。6.7 节对熔融研究进行了概述。

6.2 流场的可视化

在 1964 年，德国拜耳公司的 Erdmenger[1] 对啮合同向双螺杆挤出机内流体流动做了最早的研究，在他的实验中，螺杆被移出和观察。这些研究表明，流体围绕螺杆表面呈"8"字形流动（图 6.1）。Erdmenger[1] 也指出，在啮合块中的流动特征不同于螺杆其他区域内的流动（图 6.2）。

巴斯夫公司的 Armstorff 和 Zettler[2] 在 1973 年发表了第 2 篇对流体运动的流动可视化研究的文章。这些作者把 WP 公司 ZSK 的积木式螺杆放入透明塑料机筒内，研究流体的运动。这种积木式螺杆沿螺杆轴向有右旋和左旋螺纹元件以及捏合盘。Armstorff 和 Zettler 观察到充满和非充满流道的交替区域，其观察结

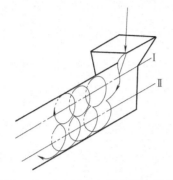

图 6.1　啮合同向双螺杆挤出机螺
　　　纹区的流动（Erdmenger[1]）
（引自：Chemie IngenieurTechnik）

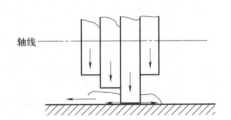

图 6.2　捏合块区的流动（Erdmenger[1]）
　　　（引自：Chemie IngenieurTechnik）

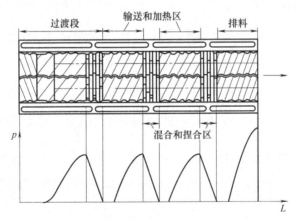

图 6.3　Armstorff 和 Zettler[2] 对非充满流动的观察

果见图 6.3。捏合盘元件被观察到是充满的，而右旋螺纹元件是非充满的。

　　WP 公司制作了一盘在含有 WP 公司积木式螺杆的透明塑料机筒内的黏性油流动的录像带。Szydlowski 和他的合作者[3,4]也做过这样的研究。他们指出：这些研究显示，在捏合盘区内有蠕动泵送效应，在螺纹元件区有非充满效应。

　　日本制钢公司的 Sakai[5] 报告了对啮合同向设备的流动可视化研究，并与其他类型的双螺杆挤出机进行了比较。他在透明塑料机筒内使用了一种牛顿流体。他报道了由 Erdmenger 发现的"8"字形的流动。

　　Meijer 和 Elemans[6] 用透明有机玻璃机筒对积木式啮合同向双螺杆挤出机内的流动做了可视化研究。甘油被作为过程流体。沿螺杆长度上的充满区和非充满区的位置被确定。这些结果与相同作者对沿螺杆不同段的填充度的预测进行了比较。他们的工作与 Armstroff 和 Zettler[2] 的研究缺乏相似性。

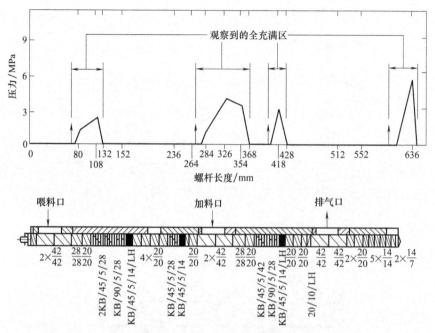

图 6.4　螺杆充满和非充满的实验观察及比较，Wang 等人[8]

K. L. Nichols, Jayaraman 和 Grulke[7]对带有静止筒体的贝克-珀金斯公司的双螺杆挤出机内积木式螺杆上聚合物分布的观察做了报道。这些作者也观察到沿着螺杆长度上一系列的全充满区和非充满区。

Wang 等人[8]和 White 等人[9]对沿着积木式啮合同向双螺杆挤出机的螺杆长度上的聚合物的分布做过研究，所用实验材料为聚乙烯和聚丙烯。他们将他们的实验结果与 White 和 Szydlowski[10]以及他们自己提出的这类模型进行了比较。幂律流体模型的螺杆特性曲线被用于不同的螺杆元件。这样的计算在 5.6 节有描述。实验和预测结果的比较见图 6.4，从中可以看出一致性相当好。

Kalyon[11]等人给出过关于沿同向双螺杆挤出机轴向的填充系数分布的后续研究。

6.3　泵送特征

对整体泵送特征应记住几点。首先，商业积木式双螺杆挤出机通常控制料斗的喂料，以饥饿方式进行操作的。在这种情况下，挤出量由制定的喂料量决定。尽管如此，如果像单螺杆挤出机那样的充满喂料，挤出量由螺杆转速决定。挤出量随着喂料段螺杆转速的增加而增加。这一较大的挤出量始终存在在不同的螺杆元件中和出口处。因此，挤出量将随着螺杆转速的增加而增加。

如果啮合同向双螺杆挤出机从料斗到机头是连续的右旋螺纹，它的性能类似于一台单螺杆泵，并具有相似的螺杆特征曲线。例如：如果挤出牛顿流体，它的挤出量 Q 可被表示为：

$$Q = \alpha N - \frac{\beta}{\eta} \Delta p \qquad (6.1)$$

式中，N 是螺杆转速；η 是黏度；Δp 压力降。

对积木式啮合同向双螺杆挤出机内流体泵送特征的研究源于 Armstroff 和 Zettler[2]，在上一节中对此做了描述。他们指出，通过左旋螺槽和捏合块的不同聚合物熔体的流体的无量纲压力降为螺杆转速的函数。作者用已有的低黏度、高惯性流体的公式描述他们的结果。使用的变量为：

$$\frac{\Delta p}{\rho d_{\mathrm{H}}^2 N^2} \qquad \frac{d_{\mathrm{H}}^2 N \rho}{\eta}$$

式中，d_{H} 是流道的水力半径；$\Delta p / (\rho d_{\mathrm{H}}^2 N^2)$ 是压力降除以动量；$d_{\mathrm{H}}^2 N \rho / \eta$ 是雷诺数。他们将这些数据用下面的公式关联：

$$\frac{\Delta p}{\rho d_{\mathrm{H}}^2 N^2} = K \left(\frac{L}{d_{\mathrm{H}}} \right)^a \left(\frac{d_{\mathrm{H}}^2 N \rho}{\rho} \right)^{-b} \qquad (6.2)$$

此式适用于每一个螺纹元件。式中 a 和 b 是正指数。

APV 化工机械公司（贝克-珀金斯公司）的 Todd[12] 后来对螺纹元件和捏合盘元件的泵送特征进行了实验研究。他对自己与 H. G.. Karian 进行的研究做了报道，用下式说明泵送特征：

$$Q = \alpha N - \frac{\beta'}{\eta L} \Delta p \qquad (6.3)$$

式中，L 是机筒段的长度，因此，β' 为 βL。对于固定的捏合盘组合，$Q - \Delta p$ 可直接由 β' 确定。对无压力的拖曳流分析得到 α。Todd 和 Karian 的研究结果被归纳在表 6.1 中。这非常清楚地表明，相对于捏合块，螺杆具有极好的泵送特征。

近年来，大多数对螺纹元件泵送的实验研究已经包括了与在第五章中描述的这类流场模拟分析的比较[8,9,13,14]。

有一个例外是 2002 年 Brouwer，Todd 和 Janssen[15] 发表的文章，在这篇文章中，用黏性牛顿液体比较了螺纹元件和各种混合元件 [SME，ZME 和涡轮混合（齿轮）元件（TME）]（见图 4.27 和 4.29）的泵送特征。这里再一次使用了式（6.3）。这些结果通常表示式（6.3）中的 α 项。左旋螺纹元件呈负值。

$$螺纹元件 > SME > ZME \qquad (6.4)$$

表 6.1　Todd 和 Karian 的拖曳流和压力流参数（50mm 直径双螺杆挤出机）

(a)捏合盘结构				
错列角	宽度 直径	$a(\text{cm}^3)$ (Karian)	$\beta'(\text{cm}^4)$ (Karian)	$\beta'(\text{cm}^4)$ (Todd)
30	0.25	51.1	0.508	0.533
45	0.125	18.7	0.198	0.194
45	0.25	31.1	0.348	0.338
45	0.5	36.4	0.603	—
60	0.125	5.7	0.228	—
60	0.25	17.9	0.366	0.355
60	0.5	22.9	0.487	—
90	0.25	0	—	0.429
(b)螺纹元件				
螺旋角	$a(\text{cm}^3)$ (Karian)	$a(\text{cm}^3)$ (Todd)	$\beta'(\text{cm}^4)$ (Karian)	$\beta'(\text{cm}^4)$ (Todd)
18	40.8	42.0	0.118	0.112
6.1	12.4	14.0	0.021	0.011

6.4　停留时间分布

对啮合同向双螺杆挤出机中的停留时间分布的研究，至今还没有让人满意的结果，尽管已有很多研究结果。由于被研究的变量的狭小，这些结果实际上可能部分地产生误导。对啮合同向双螺杆挤出机的停留时间分布的研究首先由 WP 公司的 Herrmann[16] 在 1966 年报道。这些研究结果被 Erdmenger 在 1964 年的论文里引用过[1]。

Sakai[5] 提出了停留时间分布的测量方法，他对比了不同类型双螺杆挤出机的这种特性。Sakai 发现，啮合同向双螺杆挤出机的停留时间分布比单螺杆挤出机的窄。他认为这与双螺杆的自洁特点有关，它阻止物料停留在螺杆表面。同时，啮合同向双螺杆有较窄的停留时间分布，他认为这种现象与 C 型室有关（第 8 章）。

在 1969～1975 年，贝克-珀金斯公司的 Todd 和 Irving[17] 及 Todd[18] 研究了积木式啮合同向双螺杆挤出机的停留时间分布。Todd 和 Irving[17] 描述了一项研究，内容是将硝酸钾或硝酸钠加入到葡萄糖内作为追踪粒子，一起从贝克-珀金斯公司的啮合同向双螺杆挤出机中挤出，其中，挤出机内用全螺纹元件和不同的螺纹元件与捏合盘元件的组合的两种螺杆形式。在挤出流体内通过导电性检测浓度。Todd[18] 讲述了交替使用亚甲蓝颜料或 MnO_2 放射示踪粒子技术。取自 Todd[18] 的反映示踪剂相对浓度为停留时间的函数的图形见图 6.5。该图比较了不同元件与无泵送能力（即错列角为 90°）的双头捏合盘元件的这种特性。

Todd 和 Irving 用一个轴向扩散模型解释了他们的示踪粒子的研究，该模型为：

$$\frac{\partial c}{\partial t} + v_1 \frac{\partial c}{\partial x_1} = E \frac{\partial^2 c}{\partial x_1^2} \tag{6.5}$$

对于脉冲输入。引入 N_{pe} 作为佩克莱特数（Peclet number），约化时间 t_r 为：

$$N_{pe} = \frac{LU}{E} \tag{6.6a}$$

$$t_r = \frac{t}{\theta} \tag{6.6b}$$

式中，θ 是平均停留时间。E 越大和 N_{pe} 越小，扩散就越大和停留时间分布就越宽。一般而言，与螺纹元件相比，中性捏合块元件会带来更窄的带宽和较低轴向分散。

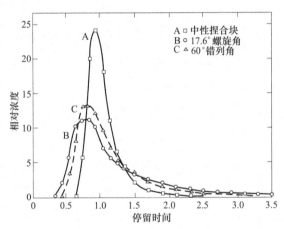

图 6.5　流经不同螺纹元件所产生的一个脉冲的停留时间分布宽度，Todd[17,18]

（引自：Society of Plastics Engineers）

最近，Hornsby[19] 使用放射物 $^{56}MnO_2$ 研究了啮合同向双螺杆挤出机的停留时间。他使用的是梯形螺棱，而不是自洁螺棱。

随后，Potente 和 Ansahl[20]，Cassagnau 等人[21]，Bur 和 Gallant[22]，P. J. Kim 和 White[23]，Kye 和 White[24] 以及 Shon 等人[25] 发表了对积木式啮合同向双螺杆挤出机的停留时间分布的研究。这些研究大部分都是使用了示踪粒子[20,23~25]。Cassagnau 等人[21] 将紫外线吸收基团加入到聚合物进行研究，而 Bur 和 Gallant[22] 使用的是荧光剂。

从这些研究者的文章中得出了一些共性的结论。通常，停留时间随着螺杆转速的降低和挤出量的减小而增加。引入如捏合块的混合元件，可以增加停留时间分布的宽度。这清楚地表明，生产效率的提高源于高转速，但混合或化学反应的程度会降低。

6.5 混合

Bigio 和 Erwin[26]使用图 6.6 中的设备对积木式啮合同向双螺杆挤出机的混合做了基础性研究。他们分析了沿着螺杆长度上条纹厚度的减小。在螺杆各段，条纹和界面面积随着螺杆长度上位置的变化呈线性增加（图 6.7）。在捏合块元件中，条纹数量和灰度迅速增加，如图 6.8 所示。

在一项随后的研究中，Cassidy 和 Bigio[27]研究了非充满流动的影响。Ess 和 Hornsby[28]利用自动成像分析技术也研究了类似双螺杆挤出机中的分布混合。并没有得出与挤出机性能相关的具体结论。

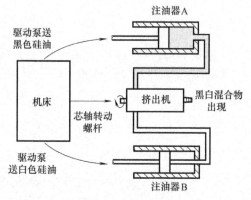

图 6.6 Bigio 和 Erwin[26]啮合同向双螺杆挤出机中研究流动的设备（引自：Society of Plastics Engineers）

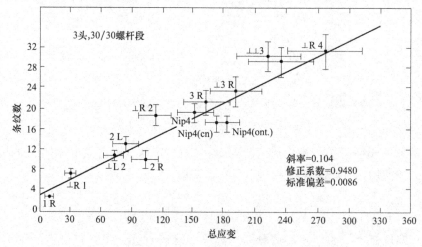

图 6.7 螺槽中条纹数量与总平均应变的关系，Bigio 和 Erwin[26]
（引自：Society of Plastics Engineers）

Kalyon 和 Sangani[29]使用光学显微镜研究了含有颜料的固化聚合物的横截面，此聚合物是在一台积木式啮合同向双螺杆挤出机中进行共混的。他们使用成

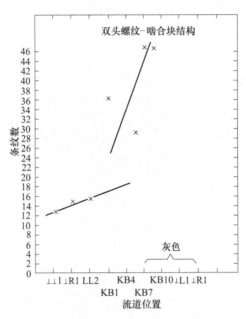

图 6.8　在螺杆-捏合盘组合的流道中条纹数量与螺杆位置的
关系，Bigio 和 Erwin[17]

（引自：Society of Plastics Engineers）

像分析技术跟踪混合过程。

在最近的研究中，Ess 和 Hornsby[30] 使用他们的梯形螺槽的双螺杆机器，探讨了粒子聚集体分散的演化。一般而言，增加剪切强度可以破碎粒子聚集体。

Sinton，Kalyon 和他们的合作者[31] 使用核磁共振（NMR）成像技术来表征同向双螺杆挤出机内加工的共混物。

Shon 等人[32] 通过光学和扫描电镜研究了在各种双螺杆挤出机和连续混炼机内的玻纤的破损和小颗粒聚集体（如碳酸钙）的分散混合。他们用下式模拟这种破损和聚集体的破碎。

$$\frac{\mathrm{d}'d'}{\mathrm{d}t} = -kd + k'\left(\frac{1}{d}\right) \tag{6.7}$$

式中，d 是聚集体的大小；k 和 k' 是破碎速率和团聚速率常数。

许多研究者研究了同向双螺杆挤出机中聚合物熔体的共混[33~41]。这些研究实质上表明，具有长串捏合块的强烈混合螺杆结构对形成细小相态组织是非常有效的。

Shon 等人[41] 探索了利用式（6.7）来描述聚合物共混物的分散过程。与较小颗粒（如碳酸钙）的分散混合相比，对于聚丙烯-尼龙 6 共混物，参数 k 变小 50~150 倍，而 k' 增大 300%~1200%。

6.6 传热

APV 化工机械公司（贝克-珀金斯公司）的 Todd[42] 对啮合同向双螺杆挤出机的传热做过实验研究。在一台螺杆直径 100mm 的啮合同向双螺杆挤出机中，

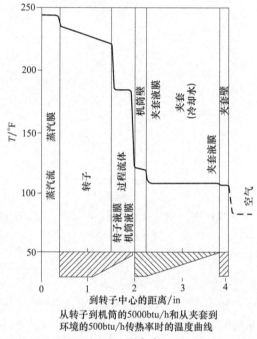

从转子到机筒的5000btu/h和从夹套到
环境的500btu/h传热率时的温度曲线

图 6.9　双螺杆挤出机中的温度曲线，Todd[42]（引自：Society of Plastics Engineers）

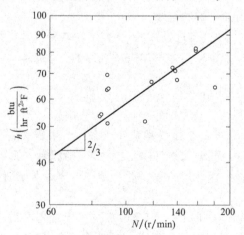

图 6.10　啮合同向双螺杆挤出机中的内部传热系数，Todd[42]

（引自：Society of Plastics Engineers）

对流经错列角为 90°的双头捏合盘结构的流体的传热率被确定（见图 6.9）。过程流体是葡萄糖，聚氯乙烯，PET 和尼龙。不同的传热介质被用于螺杆内和机筒内。

Todd[42] 将他的用于局部传热系数 h（图 6.10）的实验数据与努赛尔数（Nusselt number）hD/k 用公式关联在一起，作为一个雷诺数 $D^2 N\rho/\eta$ 和普朗特常数 $c\eta/k$ 的函数。他特别发现：

$$\frac{hD}{k} = 0.94\left(\frac{D^2 N\rho}{\eta}\right)^{0.28}\left(\frac{c\eta}{k}\right)^{0.33}\left[\frac{\eta}{\eta_w}\right]^{0.14} \tag{6.8}$$

6.7　熔融

直到 20 世纪 70 年代，关于积木式双螺杆挤出机的熔化机理的研究还很少。B 贝克-珀金斯公司的 Karian[43] 在 1985 年做过一项早期的研究，他研究了在积木式双螺杆机器捏合块段中聚氯乙烯的"熔融曲线"。熔体似乎形成的速度比在单螺杆挤出机中快。

随后，Todd[44] 在 1992 年用熔融/熔合过程中形成的聚氯乙烯，苯乙烯-丙烯腈共聚物，聚碳酸酯以及聚乙烯的切片，对同向双螺杆挤出机中熔融做了更透彻的研究。

随后，已经有很多关于熔融的实验研究[45~52]。尽管如此，在解释观察现象中仍存在许多分歧。Potente 和 Melisch[48] 观察到熔体内的分散和熔融的粒子。Bawiskar 和 White[49] 观察到沿着机筒形成的一熔体层，这个熔体层随着停留时间的增加而向螺杆方向增厚。Vergnes 等人[51] 也观察到沿机筒的分散熔融颗粒和熔体层。Jung 和 White[52,53] 做了最大规模的观察，他们描述了在一系列的螺杆转速和喂料速度条件下对不同聚合物的实验。他们公布的一系列的图表表明，熔融起始于机筒表面，颗粒床内和螺杆表面，这取决于温度和螺杆转速。在高机筒温度条件下，熔融从机筒处开始。在较低机筒温度条件下，熔融从颗粒床内开始。在更低机筒温度条件下，熔融有时从螺杆处开始。因此，熔融的演化可能包括一个移动波峰，或在颗粒床内均匀发生。在适中和较高螺杆转速条件下，颗粒床变得不稳定，导致混沌（Potente）熔融机理。这一特征类似于 Vergnes 等人[51] 发现的熔融机理。

参考文献

[1]　R. Erdmenger，*Chem. Ing. Tech.*，**36**，175 (1964).

[2]　O. Armstroff and H. D. Zettler，*Kunststoff technik*，**12**，240 (1973).

[3]　W. Szydlowski and J. L. White，*Int. Polym. Process.*，**2**，142 (1988).

[4]　W. Szydlowski，R. Brzoskowski，and J. L. White，*Int. Polym. Process.*，**1**，207 (1987).

[5] T. Sakai, *Gosé Jushi*, **24**, 7 (1978).

[6] H. E. H. Meijer and P. H. M. Elemans, *Polym. Eng. Sci.*, **28**, 275 (1988).

[7] K. L. Nichols, K. Jayaraman, and E. G. Grulke, Paper presented at the 4th Annual Polymer Processing Society Meeting, Orlando, May (1988).

[8] Y. Wang, J. L. White, and W. Szydlowski, *Int. Polym. Process.*, **4**, 262 (1989).

[9] J. L. White, S. Montes, and J. K. Kim, *Kautschuk Gummi Kunststoffe*, **43**, 20 (1990).

[10] J. L. White and W. Szydlowski, *Adv. Polym. Technol.*, 7, 419 (1987).

[11] D. M. Kalyon, C. Jacob, and P. Yaras, *Plastics Rubber Comp. Proc. Appl.*, **16**, 193 (1991).

[12] D. B. Todd, *SPE ANTEC Tech. Papers*, **35**, 168 (1989); *Int. Polym. Process.*, **6**, 143 (1991).

[13] H. Potente, J. Ansahl and R. Witteneier, *Int. Polym. Process.*, **5**, 28 (1990).

[14] R. A. Lai-Fook, Y. Ci, and A. C. Smith, *Polym. Eng. Sci.*, **31**, 1857 (1991).

[15] T. Brouwer, D. B. Todd, and L. P B. M. Janssen, *Int. Polym. Process.*, **17**, 26 (2002).

[16] H. Herrmann, *Chem. Ing. Tech.*, **38**, 25 (1966).

[17] D. B. Todd and H. F Irving, *Chem. Eng. Prog.*, **65** (9), 85 (1969).

[18] D. B. Todd, *Polym. Eng. Sci.*, **15**, 437 (1975).

[19] P. R. Horn. sby, *Plastics Compounding*, (Sept/Oct) 65 (1983).

[20] H. Potente and J. Ansahl, *Kunststoffe*, **80**, 926 (1990).

[21] P. Cassagnau, C. M. Jangos and A. Michel, *Polym. Eng. Sci.*, **31**, 772 (1991).

[22] A. J. Bur and F M. Gallant, *Polym. Eng. Sci.*, **31**, 1365 (1991).

[23] P. J. Kim and J. L. White, *Int. Polym. Process.*, **9**, 108 (1994).

[24] H. Kye and J. L. White, *J. Appl. Polym. Sci.*, **52**, 1249 (1994).

[25] K. Shon, D. H. Chang, and J. L. White, *Int. Polym. Process.*, **14**, 44 (1999).

[26] D. I. Bigio and L Erwin, *SPE ANTEC Tech. Papers*, **31**, 45 (1985).

[27] K. Cassidy and D. I. Bigio, *SPE ANTEC Tech. Papers*, **37**, 92 (1991).

[28] J. W. Ess and P R. Hornsby, *Polymer Testing*, **6**, 205 (1986).

[29] D. M. Kalyon and H. N. Sangani, *Polym. Eng. Sci.*, **29**, 1018 (1989).

[30] J. W. Ess and P R. Hornsby, *Plastics Rubber Proc.*, **8**, 147 (1987).

[31] S. W. Sinton, J. C. Crowley, G. A. Lo, D. M. Kalyon, and C. Jacob, *SPE ANTEC Tech. Papers*, **36**, 116 (1990).

[32] K. Shon, D. Liu and J. L. White, *Int. Polym. Process.*, **20**, 322 (2005).

[33] A. P. Plochocki, S. S. Dagli, and M. H. Mack, *Kunststoffe*, **78**, 254 (1988).

[34] U. Sundararaj, C. W. Macosko, R. J. Rolando, and H. T. Chen, *Polym. Eng. Sci.*, **32**, 1814 (1992).

[35] V. Bordereau, Z. H. Shi, L. A. Utracki, P. Samhut and M. Carrega, *Polym. Eng. Sci.*, **32**, 1846 (1992).

[36] S. Lim and J. L. White, *Int. Polym. Process.*, **8**, 119 (1993).

[37] S. Lim and J. L. White, *Polym. Eng. Sci.*, **34**, 221 (1994).

[38] C. G. Gogos, M. Esseghir, D. W. Yu, D. B. Todd and J. E. Curry, *SPE ANTEC Tech. Papers*, **40**, 270 (1996).

[39] T. P Vaiwio, A. Harlin and U. V. Sepphla, *Polym. Eng. Sci.*, **35**, 225 (1995).

[40] M. A. Huneault, M. F Champagne and A. Luciani, *Polym. Eng. Sci.*, **36**, 1694 (1996).

[41] K. Shon, S. H. Bumm and J. L. White, *Polym. Eng. Sci.*, **48**, 756 (2008).

[42] D. B. Todd, *SPE ANTEC Tech. Papers*, **34**, 54 (1989).

[43]　H. G. Karian，*J. Vinyl Technol*，**7** (1985).

[44]　D. B. Todd，*SPE ANTEC Tech. Papers*，**38**，2528 (1992).

[45]　S. Bawiskar and J. L. White，*Int. Polym. Process.*，**10**，105 (1995).

[46]　H. Potente and U. Melisch，Paper presented at 7th Annual Meeting，Polymer Processing Society (1995).

[47]　J. E. Curry，*SPE ANTEC Tech. Papers*，**41**，92 (1995).

[48]　H. Potente and U. Melisch，*Int. Polym. Process.*，**11**，101 (1996).

[49]　S. Bawiskar and J. L. White，*Int. Polym. Process.* **12**，331 (1997)；*Polym. Eng. Sci.* **38**，727 (1998).

[50]　M. Esseghir，D. W. Yu，C. G. Gogos and D. B. Todd，*SPE ANTEC Tech. Papers*，**43**，3684 (1997).

[51]　B. Vergnes，G. Souveton，M. L. Delacour and A. Ainser，*Int. Polym. Process.*，**16**，351 (2001).

[52]　H. Jung and J. L. White，*Int. Polym. Process.*，**18**，127 (2003).

[53]　H. Jung and J. L. White，*J. Appl. Polym. Sci.*，**102**，1990 (2006).

啮合异向双螺杆挤出技术

7.1 概述

在本章，将介绍啮合异向双螺杆挤出机技术的发展。在 20 世纪初，啮合异向双螺杆挤出机由正位移双螺杆泵发展而来。在二战期间和战后一段时间内，啮合异向双螺杆挤出机是挤出硬聚氯乙烯的重要加工设备。至今仍在应用这一技术，同时，在一系列技术中得到更广泛的应用，包括共混、药品包装、脱挥以及反应挤出。

如在第 4 章那样，接下来从历史角度描述啮合异向双螺杆挤出机的发展。在 7.2 节中，介绍了早期技术的发展。在 7.3 节中，讨论了 20 世纪 30 年代中期和 20 世纪 40 年代初 I.G 法本公司（赫司特）和雷士公司关于捏合泵的合作项目。7.4 节介绍了啮合异向双螺杆挤出机在热塑性塑料挤出中的发展史。7.5 节介绍了锥形双螺杆挤出机。在 7.6 节到 7.10 节中主要介绍，在欧洲战后出现的各种新型机器结构和机械公司。在 7.11、7.13 和 7.14 节中，介绍了日本的机械制造商。7.12 和 7.14 节介绍了雷士公司开发用于共混的积木式机器。

7.2 发展史

啮合异向混炼/泵送机可追溯到 19 世纪。美国宾州费城的 Lloyd Wiegand[1] 1874 年的美国专利，明确阐述了一种全啮合异向双螺杆挤出机，准备用于挤出片状面团（图 7.1）。有趣的是，Wiegand 推荐锥形双螺杆。

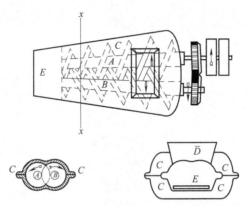

图 7.1　Wiegand 1874 年加工片状面团的啮合异向双螺杆机器[1]

在 Karl Werner[2] 1912 年的德国专利和 Holdaway[3] 1915 年的美国专利（图 7.2）中，都清晰地介绍了全啮合双螺杆泵。在后来几年中，人们见证了许多用于处理黏性牛顿流体的全啮合异向双螺杆泵的发展。这是更广泛技术发展的一部分，涉及不同结构的正位移异向泵（Rollkolbenpumpen)[3~17]，不仅包括螺杆结构，还有凸轮和多种叶轮结构。

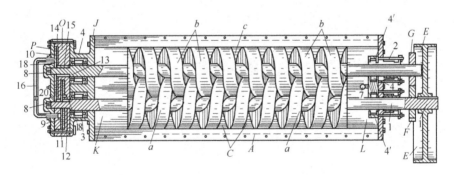

图 7.2　Holdaway 1915 年的啮合异向双螺杆泵[3]

1922 年法国 Clermont-Ferrand 的 Societe Anonyme des Establissements A. Olier[8] 的专利（没发明者的名字），提出了用于连续挤出橡胶混合物型材的部分啮合异向双螺杆机械（图 7.3）。它被称为"口模成型机"。这一非常著名的早期专利声称，这种新机器优于单螺杆挤出机，因为它可生产更均匀的制品。

双螺杆泵涉及了一个填充流体的闭合不变体积 C 型室沿双螺杆系统的移动。瑞典工程师 C. O. J. Montelius[11] 1925 年的美国专利指出，当双螺杆的每个螺杆有不同螺头数时，可得到非常有效的双螺杆泵。单头螺纹螺杆与双头螺纹螺杆相配优于两根单头螺纹螺杆或两根双头螺纹螺杆。对双螺杆和多螺杆机器提出了计

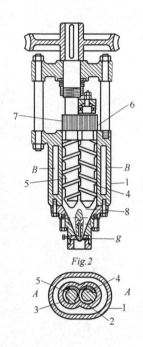

图 7.3　Olier1922 年的啮合异向双螺杆机器[8]

算公式，将在 8.2 节对此进行详细描述。

7.3　I. G. 法本-雷士捏合泵研发简介

一项非常重要的研发项目发生在 20 世纪 30 年代的德国，它使 I. G. 法本公司的法兰克福-赫司特分部和纽伦堡的雷士机器制造公司合作研发新一代的双螺杆挤出机器。

关于这两个公司的简介如下，I. G. 法本公司（Interessen Gemeinschaft der Farbenindustrie Aktiengesellschaft）成立于 1925 年，合并了德国所有的主要化学公司。这是由于第一次世界大战后的德国经济衰退导致的结果。这些公司包括 Friederich 拜耳，巴斯夫，和 Farbwerke 赫司特。在 1925～1945 年这家新公司存在期间，它在合成橡胶和热塑性塑料的研发中扮演着重要的角色。I. G. 法本公司是由拜耳公司的 Carl Duisberg 和巴斯夫公司的 Carl Bosch 发起成立的。I. G. 法本公司的第一任领导人是 Duisberg，他的继任者是 Bosch。它的总部设在法兰克福，即 Farbwerke 赫司特公司总部的原址（参见 4.3 节）。I. G. 法本公司在二战结束时被盟军拆分成后来的拜耳公司，巴斯夫公司，赫司特公司以及 Chemische Werke Hüls 公司（在 20 世纪 90 年代 Hüls 公司被 Degussa 公司合并）。在 2000 年，赫司特公司被分成几个独立的公司，其中 Celanese AG 公司和 Ticona 公司仍从事化学和聚合物工业。构成 I. G. 法本公司的这些公司今天是竞争对手，也是世界最大的化学公司，这些公司现今的年销售额超过 1 千亿美元。

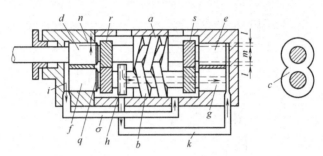

图 7.4　1926 年 Leistritz 和 Burghauser 设计的双螺杆泵[10]

在 1905 年，Paul Leistritz 在德意志帝国的巴伐利亚王国的纽伦堡建立了雷士机械制造公司，生产用于制造蒸汽机的叶片/筒体和异型带钢材[18]。在第一次世界大战后的 20 世纪 20 年代，Paul Leistritz 和 Franz Burghauser[10,18,19]发明，并由雷士公司制造啮合异向双螺杆泵和多螺杆泵（"Schraubenpumpen mit zwei oder mehr Schraubenspindeln"）。这些泵像齿轮泵，其挤出量由啮合几何结构和螺杆转速决定。图 7.4 给出了 Leistritz 和 Burghauser 的这种特殊结构。雷士机械制造公司也制造内燃机的消音器。

在 20 世纪 30 年代，将法本公司和雷士公司的研究项目结合起来，将双螺杆泵原理用于不易处理的工业黏性液体，如煤焦油，陶瓷粉和橡胶混合物。由 Siegfried Kiesskalt 负责的 I. G. 法本公司的研究项目在法兰克福-赫司特分部进行，由 Franz Burghauser 和 Paul Leistritz 负责的雷士公司的研究项目在纽伦堡进行。

在加入 I. G. 法本公司之前，Siegfried Kiesskalt 已经与卡尔斯鲁厄工业大学的机械实验室一起合作。在这段时期（1926～1927 年）里，Siegfried Kiesskalt 涉足真空泵和输油的螺杆泵的研究[20]。Kiesskalt 与 I. G. 法本公司的早期合作（1928～1929 年）开展润滑油的研究[21]，这个背景使他非常熟悉雷士螺杆泵。

在输送煤炭、陶瓷和聚合物材料体系中，也必须捏合和混合。在 1935 年 Kiesskalt 与 H. Tampke，F. Winnacker 和 E. Weingaertner[22]。申请了 I. G. 法本公司的第一项专利，这项专利介绍一种异向旋转机器，接近排料口处的螺杆全闭合，喂料口区域的螺杆部分闭合（图 7.5）。I. G. 法本公司的这种机器的出口

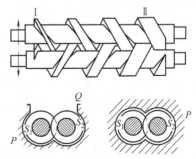

图 7.5　1935 年 Kiesskalt 等人的捏合泵[22]

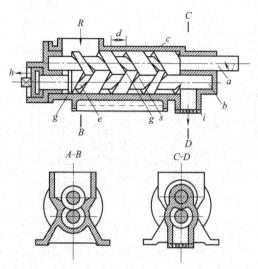

图 7.6　1935 年 Leistritz-Burghauser 等人的捏合泵[24]

段被 Kiesskalt 重新设计[23]。

　　在 Kiesskalt 等人[22] 提出的专利之后，雷士机械制造公司的 Franz Burghauser 和 Paul Leistritz[24,25]一起很快申请了一项专利，它描述的一种机器，配有紧配合、全闭合、啮合螺杆，在泵送方向上螺棱之间的距离稳步减小（图 7.6）。他们将他们的新机器描述为捏合泵。Burghauser 和 Erb[26] 后来描述了向这种机器喂入黏性流体的改进结构。

　　Burghauser-Leistritz 机器的这种结构的原理被简洁地解释如下。据称，这种机器的工作机理是将闭合的 C 型室向前移动至机头 [11]（见第 8 章，8.2 节）。如果沿机器方向的螺距减小，则 C 型室的体积也将减少。这将迫使物料离开 C 型室进入到通过螺棱的区域，在此区域内的强剪切将导致期望的捏合和均质化。

　　I. G. 法本公司相同研究团队的一项 1939 年意大利的专利[27]，描述了 3 螺杆、5 螺杆、7 螺杆啮合异向螺杆挤出机。这些机器也被用于泵送和剪碎橡胶以及油、水、煤以及陶瓷粉体（图 7.7）。

　　1935 年 Kiesskalt 与 Tampke, Winnacker 和 Weingartner[28]一起申请的一项专利，描述了一种工艺，被用于无灰煤焦油的分散，这种

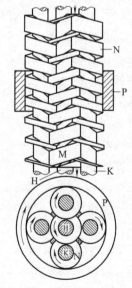

图 7.7　I. G. 法本公司 1939 年
5 螺杆捏合泵[27]

工艺需要使用捏合机，可能涉及上述的机器。在一项 1938 年的专利中，Kiesskalt 和 Borgwardt[29] 描述了一种用于在生产乳液中的混合物均质化的连续啮合异向旋转机器。

Kiesskalt[30] 在 1942 年发表了关于啮合异向双螺杆捏合泵的公开文献中的第一篇文章。Kiesskalt 在 1950 年[31] 和 1951 年[32] 的文章又转向这一领域。Riess 和 Meskat[33] 以及 Riess 和 Erdmenger[34] 在 20 世纪 50 年代早期的文章中，论述了 I. G. 法本-雷士的研发成果。Kiesskalt 似乎在第二次世界大战后已经离开了 I. G. 法本公司赫司特分部，在亚琛工业大学的工艺流程研究所担任教授和领导[35]。

7.4　聚氯乙烯（PVC）的商业双螺杆挤出机的起源

到 1935 年，聚氯乙烯管被作为德国的压力供水管道[36]。这些管道大部分是由啮合异向双螺杆挤出机生产。雷士机械制造公司是这些双螺杆挤出机的主要制造商之一[18]。在第二次世界大战期间，他们正在制造的 PVC 双螺杆挤出机的螺杆直径为 200mm。在 20 世纪 80 年代，H. Ocker[37] 告诉本书作者之一（J. L. White），在 20 世纪 40 年代早期，他在德国参观了 I. G. 法本公司的制造工厂，并看到许多这样的异向双螺杆挤出机生产管材和和型材。

在第二次世界大战的最后几个月，德国遭到极大的破坏，包括他们的城市和基础设施。雷士机械制造公司在纽伦堡的设施也被摧毁。

在第二次世界大战后的一段时期内，雷士公司注重用于润滑油和其他应用的传统的小型螺杆泵。他们将啮合异向双螺杆挤出机作为一个专项，仅据需求制造。这种情况将随时间改变。

7.5　锥形双螺杆挤出机

在 20 世纪 40 年代早期，第一次提出锥形双螺杆挤出机。在 1943 年的一项

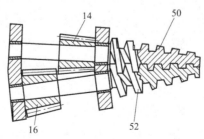

图 7.8　Steinmann-Heyne1944 年的锥形啮合异向双螺杆挤出机[38]

专利申请中，在德国特罗斯多夫的 Dynamit Nobel 公司的 Steinmann 和 Heyn[38] 提出使用有锥形螺杆的啮合异向双螺杆挤出机。他们的专利图如图 7.8 所示。这种结构可以实现低扭矩高产量。这些机器在第二次世界大战后时期成为主要的设备。

7.6 Pasquetti 的 Bitruder 挤出机

第二次世界大战期间，欧洲的大部分地区遭到破坏，急需新的基础设施，包括聚氯乙烯管材在这一领域需求激增。

在意大利 Vanese-Masnago 公司的 Carlo Pasquetti[39] 1950 年申请的一项关于啮合异向双螺杆挤出的专利中，将螺杆分成几段，每段的螺纹头数和螺距沿着流动方向减少。Pasquetti 当回想他的专利时，讲述了在他的结构中用锥形螺杆可行性。图 7.9 给出了 Pasquetti 专利的螺杆结构。

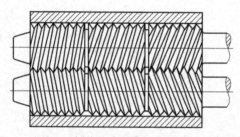

图 7.9　Pasquetti 1950 年的啮合异向双螺杆挤出机的螺杆结构[39]

Pasquetti 的专利被授权给杜塞尔多夫的 Schloemann AG 公司制造，注册商标为 Bitruder。这种机器似乎已经被主要用于硬聚氯乙烯的挤出。在 20 世纪50～60 年代的文章中论述了 Pasquetti-Schloemann 的 Bitruder，及其在聚氯乙烯挤出机上的应

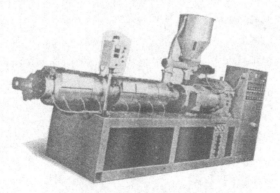

图 7.10　现代 Reifenhauser 公司 Bitruder 的照片
（由 Reifenhauser 公司提供）

用，这些作者是 Schaerer[40]，Baigent[41]，Schutz[42]，Prause[43]，Zielonows-ki[44]，和 Schneider[36]。

在 20 世纪 70 年代，Bitruder 的制造商被特罗斯多夫（Troisdorf）的 Reif-enhauser KG 公司接管。Reifenhauser 公司的 Predohl[45] 阐述了在聚烯烃和聚苯乙烯的应用，包括发泡挤出以及在硬聚氯乙烯的传统应用。

现在，制造 Reifenhauser Bitruder 挤出机可选用机加工螺杆和积木式螺杆，仍主要被用作挤出机。Reifenhauser Bitruder 的照片如图 7.10 所示。

7.7　Mapre 挤出机

在 20 世纪 50 年代，其他公司也宣称制造双螺杆机器，其中包括卢森堡迪基希（Diekirch）的 Nouvelle Mapre SA 公司[41~44,46,47]，Mapre 挤出机的螺杆具有矩形螺槽，螺棱厚度沿着螺杆轴向逐渐增加（图 7.11）。

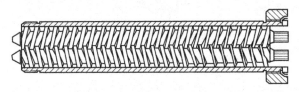

图 7.11　Mapre 啮合异向双螺杆挤出机的螺杆结构

它被作为一种共混机器和主要用于硬聚氯乙烯以及聚丙烯和聚酰胺的型材挤出机。

7.8　Kestermann 挤出机

德国巴特奥尹森（Bad Oeynhausen）市的 Gerhard Kesttermann 齿轮机器制造（Zahnräder und Maschinenfabrik）公司（后来的 Rolf Kesttermann）也进入了啮合异向双螺杆挤出机的制造业[36,43,44,46~48]。在 Pasquetti/Schloemann 和 Mapre 挤出机之后，Kesttermann 挤出机已经进入市场。在 20 世纪 50 年代，Schaerer[40] 或 Baigent[41] 在他们发表的评述中没有提到 Kesttermann 挤出机。在 20 世纪 60 年代，较详细地介绍 Kesttermann 挤出机的文章作者有 Schneider[36]，Prause[43]，Zielonowski[44]，尤其是 Kestermann 公司的 Selbach[48~50]。Kest-termann 挤出机也主要被用于硬聚氯乙烯的挤出。在 20 世纪 60 年代期间，H. W. Selbach[51] 开发了一种新的复杂螺杆结构，类似于普通的 Burghauser-Leistritz 型的捏合泵，但是，沿着螺杆长度增加了一个新螺棱，穿入在挤出机喂料口处的已有的厚螺棱（图 7.12）。

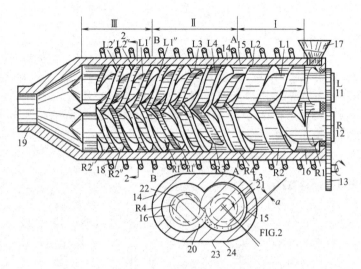

图 7.12　Selbach 的 1962 年 Kesttermann 啮合异向双螺杆挤出机的螺杆结构[48]

Selbach[52]在螺槽变宽之前也引入了一个穿孔圆盘，这个可以降低压力和脱挥。

Rheinstahl 公司于 1970 年获得对 Kesttermann 公司的控股权[36]。1972 年，Thyssen 与 Rheinstahl 合并。1975 年，以 Kesttermann 为基础组建了 Thyssen 塑料机械公司。

1980 年，Kesttermann 公司被巴顿菲尔机械联合公司（Battenfeld machinery combine）接管。目前，巴顿菲尔挤出技术有限公司仍在巴特奥尹森市保留一家制造厂和生产用于挤出聚氯乙烯型材的啮合异向双螺杆挤出机。

7.9　Anger 挤出机

在 20 世纪 50 年代，Anger 兄弟 Anton 和 Wilhelm 进入异向双螺杆挤出机的行业，直到 1955 年一直生产啮合异向双螺杆挤出机。他们成立了 Kunstsoff-werk Gebrüder Anger 股份有限公司[36]。它的总部设在慕尼黑，生产车间设在多瑙河上的 Bogen[36]。1959 年第一台挤出机被投放市场，1962 年 Rheinstahl 获得这家公司的控股权。

1964 年，Anton Anger 在奥地利林茨建立 Anton Anger 通用机械有限股份公司（AGM）[36,41~43,53,54]。AGM 制造锥形和平行双螺杆挤出机。特别是，AGM 引进锥形双螺杆机的制造[44,45]（图 7.13）。这些机械被用于硬聚氯乙烯的型材挤出。

Anton Anger 的兄弟 Wilhelm Anger 在维也纳成立了 Anger 塑料机械有限

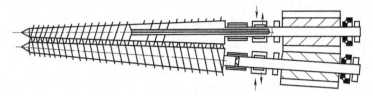

图 7.13　AGM 锥形啮合异向双螺杆挤出机[44]

股份公司（APM）。APM 致力于生产单阶和双阶平行双螺杆挤出机。

APM 制造机加工螺杆，其螺距和螺棱厚度沿螺杆长度方向不断变化[44]，这种结构被用于脱挥，螺棱上的切槽被用于增加混合。

辛辛那提米拉克龙（Cincinnati Milacron）公司接收了这家奥地利 AGM 公司，继续在维也纳生产他们的锥形双螺杆机器[36]，后来也接收了 APM。目前已成为基地在维也纳的辛辛那提挤出技术有限股份公司（Cincinnati Extrusion）。

7.10　欧洲二战后啮合异向双螺杆挤出机的回顾

由此简要总结制造啮合异向双螺杆挤出机的机械公司似乎是适当的。1954年 Schaerer 的文章[40]和 1956 年 Baigent 的文章[41]总结了啮合异向双螺杆挤出机的制造商，他们提到 Pasquetti（Schloemann），Mapre 和 Trudex。

Schutz 的 1962 年文章[42]关于同一主题提到了 Wilhelm Anger，Gerhard Kesttermann，Mapre 和 Schloemann（Pasquetti）。

Prause 的 1968 年文章[43]提到了 AGM，Anger 塑料机械有限股份公司（APM），Bausano（都灵，意大利），Rolf Kestermann（以前的 Gerhard Kestermann），Mapre 和 Schloemann（Pasquetti）。

Zielonowski 的 1968 年文章[44]提到了 AGM，Anger-APM，Rolf Kestermann，Paul Leistritz，Mapre，Schloemann（Pasquetti），和 Hans Weber KG。

Barth 的 1981 年文章[57]提到了巴顿菲尔（以前的 Kesttermann），辛辛那提米拉克龙，克劳斯玛菲，雷士，Maplan，Mapre，Oswag（以前的 Anton Anger），Reifenhauser（以前的 Schloemann-Pasquetti）和 Weber，这些挤出机主要用于硬聚氯乙烯的挤出。

Schneider 的 2005 年文章[36]介绍了克劳斯玛菲的技术，并提到了奥地利维也纳的辛辛那提挤出技术有限股份公司；巴顿菲尔挤出机技术公司和 Maplan 等其他制造商。

7.11　日本啮合异向双螺杆挤出机制造商

欧洲和美国的作者几乎没有提到日本的啮合异向双螺杆挤出机制造商。第一台全啮合异向双螺杆挤出机显然是由日本东京的东芝机械有限公司在 1955 年制造的。它被发明用于硬聚氯乙烯的挤出。从那时起，东芝机械有限公司已经开始制造啮合异向双螺杆挤出机；他们将这些机器用于型材挤出和共混（TED 系列）。他们也制造挤出型材的锥形双螺杆挤出机（TEC 系列）。

日本的第二家啮合异向双螺杆挤出机制造商是日本广岛的日本制钢[58,59]。第三家异向双螺杆挤出机制造商是日本东京的三菱重工。三菱重工制造型材挤出的锥形双螺杆挤出机（VTE 系列）。第四家啮合异向双螺杆挤出机的制造商是日本东京的池贝机械公司，他们的机器被用于硬聚氯乙烯的型材挤出（GTC 系列）。在 1951 年，池贝机械公司是日本第一家双螺杆挤出机的制造商，他们的第一种机械是啮合同向双杆挤出机（见第 4 章）。

7.12　雷士积木式机器-1

在 20 世纪 60 年代后期，雷士机械制造公司研发出一种用于共混的积木式啮合异向双螺杆挤出机，它之前的发展历史值得关注。

在雷士机械制造公司的 E. Hack[60,61] 1949 年的一项德国专利中，介绍了一种带有两个模块的啮合双螺杆泵，一种模块用于泵送，另一种模块用于混合。

在 De Laval 汽轮机公司 Sennet[62] 1949 年的美国专利中，提到了相似的概念，该结构包含一个单螺杆向前泵送装置，后接一个反向泵送的多螺杆（两根或多根）装置。在 20 世纪 50～60 年代，雷士机械制造公司（现在的雷士公司）放弃主攻啮合异向双螺杆挤出机的市场，但他们保持着在该领域的领先水平，该公司继续制造用于润滑油的正位移螺杆泵。Kiesskalt[32] 在 1951 年的一篇文章中介绍了电加热雷士啮合异向双螺杆涂胶机。在 Kleinlein 和 Bernhardt[63] 1951 年的美国专利中，介绍了 Burghauser-雷士老式的捏合泵。在 1956 年的文章中，Tanner[64] 介绍了第一项关于在雷士啮合异向双螺杆挤出机中挤出硬聚氯乙烯的研究。

在 20 世纪 60 年代中期，雷士公司的 Doboczky[65,66] 发表了第一个关于啮合异向双螺杆挤出机中漏流的基础研究（见 8.4 节）。

从 20 世纪 60 年代后期，雷士公司增加了对啮合异向双螺杆挤出机的商业开发的关注。显然，Hellmut Tenner[67] 研发了积木式啮合异向双螺杆机器，从那时起制造 ZSE 机器。引入了特殊的混合元件模块，这种机器在德国和在美国被投入市场。William Thiele 负责美国雷士公司。Tenner[67] 在 1976 年发表了第一篇文章介绍这种机器。Thiele 和他的合作者[68~70]，Tenner[71] 以及其他人[72] 也在后续的几年中发表文章介绍这种机器。

图 7.14 给出了雷士 GG 积木式啮合异向双螺杆挤出机的模块元件。这些元

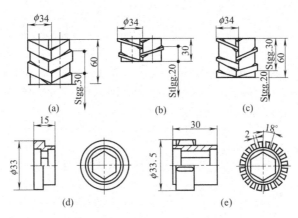

图 7.14 雷士 GG 积木式啮合异向双螺杆挤出机的模块元件：（a）全啮合厚
螺棱泵送螺纹元件，（b）全啮合薄螺棱泵送螺纹元件，
（c）Kiesskalt 捏合泵元件，（d）非泵送"剪切"元件，
（e）非泵送"狭缝填充"元件[72]

件有：（ⅰ）紧配合螺纹元件，（ⅱ）薄螺棱的螺纹元件，（ⅲ）类似 Kiesskalt 等
人捏合泵的螺纹元件[22]，（ⅳ）含有剪切盘的特殊混合元件。

7.13　日本制钢的研究

在 20 世纪 80 年代期间，日本制钢制造了大批的积木式啮合异向双螺杆挤出
机，用于各种用途。这些机器包含了部分啮合的螺杆元件。Sakai 和 Hashimoto[58]介
绍了日本制钢 TEX 啮合异向双螺杆挤出机的脱挥应用。Sakai[59]也介绍了 TEX
啮合异向双螺杆挤出机的混合应用。他们认为，与啮合同向双螺杆挤出机相比，

图 7.15　现代 JSW 机器的照片（由日本制钢提供）

TEX 啮合异向双螺杆挤出机在分散小颗粒中效果更好。

日本制钢提出了实验室用 TEX 双螺杆挤出机，既可以啮合异向，又可以啮合同向。

这种挤出机包含了螺纹元件和捏合块，类似于 Erdmenger 设计的积木式同向双螺杆挤出机[73]（见第 4 章）。图 7.15 展示了一台现代 JSW TEX 机器的照片。

7.14 日本宝理公司的异向旋转捏合块机器

日本大阪宝理公司（Hoechst-Celanese 公司的合资公司）的 Komazawa，Mori，Ikenaga，Hotta 和 Nakashima1981 年申请的专利[74]，介绍了一种连续反应器，其转动轴配有啮合异向旋转桨叶（捏合块）。这台设备专用于将三聚甲醛聚合成聚甲醛的聚合反应。很显然，这种机器是上一节中介绍的日本制钢积木式双螺杆挤出机。图 7.16 总结了 Komazawa 等人[74]的这种机器。

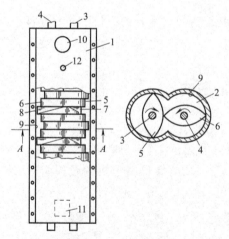

图 7.16 日本宝理公司的啮合异向旋转捏合块机器[74]

7.15 雷士积木式机器-2

在 20 世纪 90 年代，美国雷士公司的 W. C. Thiele[75,76]研发了第 2 代积木式啮合异向双螺杆挤出机，被称为 "反向螺棱"（counterflight），相对于早期的雷士积木式异向旋转 GG 机器。这种机器的啮合程度低于早期的雷士积木式机器，螺杆较长（较大的 L/D），可实现的螺杆转速高得多，这种机器的元件是不同的，包括螺旋桨叶（Hexilobal）混合螺纹元件。图 7.17 给出了雷士积木式反向

反向螺棱 反向旋转

图 7.17 雷士积木式反向螺棱挤出机[75]

螺棱挤出机。

7.16 聚氯乙烯双螺杆挤出机的详细设计及制造

很少有文献讨论关于挤出聚氯乙烯管材和型材的充满喂料异向双螺杆挤出机的详细设计和制造。最近几年，Stasiek 和他的同事[77,78]已经详细地讨论了制造这种螺杆和所涉及的问题。

参考文献

[1] S. L. Wiegand，U. S. Patent (filed April 28，1874) 155，602 (1874).

[2] K. Werner, German Patent (filed July 12, 1912) 281, 104 (1914).

[3] W. S. Holdaway，U. S. Patent (filed June 2, 1915) 1, 218, 602 (1917).

[4] Anonymus (Gasapparate und Maschinen-Fabrik Gebrudern Pintsch) German Patent 75，506 (1892).

[5] O. Erfurth, German Patent (filed Oct. 29, 1904) 162, 565 (1905).

[6] O. Erfurth, German Patent (filed Jan. 22, 1905) 163, 440 (1905).

[7] F. Wissiak，Austrian Patent (filed Aug. 20, 1907) 35, 106 (1908).

[8] Anoymous (Societe Anonyme) Des Establissements A. Olier, British Patent (filed April 8, 1922) 180, 638 (1923).

[9] Anonymous, *Shipbuilding and Shipping Record*, p. 73 (1922).

[10] P. Leistritz and F. Burghauser, German Patent (filed April 24, 1926) 453, 727 (1927).

[11] C. O. J. Montelius，U. S. Patent (filed March 20, 1925) 1, 698, 802 (1929).

[12] C. O. J. Montelius，U. S. Patent (filed March 1, 1929) 1, 965, 557 (1934).

[13] L. R. Schmidt，U. S. Patent (filed June 6, 1930) 1, 846, 692 (1932).

[14] G. A. Ungar, U. S. Patent (filed June 11, 1930) 1, 846, 700 (1932).

[15] E. Blau, *Chem. Zeit*, **54**, 801 (1930).

[16] C. O. J. Montelius, *Teknisk Tidskrift*, **6**, 61 (1933).

[17] H. A. Hartner, U. S. Patent (filed March 2, 1936) 2, 119, 162 (1938).

[18] J. L. White, *Int. Polym. Process.*, **8**, 286 (1993).

[19] H. Plachenka, Leistritz Schraubenspindelpumpen aus Nüremberg, Leistritz, Nuremberg (1965); also various anonymous published Leistritz brochures.

[20] S. Kiesskalt, *VDI Zeitschr.*, **71**, 453 (1927).

[21] S. Kiesskalt, *VDI Zeitschr.*, **73**, 1502 (1929).

[22] S. Kiesskalt, H. Tampke, F. Winnacker, and E. Weingaertner, German Patent (filed July 26, 1935) 652, 990 (1937).

[23] S. Kiesskalt, U. S. Patent filed July 23, 1937) 2, 148, 205 (1939).

[24] P. Leistritz and F. Burghauser, German Patent (filed Dec. 1, 1935) 682, 787 (1939) and German Patent (filed July 31, 1936) 699, 757 (1940).

[25] F. Burghauser, U. S. Patent (filed Nov. 24, 1936) 2, 115, 006 (1938).

[26] F. Burghauser and K. Erb, German Patent (filed Feb. 5, 1938) 690, 990 (1939) and U. S. Patent (filed Feb. 1, 1939) 2, 231, 357 (1941).

[27] I. G. Farbenindustrie (Frankfurt am Main), Italian Patent (filed April 9, 1938) 373, 183 (1939).

[28] S. Kiesskalt, H. Tampke, K. Winnacker, and E. Weingaertner, German Patent (filed May 25, 1935) 676, 045 (1939) and German Patent (filed May 8, 1940) 690, 831 (1940).

[29] S. Kiesskalt and E. Borgwardt, German Patent (filed July 10, 1938) 739, 278 (1943).

[30] S. Kiesskalt, *VDI Zeitschr.*, **86**, 752 (1942).

[31] S. Kiesskalt, *VDI Zeitschr.*, **92**, 551 (1950).

[32] S. Kiesskalt, *Kunststoffe*, **41**, 414 (1951).

[33] K. Riess and W. Meskat, *Chem. Ing. Tech.*, **23**, 205 (1951).

[34] K. Riess and R. Erdmenger, *VDI Zeitschr.*, **93**, 633 (1951).

[35] S. Kiesskalt, *Chem. Ing. Tech.*, **38**, 573 (1966).

[36] H. P. Schneider, *Kunststoffe*, **95**, (5) 44 (2005).

[37] H. Ocker, Personal Communication, Werner and Pfleiderer Stuttgart, Germany (ca 1987).

[38] H. Steinmann and F. Heyne, German Patent (filed May 23, 1943) 834, 900 (1951); German Patent (filed April 4, 1944) 846, 012 (1952).

[39] C. Pasquetti, British Patent (filed June 7, 1950) 677, 945 (1952).

[40] A. J. Schaerer, *Kunststoffe*, **44**, 105 (1954).

[41] K. Baigent, *Trans. Plastics Inst.*, (Apr), 134 (1956).

[42] F. C. Schutz, *SPE Journal*, **18**, (Sept.) 1147 (1962).

[43] J. J. Prause, *Plastics Technol.*, (Nov.) 41 (1967), (Feb.) 30 (1968), and (Mar.) 52 (1968).

[44] W. Zielonowski, *Kunststoffe*, **58**, 394 (1968).

[45] W. Predohl in 5th Leobener Kunststoffkolloquium Doppelschnecken-Extruder, p. 66, Lorenz Verlag, Vienna (1978).

[46] F. C. Schutz, *SPE Journal*, **18**, (Sept.) 1147 (1962).

[47] Anonymous, *Plastics (Plastics Institute)*, 5, 80 (1961).

[48] H. W. Selbach, *Plastverarbeiter*, **13**, 595 (1962).

[49] H. W. Selbach, *Kunststoffe*, **52**, 232 (1962).

[50] H. W. Selbach, *Kunststoffe*, **57**, 784 (1967).

[51] H. W. Selbach, U. S. Patent (filed Dec. 5, 1961) 3, 104, 420 (1963).

[52] H. W. Selbach, U. S. Patent (filed June 27, 1966) 3, 407, 438 9 (1968).

[53] F. Burger, W. Hanslick, P. Heilmeyr, and A. Kerschbaumer, *Kunststoffe*, **56**, 278 (1966).

[54] Anonymous, *Kunststoffe*, **57**, 691 (1967).

[55] F. Alber in 5th Leobener Kunststoffkolloquium Doppelschnecken-Extruder, p. 31, Lorenz Verlag, Vienna (1978).

[56] Anonymous, *Kunststoffe*, **67**, 326 (1977).

[57] H. Barth, *Kunststoffe*, **71**, 636 (1981).

[58] T. Sakai and N. Hashimoto, *SPE ANTEC Tech. Papers*, **32**, 360 (1986).

[59] T. Sakai, *SPE ANTEC Tech. Papers*, **33**, 146 (1987).

[60] E. Hack，German Patent (filed Sept. 10，1949) 815，103 (1959).

[61] E. Hack，German Patent (filed Oct 2，1948) 830，167 (1952).

[62] M. B. Sennet，U. S. Patent (filed Sept. 14，1949) 2，548，451 (1952).

[63] F. Kleinlein and M. Bernhardt，U. S. Patent (filed Nov. 23，1951) 2，686，336 (1954).

[64] K. Tanner，*Kunststoffe*，**46**，431 (1956).

[65] Z. Doboczky，*Plastverarbeiter*，**16**，57 (1965).

[66] Z. Doboczky，*Plastverarbeiter*，**16**，395 (1965).

[67] H. Tenner，*Kunststoffberater*，**6**，1 (1976).

[68] W. C. Thiele，*SPE ANTEC Tech. Papers*，**29**，127 (1983).

[69] W. C. Thiele，W. Petrozelli, and D. Lorene，*SPE ANTEC Tech. Papers*，**36**，120 (1990).

[70] W. C. Thiele，W. Petrozelli, and C. Martin，*SPE ANTEC Tech. Papers*，**37**，1849 (1991).

[71] H. Tenner，*Kunststoff Journal*，(Dec.) 102 (1987).

[72] S. Lim and J. L. White，*Int. Polym. Process.*，**9**，33 (1994).

[73] J. W. Cho and J. L. White，*Int. Polym. Process.*，**11**，21 (1996).

[74] H. Komazawa，T. Mori，Y. Ikenaga，H. Hotta，and T. Nakashima，U. S. Patent (filed Aug. 12，1981) 4，390，684 (1983).

[75] W. C. Thiele in Plastics Compounding，edited by D. B. Todd，Hanser，Munich (1998).

[76] W. C. Thiele in Pharmaceutical Extrusion Technology，edited by I. Ghebre-Sellasie and C. Martin，Dekker，New York (2003).

[77] J. Stasiek，*Plasty Kaucuk*，**35**，70 (1998).

[78] J. Stasiek and T. Nieszporek，*Int Polym. Sci. Tech.*，**30**，769 (2003)；*Polimery*，**47**，441 (2002) .

第
8
章

啮合异向双螺杆挤出机的流动机理及建模

8.1 概述

在这一章，将对啮合异向双螺杆挤出机的流动机理进行研究。对这类机器机理的基本认识先于它对聚合物加工技术的应用，显然是出现在公开出版前的专利中。用于塑料加工的这种机器的工程分析始于 1960 年的 G. Schenkel[1] 关于挤出的专著。Schenkel[1] 强调，根据早期研究者，这种机器基本上是一台正位移泵，它的 C 型室随着螺棱向前推移。在 1956～1976 年，不同的学者着重研究了这种机器中的流动机理，这些研究被总结到 Janssen[2] 1978 年出版的专著中，这本书专门研究啮合异向双螺杆挤出机。

在 8.2 节，将开始讨论啮合异向旋转机器的螺杆几何结构以及正位移泵送原理。8.3 节讨论了 C 型室中流动的流体力学。8.4 节讨论了啮合异向双螺杆挤出机中发生的各种漏流。在 8.5 节，描述了啮合异向双螺杆元件的 FAN 模型。8.6 节讨论了熔融过程的建模。8.7 节讨论了积木式啮合异向双螺杆元件的组合模型。8.8 节讨论了螺杆-螺杆-机筒的相互作用。

8.2 螺杆几何结构及正位移泵送原理

啮合双螺杆挤出机包括两根不同螺杆的配合。显然，这包括了相同螺距的螺杆。如果螺杆完全啮合，显然是相同螺槽深度的螺杆。如果两根螺杆同向旋转，它们必须有相同的旋向，即，均是右旋螺杆或者均是左旋螺杆。另一方面，如果两根螺杆异向旋转，它们必须是相反的旋向，一根是右旋螺杆，另一根是左旋螺杆。两根全啮合异向双螺杆的泵送作用长久以来已经是工程师认真对待的一个主题。填充的 C 型室的正向泵送是无疑问的，似乎在 19 世纪和一战前这段时间的专利中已经得到很好的解释。这一机理在 1874 年 Weigand[3] 关于烘烤面团的专利中得到阐述。

"面团进入螺纹之间的螺旋空间，如果使用一根螺杆，面团将随螺杆旋转，除非被这段螺杆摩擦滞留的面团，使用一根右旋或左旋的螺杆，每根螺杆的螺纹在另一根螺杆的空间内相互啮合，面团的旋转才能被避免，并且因螺杆作用被强制纵向向箱体末端 E 型槽输送。"

这个观念在 Holdaway[4] 1915 年的专利中很清晰：

"螺杆 a 和螺杆 b 的周边在啮合圆柱的内部相互接触，然后形成大量的流体腔室，当螺杆运转时，一定量的流体从入口腔室流到出口腔室，再被强制流过出口管。"

关于这类通用机器的进一步关键讨论可追溯到 20 世纪 20 年代[5~7]。Montelius[6] 1929 年的专利中给出的数学分析，阐述了这种机器是如何作为一台正位移泵。我们引述如下：

"美国专利 No 1698802 描述了一种结构，准备作为一种泵或发动机，由两根配对的特殊形状螺杆构成，这两根螺杆具有相反的螺距并以相反的方向旋转，它们被紧紧地固定在一个箱体中。这两根螺杆一起作为一个活塞，当螺杆旋转时，把箱体内的液态流体沿着螺杆轴方向推进。

显然，当螺杆 A 和螺杆 B（见图 8.1）在任意给定的位置上，它们的螺纹形成一个闭合室，关闭箱体的 S 形通道，如一个活塞。当螺杆旋转时，螺杆 B 每转一圈，这个闭合室轴向移动一个螺杆 B 的螺距。那么，被移动的体积相当于一个柱体，这个柱体的底面积等于 S 形通道的横截面积，高度等于螺杆 B 的螺距，然而，还应该减去螺杆同等长度的体积。另一方面，一个螺距长度 L 上的螺杆体积等于一个柱体的体积，这个柱体的底面积等于这根螺杆的总横截面积，长度等于它的螺距。

这个体积移动量可用数学表达，即，螺杆 B 每转一圈移动的体积为：

$$V = S(A_S - G_1 - G_2) \tag{8.1}$$

式中，A_S 是螺杆箱体 S 形通道的横截面积；G_1 是单头螺杆 A 的横截面阴影面积；G_2 是双头螺杆 B 的横截面积，所有这些横截面均按照轴向的右旋角选取；S 是螺杆 B 的螺距。"

在 1927 年的文章中，Kiesskalt[7] 描述了啮合双螺杆泵的向前泵送能力公式如下：

$$Q = NV_C - Q_{leak} \qquad (8.2)$$

式中，V_C 是 C 型室总体积，Q_{leak} 是漏流回流量。

上述段落所表述的概念被 Kisskalt 和他的 I.G 法本公司的同事，以及雷士机械制造公司的 Burghauser 和 Leistritz 所熟知，具体反映在第 7 章（7.3 节）中所讲述的他们的 1935～1945 年合作项目'捏合泵'中。在下面引述的 Burghauser[8] 1936 年专利中可以看到：

"与这项发明相关的捏合泵具有松散啮合的螺杆或蠕动转子的已知特征。然而，已知的旋转泵由固定的螺距和各自转子螺纹的相邻侧翼之间的空隙所构成，这个空隙在整个螺纹长度上保持不变。"

"这项发明的捏合泵（图 7.5）不同于已知设备的最重要特征之一，是蠕动转子或螺杆沿着螺纹长度上有一个不断变化的腔室容积。"

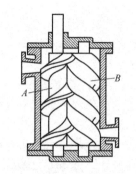

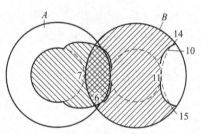

图 8.1　解释啮合异向双螺杆泵运行机理的 Montelius[6] 专利图

这一原理在这一时期的其他专利里也有论述。雷士机械制造公司的研究人员在二战后的专利[9]和文章[10,11]中再次提到这一原理。

第一次在公开发表文献中讨论加工热塑性塑料的啮合异向多螺杆挤出机的是 Schenkel 的专著[1]，他写到：

$$Q = mNV_C \qquad (8.3a)$$

式中，Q 为挤出量；m 为螺杆根数；N 为螺杆转速；V_C 为每根螺杆 C 型室体积。Schenkel[1] 计算了 C 型室体积。雷士公司的 Doboczky[10,11] 对双螺杆机器写到：

$$Q = 2iNV_C \qquad (8.3b)$$

式中，i 为螺纹头数。

按照以下的方法计算 C 型室体积[1]：

$$V_C = V_1 - V_2 - V_3 \qquad (8.4)$$

式中，V_1 是半个机筒的横截面积乘以螺距 S。

$$V_1 = S\left[\left(\pi - \frac{\alpha}{2}\right)R^2 + \sqrt{\left(RH - \frac{H^2}{4}\right)\left(R - \frac{H}{2}\right)}\right] \qquad (8.5a)$$

式中，R 是外半径；H 是腔室的深度；α 是重叠角（弧度）；α 可被表示为：

$$\alpha = 2\tan^{-1}\frac{\sqrt{2DH - H^2}}{D - H} \qquad (8.5b)$$

V_2 表示螺杆根部的体积

$$V_2 = \pi(R-H)^2 S \tag{8.5c}$$

V_3 表示螺棱的体积

$$V_3 = \int_{R-H}^{R} b(r) 2\pi r \mathrm{d}r \tag{8.5d}$$

上述的公式可计算 C 型室的体积，但是计算结果无法用物理意义表述。根据双螺杆挤出机的平展模型，可以写为：

$$V_C = HWL_C \tag{8.6}$$

式中，L_C 为 C 型室的长度。很明显，L_C 与螺杆直径和螺距或螺旋角有关。与环绕另一根螺杆的交叉点之间螺槽物料穿过的长度为：

$$L_C = \frac{\pi D}{\cos\phi} \tag{8.7a}$$

因此，V_C 可以近似地被表达为：

$$V_C = \frac{\pi D H W}{\cos\phi} \tag{8.7b}$$

Montelius[5] 申请的 1924 年瑞典专利和 1925 年美国专利描述了全啮合异向双螺杆挤出机的螺杆详细结构，包括详细的螺棱结构和螺纹头数，这可很好地满足紧配合螺杆的需要。为了实现最佳的泵性能，即，漏流最小，Montelius 认为，如果有两根相配螺杆，1 根螺杆上的螺纹头数 v_1 不应该等于第 2 根螺杆的螺纹头数 v_2。他认为最好的结果是，1 根螺杆是单头螺纹，另一根最好是双头螺纹，即：

$$v_2 = v_1 - 1 \tag{8.8}$$

在这种情况下，如果这两根螺杆直径相同，单头螺纹的螺杆 2 的转速必须是双头螺纹的螺杆 1 转速的两倍。

Montelius[5] 还分析了 n 根螺杆的情况，每根螺杆的头数 v_1 与一个中心螺杆的头数 v_2 相配合。这里，由下式可获得最佳的泵结构：

$$v_2 = n(v_1 - 1) \tag{8.9}$$

在三螺杆泵中，Montelius 认为最佳的方案是，所有的螺杆均为双头的，并且以相同的速度旋转。

对于 n 根类型 1 的螺杆，与 N 根类型 2 的螺杆相配，Montelius 给出：

$$Nv_2 = n(v_1 - N) \tag{8.10}$$

8.3　C 型室中的流场

C 型室中的流体不应当被认为是静止的。它在螺杆和机筒的相对运动的驱动下进行环流。C 型室内的流体也被室内前面和后面的运动的壁面阻隔。C 型室的流动形式已经由 Kim，Skatachkow 和 Jewmenow[12]，Janssen 等人[13] 以及 Wyman[14] 建立了模型。

Janssen 等人[13] 和 Wyman[14] 的模型比较简单，并将在下面叙述。这个模型仅考虑沿螺槽方向上的速度分量。定义速度场的运动方程考虑了螺杆和机筒之间的剪切。如果忽略螺棱对剪切的影响，这个运动方程为：

$$0 = -\frac{\partial p}{\partial x_1} + \frac{\partial \sigma_{12}}{\partial x_2} \tag{8.11a}$$

$$0 = -\frac{\partial p}{\partial x_3} + \frac{\partial \sigma_{32}}{\partial x_2} \tag{8.11b}$$

边界条件：

$$v_1(O) = -V_N \quad v_1(H) = U_1 - V_N \quad 0 = \int_0^H v_1 \, dx_2 \tag{8.12a}$$

$$v_3(O) = 0 \quad v_3(H) = U_3 \quad 0 = \int_0^H v_3 \, dx_2 \tag{8.12b}$$

式中，V_N 是坐标系沿螺槽向前移动的速度，在 C 型室中的相对位置不变。因此：

$$V_N = \frac{\pi D N}{\cos\phi} \tag{8.13}$$

对于牛顿流体，式（8.11）可改写为：

$$0 = -\frac{\partial p}{\partial x_1} + \eta \frac{\partial^2 v_1}{\partial x_2^2} \tag{8.14a}$$

$$0 = -\frac{\partial p}{\partial x_3} + \eta \frac{\partial^2 v_3}{\partial x_2^2} \tag{8.14b}$$

根据式（8.12a，b）的边界条件，求解式（8.14a，b）得：

$$v_1 = -V_N + U_1\left(\frac{x_2}{H}\right) - \frac{1}{2\eta}\frac{\partial p}{\partial x_1}\left[\left(\frac{x_2}{H}\right) - \left(\frac{x_2}{H}\right)^2\right] \tag{8.15a}$$

$$v_3 = U_3\left(\frac{x_2}{H}\right) - \frac{1}{2\eta}\frac{\partial p}{\partial x_3}\left[\left(\frac{x_2}{H}\right) - \left(\frac{x_2}{H}\right)^2\right] \tag{8.15b}$$

因此：

$$q_1 = 0 = \int_0^H v_1 \, dx_2 = -V_N H + \frac{U_1 H}{2} - \frac{H^3}{12\eta}\frac{\partial p}{\partial x_1} \tag{8.16a}$$

$$q_3 = 0 = \int_0^H v_3 \, dx_2 = \frac{U_3 H}{2} - \frac{H^3}{12\eta}\frac{\partial p}{\partial x_3} \tag{8.16b}$$

C 型室中的压力梯度为：

$$\frac{\partial p}{\partial x_1} = -6\eta \frac{\pi DN}{H^2}\left(\frac{2}{\cos\phi} - \cos\phi\right) \tag{8.17a}$$

$$\frac{\partial p}{\partial x_3} = -6\eta \frac{\pi DN\sin\phi}{H^2} \tag{8.17b}$$

由此可知，最高压力在 C 型室储槽底部。

8.4　漏流

8.4.1　概念

啮合双螺杆泵的漏流及其含义已被认识很久。在引述 Kiesskalt[7] 的式（8.5）中描述了它的影响，雷士公司的 Doboczky[10,11] 后来在 1965 年用在现代双螺杆挤出机中的应用更明确地指出了它的影响。Doboczky 将这些漏流划分为：

$$Q = Q_C - Q_{CL} - Q_{PL} - Q_{FL} \tag{8.18}$$

式中，Q_{CL}，Q_{PL}，Q_{FL} 代表不同类型的漏流，Docboczky 将这些漏流描述如下。Q_{CL} 是 "Flankenschleppstrom"（螺杆之间的压延漏流），Q_{PL} 是 "Druckstrom zwischen den Flanken"（压力漏流），Q_{FL} 是 "Leckstrom über die Schneckenstege"（螺棱漏流）。这些漏流被表述在图 8.2 中。Klenk[15~17] 和 Janssen 等人[2,13,18~20] 后来讨论了在啮合异向双螺杆挤出机中的漏流问题。

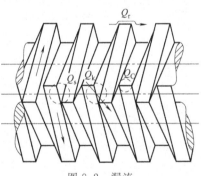

图 8.2　漏流

现在讨论计算每种漏流大小的问题。在接下来三小节中，将分析和预测这些漏流的数值，通常情况下，可认为：

$$Q_{CL} > Q_{PL} > Q_{FL} \tag{8.19}$$

即，压延漏流最大，螺棱漏流最小。

8.4.2　压延漏流（Q_{CL}）

压延漏流表示在螺杆之间缝隙中的流动。Doboczky[10] 和 Janssen 等人[2,13,20] 分析了这种影响，图 8.3 给出了压延漏流影响的示意图。

压延区中的流动可通过力平衡表示：

$$0 = -\frac{\partial p}{\partial x_1} + \frac{\partial \sigma_{12}}{\partial x_2} \tag{8.20}$$

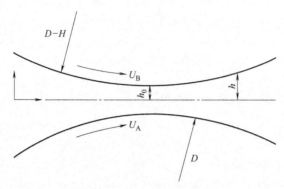

图 8.3 压延漏流

边界条件为:

$$v_1(-h) = U_A \qquad v_1(h) = U_B \tag{8.21}$$

式中，螺杆之间的缝隙 $2h$ 远小于螺槽深度:

$$2h \ll H \tag{8.22}$$

两个螺杆的线性速度 U_A 和 U_B 为:

$$U_A = \pi DN \qquad U_B = \pi(D - H)N \tag{8.23}$$

对于牛顿流体，式 (8.20) 可变为:

$$0 = -\frac{\partial p}{\partial x_1} + \eta \frac{\partial^2 v_1}{\partial x_2^2} \tag{8.24}$$

求解速度场得:

$$v_1(x_2) = \frac{U_A + U_B}{2} + \frac{U_B - U_A}{2}\left(\frac{x_2}{h}\right) - \frac{h^2}{2\eta}\frac{\partial p}{\partial x_1}\left[1 - \left(\frac{x_2}{h}\right)^2\right] \tag{8.25}$$

总流量为:

$$Q_{CL} = W\int_{-h}^{h} v_1(x_2)\mathrm{d}x_2 = (U_A + U_B)Wh + \left(\frac{U_B - U_A}{2}\right)Wh - \frac{2h^3}{3\eta}\frac{\partial p}{\partial x_1} \tag{8.26}$$

为了计算 Q_{CL}，必须对式 (8.26) 积分以获得 Δp。求解中，必须知道作为 x_1 的函数 h。如果用下式估算 (根据 Janssen 等人[13]):

$$h = h_0 + \frac{x_1^2}{2R} \tag{8.27}$$

式中，h_0 是螺棱间隙的最小值; R 为螺杆半径，可对式 (8.26) 积分。Janssen 等人给出:

$$\Delta p = \frac{3}{4}\pi\eta\frac{\sqrt{2Rh_0}}{h_0^3}\left[\frac{3Q_C}{4}\left(\frac{S}{2} - H\tan\psi\right) - (U_1 + U_2)h_0\right] \tag{8.28}$$

式中，S 是螺距；ψ 为螺棱壁倾斜角。Janssen[2] 后来将此式写成：

$$\Delta p = 6\eta \frac{\sqrt{(2R-H)h_0/2}}{h_0^3}\left[-\frac{3iQ_C}{4(S-Bi)}+N\pi(2R-H)h_0\right] \tag{8.29}$$

式中，N 是螺杆转速；i 螺纹头数。

　　后来，Speur，Mavridis，Vlachopoulos 和 Janssen[20] 进行了螺杆之间压延区的数值模拟。这一模拟分析是针对牛顿流体用有限元方法进行的。在压延区的入口处预测到一个涡流。计算结果显示，涡流强度只由相对输出量值决定，对于这些作者考察的结构，当相对输出量超过 24% 时涡流消失。

　　Speur 等人[20] 对幂律流体模型进行了计算，并发现剪切变稀流体能抑制涡流的发生。

8.4.3　压力流漏流（Q_{PL}）

　　Doboczky[10] 和 Janssen 等人[2,13] 已经分析了反向通过螺棱两侧之间的四面体缝隙的压力流，Janssen 等人用下式表示这种漏流：

$$Q_{PL} = 0.0026\frac{1}{\eta}\left(\frac{H}{D}\right)^{1.8}\psi^2 D^3 \Delta p \tag{8.30}$$

这个公式似乎已经被实验研究，ψ 为螺棱侧壁的斜率（弧度），D 是螺杆直径，Δp 是相对 C 型室之间的压力差。

8.4.4　螺棱漏流影响（Q_{FL}）

　　在这一节中，介绍通过 C 型室螺棱顶端的漏流。如在单螺杆挤出机中的漏流（3.4 节），这是由于通过螺棱顶端的拖曳流和压力流的组合效应。对通过螺棱漏流的分析至少可以追溯到 Mohr 和 Mallouk[21] 对单螺杆挤出机的研究和 Doboczky 和 Janssen 等人[13] 对啮合异向双螺杆挤出机的研究。它的速度场是垂直于螺棱的速度分量 v_3。这种 v_3 速度场的表达式由式（8.15b）中给出。

　　通过宽度为 e 的螺棱顶端的螺棱漏流量 Q_{FL} 为：

$$Q_{FL} = \int_0^{L_C}\int_0^{\delta_F} v_3\,\mathrm{d}x_2\,\mathrm{d}x_1 = \frac{1}{2}UL_C\delta_F\sin\phi + \frac{L_C\delta_F^3}{12\eta}\frac{\Delta p_f}{e} \tag{8.31}$$

这里，Δp_f 是由横过螺槽的压力分布引起的通过单个螺棱上的压力降，这个压力分布从螺杆轴到机头逐渐增大，这可由式（8.17b）估算。

8.5　在模块元件中流场的 FAN 模型

　　1998～1999 年，Hong 和 White[23,24] 发表了啮合异向双螺杆挤出机单个元件的流场分析网格（FAN）模型。在 5.3 节中描述的相同的基本方法被用于啮合异向双螺杆挤出机中的流场分析，但是因几何结构采用的是柱坐标。根据 8.2 节所述的正位移效应，这种方法被修正，以便包涵它的使用范围。特别是，他们写到：

在螺杆和机筒之间（区域 I）

$$q_\theta^I(\theta-\Delta\theta,z)\Delta z+q_z^I(\theta,z-\Delta z)R_{CH}\Delta\theta=$$
$$q_\theta^I(\theta+\Delta\theta,z)\Delta z+q_z^I(\theta,z+\Delta z)R_{CH}\Delta\theta \tag{8.32}$$

其中

$$q_\theta=\int_{R_i}^{R_0}v_\theta\mathrm{d}r \quad q_z=\frac{1}{R_{ch}}\int_{R_i}^{R_0}rv_z\mathrm{d}r \tag{8.33a, b}$$

Bang 和 White[25] 对相切式异向双螺杆挤出机早已提出了这类公式（见 11.4 节）。

在螺杆之间的入口区（区域 I~区域 II）：

$$q_\theta^{IR}(\theta-\Delta\theta,z)\Delta z+q^{IL}(\theta-\Delta\theta,z)\Delta z+q_z^I(\theta,z-\Delta z)R_{CH}\Delta\theta=$$
$$q_\theta^{II}(\theta+\Delta\theta,z)\Delta z+q_z^{II}(\theta,z+\Delta z)R_{CH}\Delta\theta \tag{8.34}$$

式中，上标 I 表示区域 I 的通量，上标 II 表示区域 II 的通量，上标 IL 表示左旋螺杆，上标 IR 表示右旋螺杆。R_{CH} 是特征半径，如螺杆半径。

在螺杆之间的区域：

$$q_\theta^{II}(\theta-\Delta\theta,z)\Delta z+U_\theta(R_0-R_i)(\theta-\Delta\theta,z)+q_z^{II}(\theta,z-\Delta z)R_{CH}\Delta\theta=$$
$$q_\theta^{II}(\theta+\Delta\theta,z)\Delta z+U_\theta(R_o-R_i)(\theta+\Delta\theta,z)+q_z^{II}(\theta,z+\Delta z)R_{CH}\Delta\theta \tag{8.35}$$

式中，$U_\theta(R_o-R_i)$ 项代表正位移影响，一个类似于式（8.34）的公式被用于表示离开啮合区的出口流场。

通过如式（8.33a，b）和运动方程的方法，建立起通量 q_j 与螺杆转速和局部压力梯度之间的关系：

$$0=-\frac{1}{r}\frac{\partial p}{\partial\theta}+\frac{1}{r^2}\frac{\partial}{\partial r}(r^2\sigma_{\theta r})$$
$$0=-\frac{\partial p}{\partial z}+\frac{1}{r}\frac{\partial}{\partial r}(r\sigma_{zr}) \tag{8.36 a, b, c}$$
$$0=-\frac{\partial p}{\partial r}$$

其中

$$\sigma_{\theta r}=\eta r\frac{\partial}{\partial r}\left(\frac{v_\theta}{r}\right)$$
$$\sigma_{zr}=\eta\frac{\partial v_z}{\partial r} \tag{8.37 a, b}$$

因此，公式（8.32）到（8.35）是求解机筒内压力场的有限差分方程，可以被用于计算螺杆特征曲线：

$$Q^* = \frac{Q}{2WH}; \quad \Delta p^* = \frac{H^2 \cos\theta}{12K\pi DN}\frac{\Delta p}{L} \qquad (8.38)$$

他们建模所用的雷士啮合异向旋转 GG 元件如图 8.4 所示。图 8.5 给出这类元件的螺杆特征曲线。我们发现，这些泵送特征曲线要远好于相切式异向挤出机或同向双螺杆挤出机。厚螺棱元件的泵送特征最好。

对非牛顿流体进行计算也是可能的。Hong 和 White[24] 介绍了对幂律流体的计算，其中 n 为幂律指数。确定螺杆特征曲线形式为：

$$Q^* = \frac{Q}{2WH}; \quad \Delta p^* = \frac{H^{n+1}\cos\theta}{2K(\pi DN)^n}\frac{\Delta p}{L} \qquad (8.39)$$

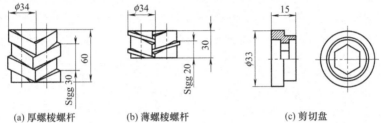

(a) 厚螺棱螺杆　　　(b) 薄螺棱螺杆　　　(c) 剪切盘

图 8.4　Hong 和 White[23,24] 建模所用的雷士啮合异向双螺杆模块

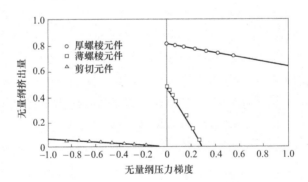

图 8.5　Hong 和 White[23] 计算的牛顿流体的螺杆特征曲线

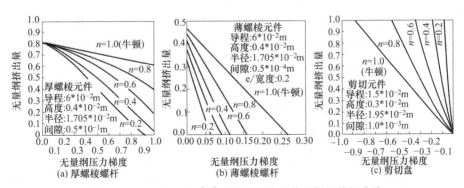

(a) 厚螺棱螺杆　　　(b) 薄螺棱螺杆　　　(c) 剪切盘

图 8.6　Hong 和 White[24] 计算的幂律流体的螺杆特征曲线

图（8.6 a，b，c）给出了幂律流体的螺杆特征曲线，这些曲线表明，随着幂律指数的减小，泵送能力降低。

8.6 熔融模型

关于啮合异向双螺杆挤出机的熔融研究很少。在 20 世纪 80～90 年代，Janssen[2]，Sakai 等人[26]，Lim 和 White[27]，Cho 和 White[28] 已经研究了在这些机器中的熔融。他们指出，一般而言，这类机器的熔融区比单螺杆挤出机的熔融区短。Janssen 指出，熔融开始于漏流间隙中，而不是机筒上，如在单螺杆挤出机中发现的那样。2001 年，Wilczynski 和 White[29] 第一次较全面地研究了熔融，他们认为，螺杆之间的压延区是开始熔融的主要位置。螺杆和机筒之间是熔融的第 2 个区域。2003 年，在 Wilczynski 和 White[30] 的第 2 篇文章中，第 1 次对这种行为尝试建立模型。由螺杆之间的压延做功而产生的热量为：

$$\sigma_{xz}(2\pi R)WR\theta = G_P\Delta\overline{H} + h_s WR\theta(T_P - T_s) \tag{8.40}$$

如果颗粒融化，比焓 $\Delta\overline{H}$ 增加：

$$\Delta\overline{H} = C_s(T_m - T_s) + \lambda + C_m(T_f - T_m) \tag{8.41}$$

式中，λ 是熔融潜热，从机筒的第 2 个位置传热的模型包括了热通量的形式为：

$$q = h_b(T_b - T_m) + \frac{\eta(\pi DN\cos\theta)^2}{H_m} \tag{8.42}$$

式中，H_m 是熔融层厚度。

这两种熔融机理同时发生，而压延缝隙机理起主导作用。

8.7 积木式啮合异向双螺杆挤出机的组合模型

对将计量区、熔融区和固体输送区结合的组合模型的关注很少。Hong 和 White[24] 对这类机器的熔融区已经考虑了这个问题。指定挤出量并与机头特征曲线一起确定螺杆头部的压力。然后使用已经确定的螺杆特征曲线（Qvs. Δp）反向计算沿螺杆的压力梯度。Hong 和 White 在他们的分析中没有包括熔融区和固体输送区。这些作者用能量平衡方程式对组合流场的分析为：

$$\rho c\frac{\mathrm{d}\overline{\overline{T}}}{\mathrm{d}x_1} = -[h_b W_b(\overline{\overline{T}} - T_b) + h_s W_s(\overline{\overline{T}} - T_s)] +$$

$$[\sigma_{12}(H)U_1 + \sigma_{32}(H)U_3]W_b - Q\frac{\mathrm{d}p}{\mathrm{d}x} \tag{8.43}$$

图 8.7 给出了研究所用的雷士积木式啮合异向双螺杆挤出机的积木式螺杆。图 8.8a，b，c 给出了沿螺杆预测的填充系数、压力分布和温度分布。

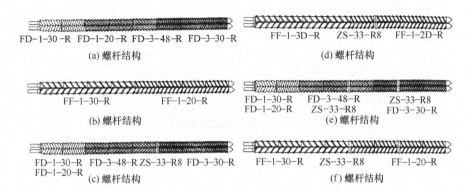

(a) 螺杆结构　　　　　　　　　(d) 螺杆结构

(b) 螺杆结构

(e) 螺杆结构

(c) 螺杆结构　　　　　　　　　(f) 螺杆结构

图 8.7　Hong 和 White[24] 建模用的雷士积木式螺杆

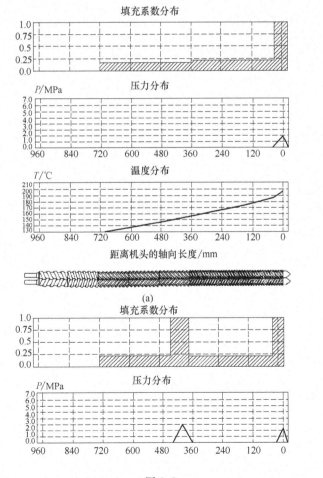

图 8.8

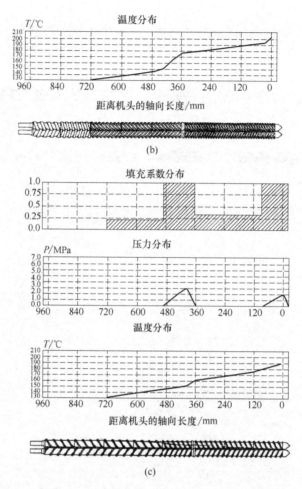

图 8.8 Hong 和 White[24] 对图 8.7 中积木式螺杆计算
的填充系数、压力分布和温度分布
(a) 对螺杆结构 1 预测的压力、填充系数和温度分布；(b) 对螺杆结构 2 预测的压力、填充系
数和温度分布；(c) 对螺杆结构 3 预测的压力、填充系数和温度分布

最近，Wilczynski 等人[31] 已经探索研发了一种模型，其中包含了熔融和固体输
送以及机头前的熔体流动。他们假定计量饥饿喂料而不是充满喂料。他们认可沿
螺杆长度上 C 型室的作用，并提出这种作用可以控制如 Doboczky[11] 描述的计量
喂送颗粒床或粉体床，这些颗粒床或粉体床应该有较低的密度。这会导致压实熔
融区上喂送的聚合物和非充满流动。这一模型类似于第 5 章所介绍的积木式同向
双螺杆挤出机的模型[32,33]。

最近，Jiang 和 white 等人[34,35] 已经拓展了 Wilczynski 等人[31] 的这些努力，
可行的计算机软件已被用于计算饥饿喂料和充满喂料的情况。

8.8　螺杆-螺杆-机筒的相互作用

在高速条件下不可能运行啮合异向双螺杆挤出机。这是因为在螺杆之间产生的高压将螺杆推向机筒。这会导致被称为机筒磨损中的"8点～10点效应",机筒在这一位置被磨损。

White 和 Adewale[36]已经探索用对悬臂梁的伯努利分析,建立螺杆弯曲模型来解决这个问题。考虑一对平行相同的悬臂梁(代表双螺杆)局部横截面惯性矩 $I(x)$,在两平行悬臂梁之间存在压力分布 $p(x)$。由扭矩平衡得:

$$M = EI \frac{\mathrm{d}^2 y}{\mathrm{d}x^2} \tag{8.44}$$

式中,E 是杨氏模量;y 是挠度。求解式(8.44)可得挠度:

$$y = \iint \frac{M}{EI}(x)\mathrm{d}x'\mathrm{d}x'' + C_1 x + C_2 \tag{8.45}$$

如果 E 和 I 沿轴向为常数,以及 M 是由均布压力引起的,因此,在任意位置 x 处,这个扭矩为 $pC(L-x)$,其中,C 为周长分数,L 为螺杆长度。

$$y(x) = \frac{pC}{EI} \left[Lx^2 - \frac{x^3}{2} \right] \tag{8.46}$$

最大挠度在轴端

$$y(L) = \delta = \frac{pCL^3}{EI} \tag{8.47}$$

参考文献

[1]　G. Schenkel, "Kunststoffe Extrudertechnik"; Hanser, Munich (1963).

[2]　L. P. B. M; Janssen, "Twin Screw Extrusion"; Elsevier, Amsterdam (1976).

[3]　S. L. Wiegand, U. S. Patent (filed April 28, 1874) 155, 602 (1874).

[4]　W. S. Holdaway, U. S. Patent (filed June 2, 1915) 1, 218, 602 (1917).

[5]　C. O. J. Montelius, U. S. Patent (filed March 20, 1925) 1, 698, 802 (1929).

[6]　C. O. J. Montelius, U. S. Patent (filed March 1, 1929) 1, 965, 557 (1934).

[7]　S. Kiesskalt, *Zeit VDI*, **71**, 453 (1927).

[8]　F. Burghauser, U. S. Patent (filed November 24, 1936) 2, 115, 006 (1938).

[9]　E. Hack, German Patent (filed August 2, 1951) 815, 103 (1951).

[10]　Z. Doboczky, *Plastverarbeiter*, **16**, 57 (1965).

[11]　Z. Doboczky, *Plastverarbeiter*, **16**, 395 (1965).

[12]　W. S. Kim, W. W. Skatschkow, and S. D. Jewmenow, *Plaste u Kautschuk*, **20**, 696 (1973).

[13]　L. P. B. M. Janssen, L. P. H. R. M. Mulders, and J. M. Smith, *Plast. Polym.*, **43**, 93 (1975).

[14]　C. E. Wyman, *Polym. Eng. Sci.*, **15**, 606 (1975).

[15]　K. P. Klenk, *Plastverarbeiter*, **22**, 33 (1971).

[16] K. P. Klenk，*Plastverarbeiter*，**22**，105（1971）.

[17] K. P. Klenk，*Plastverarbeiter*，**22**，189（1971）.

[18] L. P. B. M. Janssen，J. J. Pelgrom，and J. M. Smith，*Kunststoffe*，**66**，724（1976）.

[19] L. P. B. M. Janssen and J. M. Smith，*Plastics and Rubber Proc.*，**44**，90（1976）.

[20] J. A. Speur，H. Mavridis，J. Vlachopoulos，and L. P. B. M. Janssen，*Adv. Polym. Tech.*，7，39（1987）.

[21] W. D. Mohr and R. S. Mallouk，*Ind. Eng. Chem.*，**51**，765（1959）.

[22] J. L. White and A. Adewale，*Int. Polym. Process*，**8**，210（1993）.

[23] M. H. Hong and J. L. White，*Int. Polym. Process*，**13**，342（1998）.

[24] M. H. Hong and J. L. White，*Int. Polym. Process*，**14**，136（1999）.

[25] D. Bang and J. L. White，*Int. Polym. Process*，**11**，109（1996）；*ibid* **12**，778（1997）.

[26] T. Sakai，N. Hashimoto and N. Kobayoshi，*SPE ANTEC Tech. Papers*，**33**，146（1987）.

[27] S. Lim and J. L. White，*Int. Polym. Process*，**9**，33（1994）.

[28] J. W. Cho and J. L. White，*Int. Polym. Process*，**11**，21（2001）.

[29] K. Wilczynski and J. L. White，*Int. Polym. Process*，**16**，257（2001）.

[30] K. Wilczynski and J. L. White，*Polym. Eng. Sci.*，**43**，1715（2003）.

[31] K. Wilczynski，Q. Jiang and J. L. White，*Int. Polym. Process.*，**22**，198（2007）.

[32] S. Bawiskar and J. L. White，*Int. Polym. Process*，**12**，331（1997）.

[33] J. L. White，J. M. Keum，H. Jung，K. Ban and S. H. Bumm，*Polym Plast. Technol. Eng.*，**45**，539（2006）.

[34] Q. Jiang，Ph. D. Dissertation in Polymer Engineering，University of Akron（2008）.

[35] Q. Jiang and J. L. White，manuscript in preparation（2008）.

[36] J. L. White and A. Adewale，*Int. Polym. Process*，**10**，15（1995）.

第
·

9

·
章
·

啮合异向双螺杆挤出机的实验研究

9.1 概述

现在开始讨论物料在啮合异向双螺杆挤出机中流动的实验研究。对这方面研究的文献相对较少。此外,这类的实验研究已经跟不上机械技术的发展。但是,这些实验研究已经使得这类流动特征的某些方面比较清晰。在这一章里,将介绍这些研究成果。

在9.2节,将总结流场可视化的研究,探究流体运动的特征。9.3节研究了泵送特征。9.4节总结了停留时间分布的研究。9.5节研究了固体床熔融。9.6节分析了分散混合。

9.2 流场可视化

Jewmenow 和 Kim[1],Janssen 和 Smith[2~4] 以及 Sakai[5] 已经报道了啮合异向双螺杆挤出机的流场可视化研究,这些研究都证实了正位移泵的运动特征。

Jewmenow 和 Kim[1] 通过在双螺杆挤出机上放置一个可视化窗口来进行研究。铝粉示踪粒子被加入到聚异丁烯过程流体中。通过这个窗口进行拍照,用于确定流线。Janssen 和 Smith[2~4] 在透明有机玻璃机筒的挤出机上使用水溶性聚乙烯吡咯烷酮溶液进行研究。Sakai[5] 也做了相似的研究。

9.3 泵送特征

实验研究啮合异向双螺杆泵和挤出机[4~18]的泵送特征已有很长的历史。在 1927 年的一篇文章中，Kiesskalt[6] 研究了黏性牛顿油的泵送，其结论如下：

$$Q = V_C N - Q_{leak}(\Delta p) \tag{9.1}$$

即，间隙之间存在着一个依赖压力的漏流。

雷士公司的 Doboczky[8,9] 最早对一种聚合物熔体进行了这类研究，他收集了大量的不同双螺杆挤出机的数据。Doboczky 用式（8.3b）比较了这些挤出量数据，重复这一公式：

$$Q = 2iNV_C \tag{9.2}$$

被用于这类机器的正位移泵挤出量计算。Doboczky 发现，观测的挤出量与理论值的比值变化范围大约从 $50\%\sim90\%$，平均值为 70%。Doboczky 也指出，相同尺寸和螺杆转速的双螺杆挤出机的挤出量大约是单螺杆挤出机的 3 倍。

对聚合物熔体的泵送特征的第 2 个研究是 Menges 和 Klenk 等人[11~13]在 Schloemann 公司的 Pasquetti 的 Bitruder 挤出机上用聚氯乙烯进行的。这项研究指出，挤出量正比于螺杆转速。并发现实验挤出量与理论预测值［式（9.2）］的比值在 $37\%\sim41\%$ 的范围内。这一结果仅取决于螺杆转速。

第 3 个研究是 1976 年 Janssen 和他的同事[17]进行的，也用了一台 Pasquetti 型的挤出机。它的螺杆直径为 47.7mm，有效螺杆长度为 360mm。研究的材料

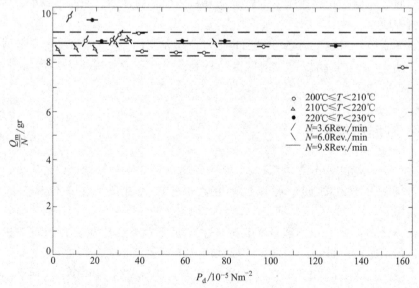

图 9.1　聚丙烯挤出的比挤出量（质量）与机头压力的关系，Janssen 等人[17]

是聚丙烯。机头压力从 3～60 个标准大气压（1atm＝101325Pa）。挤出量随着螺杆转速 N 呈线性增加。在宽的熔融温度和螺杆转速的范围上，比挤出量 Q/N 似乎与压力无关，如图 9.1 所示。

Jessen 等人[17,18] 在他们的研究中假设，压力变化与饥饿喂料量的关联度要大于这种机器的操作参数。通过在稳定条件运行时停止双螺杆挤出机、冷却后移走机筒的方法，表征饥饿喂料的程度。在图 9.2 和 9.3 中总结了 Jessen 等人的

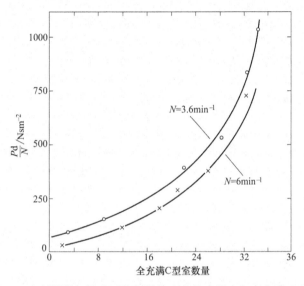

图 9.2　在不同螺杆转速下聚丙烯挤出的机头压力与全充满 C 型室数量之间的关系，Janssen 等人[17,18]

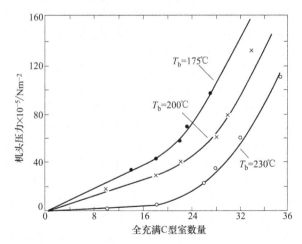

图 9.3　较高温度下聚丙烯挤出的机头压力与全充满 C 型室数量之间的关系，Janssen 等人[17,18]

实验结果。在较高螺杆转速和较高温度下获得的数据显示，压力降较低。

Hong 等人[19]实验测定了用雷士积木式啮合异向双螺杆挤出机使用的三种模块元件的泵送特征曲线（见 7.12 节），图 9.4a，b，c 给出了这些实验特征曲线和 Hong 和 White[20]所做的这些元件的模拟特征曲线（见 8.5 节）。模拟与实验结果很吻合。

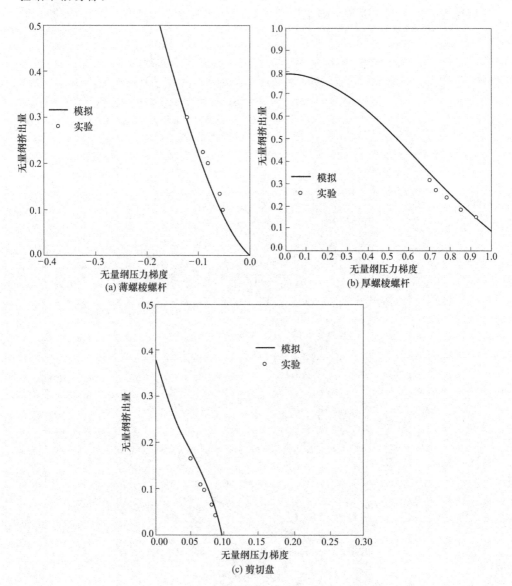

图 9.4　用雷士啮合异向旋转模块元件测量和模拟的无量
纲螺杆特性曲线，Hong 等人[19,20]

9.4 停留时间分布

对啮合异向双螺杆挤出机的停留时间分布进行实验研究的作者有 Sa-kai[5,16]，Janssen，Hollander，Spoor 和 Smith[2,18]，Rauwendaal[21]，Wolf，Holen 和 White[22]，Potente 和 Schultheis[23] 以及 Shon 等人[24]。

图 9.5 总结了 Sakai[5,16] 的研究结果。此图显示，啮合异向双螺杆挤出机的停留时间分布比单螺杆挤出机窄得多。Sakai 将这一结果与 C 型室机理和自洁式螺杆联系起来，在单螺杆挤出机中，由于螺杆表面的滞留层导致物料停留更长的时间。图 9.5 也给出了第 6 章讨论的啮合同向双螺杆挤出机的数据和没有明确定义的啮合双螺杆结构的数据。

在 Janssen 等人[18] 的研究中，将一股含有放射性的 MnO_2 的流体注入双螺杆挤出机的聚丙烯中，用闪烁性晶体检测从 ^{56}Mn 到 ^{56}Fe 的衰减，可得到相同的结果。Janssen 等人根据出口的衰减分布给出了他们的结论，如图 9.6 所示。

Wolf 等人[22] 也用放射性 MnO_2 示踪粒子，并应用到克劳斯玛菲公司的 KMD90 机器（螺杆直径为 90mm）上。Wolf 等人所描述的这种机器当时正被 Kafrit 工业公司（Kibbutz Kfar Aza，以色列）用于聚氯乙烯的商业挤出。

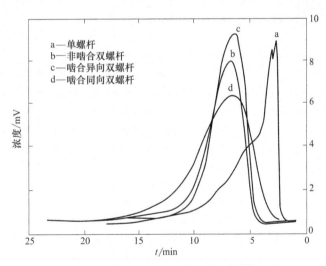

图 9.5 Sakai 的停留时间分布[5,16]

Rauwendaal[21] 用氧化锑示踪粒子（可被 X 射线荧光检测），在雷士 LSM GG30/34 挤出机（螺杆直径 34mm）上进行实验。他发现，其停留时间分布比同向双螺杆挤出机的更窄。

1999 年，Shon 等人[24] 对比了 4 种连续混炼机的停留时间分布。与积木式

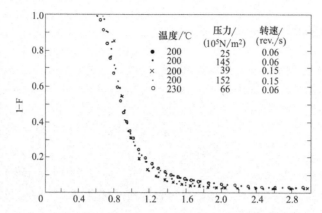

图 9.6　从 Pasquetti 啮合异向双螺杆挤出机挤出聚丙烯的出口衰
减分布，Janssen 等人[18]（引自：AIChE 期刊）

同向双螺杆挤出机和布斯往复式单螺杆混炼机相比，雷士 LSM GG30/34 啮合异向双螺杆挤出机的停留时间分布最窄。所有的研究者已经发现，啮合异向双螺杆挤出机的停留时间分布窄于单螺杆挤出机或同向双螺杆挤出机。

9.5　熔融现象

对啮合异向双螺杆挤出机熔融的实验研究数量很少。Janssen[4] 几乎是第一位研究这种机器熔融过程的研究者。他指出，在啮合异向双螺杆挤出机上发生熔融的速率更快于单螺杆挤出机，似乎始于间隙中。

在 20 世纪 80 年代，Sakai[25,26] 继续他的研究。他也观察到，在啮合异向双螺杆挤出机的熔融速率远快于同向双螺杆挤出机。

在最近一篇比较啮合同向双螺杆挤出机和异向双螺杆挤出机的文章中，Lim 和 White[27] 也指出，啮合异向双螺杆挤出机中的熔融速率远快于同向双螺杆挤出机。这个结论最近也被 Cho 和 White[28] 发现。

Wilczynski 和 White[29] 目前确认了熔融开始的位置发生在螺杆之间的压延间隙中。由加热的机筒表面诱导的熔融是熔融开始的次要因素。他们的结论是，在压延区颗粒吸收的激烈的机械能是引发熔融的主要原因。

9.6　分散混合

在 20 世纪 80 年代中期，Sakai，Hashimoto 和 Kobayoshi[16] 第 1 次研究了不同类型啮合异向双螺杆挤出机对分散填料的相对能力。他们在配有螺杆和捏合块的日本制钢（JSW）TEX 挤出机上研究了滑石粉和玻纤的混合。他们指出，与自洁式同向挤出机相比，啮合异向双螺杆分散小颗粒的滑石粉更好，但在很大程度上破坏了玻纤。

在 1983～1991 年发表的一篇文章中，Thiele 和美国雷士公司的同事们[30~32]介绍了配有雷士元件的啮合异向双螺杆挤出机（图 7.14）和自洁式同向双螺杆挤出机的相对混合特征，发现它们是相似的。在 1993 年，Lim 和 White[27]发表了关于雷士啮合异向双螺杆挤出机共混特征的研究，用不同螺纹模块结构研究聚乙烯-尼龙共混物。他们发现，啮合异向双螺杆挤出机可得到最好的相态结构。在 1996 年的一篇文章中，Cho 和 White[28]对比了在日本制钢积木式啮合异向双螺杆挤出机和自洁式同向双螺杆挤出机中聚乙烯和聚苯乙烯熔体的共混。他们得到了相似的结论。

在 1999 年发表的一篇文章中，Shon 和 White[33]对比了在雷士 LSM GG 30/34 啮合异向双螺杆挤出机、积木式同向双螺杆挤出机和布斯往复式单螺杆混炼机中玻纤的破损。在啮合异向双螺杆挤出机中玻纤的破损最严重。

在 2005 年，Shon 等人[34]发表了一项研究，用一台雷士 L SM GG30/34 啮合异向双螺杆挤出机、一台啮合同向双螺杆挤出机、一台布斯往复式单螺杆混炼机和一台 Kobelco Nex-T 机器，比较了碳酸钙在聚丙烯中的分散混合。在啮合异向双螺杆挤出机中分散混合效率最高。他们通过式（6.7）的动力学表达式表述了他们的分散混合数据。

很显然，对于添加剂、聚合物共混物和颗粒填充物而言，雷士 GG 挤出机是最强和高效的混炼机，但对玻璃纤维的破损也是最严重的。

参考文献

[1] S. D. Jewmenow and W. S. Kim, *Plaste u Kautschuk*, **20**，356（1973）.

[2] L. P B. M. Janssen and J. M. Smith, Proceedings of the Congress on Polymer Rheology and Plastics Processing，PRI/BSR，Loughborough，p. 160，September 1975.

[3] L. P. B. M. Janssen and J. M. Smith, *Plastics and Rubber：Processing*，p. 90（1976）.

[4] L. P. B. M. Janssen, Twin Screw Extrusion, Elsevier，Amsterdam（1978）.

[5] T. Sakai, *Góse Jushi*，**29**，7（1978）.

[6] S. Kiesskalt, *Zeit VDI*，**71**，453（1927）.

[7] H. W. Selbach, *Plastverarbeiter*，**13**，595（1962）.

[8] Z. Doboczky, *Plastverarbeiter*，**16**，57（1965）.

[9] Z. Doboczky, *Plastverarbeiter*，**16**，395（1965）.

[10] H. Markhenkel, *Kunststoffe*，**55**，363（1965）.

[11] G. Menges and K. P Klenk, *Plastverarbeiter*，**17**，791（1966）.

[12] K. P. Klenk, *Plastverarbeiter*，**22**，33（1971）.

[13] K. P. Klenk, *Plastverarbeiter*，**22**，105（1971）.

[14] J. Stasiek, *Plaste u Kautschuk*, **21**, 207 (1974).

[15] L. P B. M. Janssen, L. P H. R. M. Mulders, and J. M. Smith, *Plastics Polymers*, **43**, 93 (1975).

[16] T. Sakai, N. Hashimoto, and N. Kobayoshi, *SPE ANTEC Tech Papers*, **33**, 146 (1987).

[17] L. P. B. M. Janssen, J. L. Pelgrom, and J. M. Smith, *Kunststoffe*, **66**, 724 (1976).

[18] L. P. B. M. Janssen, R. W. Hollander, M. W. Spoor, and J. M. Smith, *AIChE J.*, **25**, 345 (1979).

[19] M. H. Hong, Q. Jiang and J. L. White, *Int. Polym. Process.*, **23**, 88 (2008).

[20] M. H. Hong and J. L. White, *Int. Polym. Process.*, **14**, 136 (1999).

[21] C. Rauwendaal, *SPE ANTEC Tech. Papers*, **38**, 618 (1981).

[22] D. Wolf, W. Holen, and D. H. White, *Polym. Eng. Sci.*, **26**, 640 (1986).

[23] H. Potente and S. M. Schultheis, *Int. Polym. Process.*, **4**, 247 (1989).

[24] K. Shon, D. H. Chang, and J. L. White, *Int. Polym. Process.*, **14**, 44 (1999).

[25] T. Sakai, Japan Steel Works (JSW) Technical Report 41.

[26] T. Sakai and N. Hashimoto, *SPE ANTEC Tech. Papers*, **32**, 360 (1986).

[27] S. Lim andJ. L. White, *Int. Polym. Process.*, **9**, 33, (1994).

[28] J. W. Cho and J. L. White, *Int. Polym. Process.*, **11**, 21 (1996).

[29] K. Wilczynski and J. L. White, *Int. Polym. Process.*, **16**, 257 (2001).

[30] W. C. Thiele, *SPE ANTEC Tech Papers*, **29**, 127 (1983).

[31] W. C. Thiele, W. Petrozelli, and D. Lorenc, *SPE ANTEC Tech. Papers*, **36**, 120 (1990).

[32] W. C. Thiele, W. Petrozelli, and C. Martin, *SPE ANTEC Tech. Papers*, **37**, 1899 (1991).

[33] K. Shon and J. L. White, *Polym. Eng. Sci*, **39**, 1157 (1999) .

[34] K. Shon, D. Liu, and J. L. White, *Int, Polym. Process*, **20**, 322 (2005) .

第 **10** 章

非啮合异向双螺杆挤出技术

10.1　概述

从概念和机械的角度，非啮合（或相切式）异向双螺杆挤出机是最简单的双螺杆挤出机。自 20 世纪中叶以来，非啮合异向双螺杆挤出机已经发展成为重要的商业机械。因此，这里首先介绍双螺杆挤出机技术的发展历史。

如同第 4 章和第 7 章一样，本章将从历史的角度讲述非啮合异向双螺杆挤出机的发展过程。这类机械一般由左旋和右旋螺杆构成，异向旋转向前输送被加工的物料。然而，这些螺杆比由向前泵送的等螺距螺纹状元件简单构成的螺杆更复杂。10.2 节总结了此项技术的早期发展情况。10.3 节介绍了 20 世纪 40 年代末由焊接工程师公司（Welding Engineers）研发的一款商业化机器。10.4 节讨论了这种焊接工程师公司机器的应用。10.5 节介绍了锥形双螺杆机器。10.6 节介绍了 WP 公司 Kammerkneter 挤出机，在它的螺槽中有叶片结构。10.7 节介绍了可调节流双螺杆挤出机。10.8 节介绍了带有反向泵送螺纹的机器。

10.2　发展史

有几项早期专利，描述带有平行非啮合异向螺杆或螺杆段的双螺杆机器[1~4]。这些设备通常具有转子段，最好可被认为是连续混炼机，将在第 13 章中介绍。Loomis[4] 在 1929 年的一项专利中，描述了一种反向泵送的平行螺杆机器。10.8节将介绍这种机器。

10.3 焊接工程师公司机器

20世纪30年代，美国宾州诺里斯（Norristown）的焊接工程师公司最先致力于非啮合异向双螺杆挤出机的研发。焊接工程师公司是由Hendrickson家族于20世纪20年代创立的，制造金属结构。L. J. Fuller在研发他们的非啮合异向双螺杆机器中起着关键作用。这些机械最初是由2～6根螺杆构成，主要被用于处理树胶、黏土、催化剂（用于航天汽油）。螺杆直径最高可达350mm。二战期间，这些双螺杆机械开始被用于热塑性塑料的加工。这类机器被称为"混合机"。在一项1943年申请和1948年授权的专利中，Fuller[9]提到了一种相切式异向双螺杆挤出机（图10.1）。螺棱按照专利图相配。这种设备的应用被强调作为一台共混机，其中一根螺杆较另一根螺杆长，这有利于在双螺杆区的前后段建压。根据这项专利，双螺杆仅存于中间的共混区。

在1945年第2项专利申请中，Fuller[10]介绍了含有正向和反向泵送螺纹元件区段的螺杆轴（图10.2）。与单螺杆段相比，它的双螺杆段的相对长度增加。由Fuller引入的这种反向泵送元件可以控制压力分布和停留时间以及脱挥的应用。Fuller指出，沿机器轴向上的第2个口是排出蒸汽的。他指出，这个口也可被用于向双螺杆机器加入添加剂。在Fuller的专利中显示，一根螺杆较另一根螺杆长，这可在机头前建立增压段。Fuller也分析了，（i）螺杆之间的半渗透区，（ii）以Loomis[4]方式的元件组合，即两根螺杆配有右旋元件，（iii）在机筒中的分流道。这种结构如图10.3所示。这种结构允许流体以一种复杂的循环流方式，沿着机器从一根螺杆到另一根螺杆流动。Fuller1945年的专利包含了现代焊接工程师机器的基础，但也包含了更多的精妙概念。Fuller纳入了在螺杆轴上的几种元件组合，在相同轴向位置上有不同螺距的元件。Fuller强调了脱挥的应用和讨论了他的机器在干燥合成橡胶中的应用。

Fuller[9]在1943年专利申请中给出了螺棱的相配位置（图10.1），而在他的1948年专利申请[10]中，展示了螺棱的错列结构（图10.2和图10.3）。焊接工程

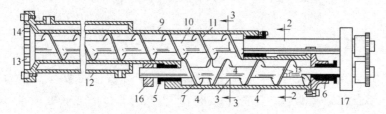

图10.1　原始相切式异向双螺杆挤出机，焊接工程师公司的Fuller1943年专利申请[9]

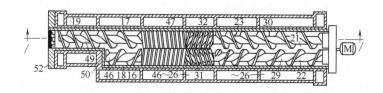

图 10.2　配有螺棱模块元件的相切式异向双螺杆挤出机，焊接工程
师公司的 Fuller1943 年专利申请[10]

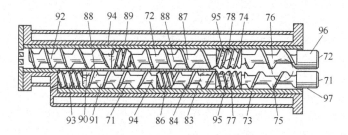

图 10.3　Fuller[10]特殊的模块双螺杆结构，可产生循环流

师公司最近的专利中，总是标明错列螺棱结构。

　　焊接工程师公司的 Schutz[11] 在 1962 年的文章中，调查了当时的双螺杆技术，并描述了焊接工程师公司机器所处的水平。在这一时期，他们公司的螺杆被分段加工，然后组装。这种机器的基本结构被保留，基本上无改动，尽管螺杆转速被大幅提升。

　　图 10.4 给出了一台现代焊接工程师公司机器的照片。

图 10.4　现代焊接工程师公司的相切式异向
双螺杆挤出机（由焊接工程师公司提供）

10.4　焊接工程师公司机器的应用

有五篇早期文章介绍了焊接工程师公司的双螺杆挤出机[5~7,11,12]。所有的文章似乎都是针对 Fuller 第 2 项专利的模块结构的机器[10]。其中在 1945 年和 1950 年发表的讨论"混合机"两篇文章[5,6]指出，这种机器含有 3 段，喂料段、共混段和挤出段。每一段螺纹有非常不同的螺棱结构。文中讨论了共混聚氯乙烯和它的共聚物、聚苯乙烯和醋酸纤维素的应用。在 1960 年和 1961 年发表的另外两篇文章针对一种"混合机-排气机-挤出机"。由焊接工程师公司的 L. F. Street[6,7] 1950 年和 1960 年撰写的两篇文章中，这一点是非常明显的。这几篇文章讨论了合成橡胶的脱水和干燥。1961 年的文章指出，用于这一目的的焊接工程师设备从 1955 年开始就已经运转，最近已经被安装在美国路易斯安那州的埃索（埃克森）公司丁基橡胶厂。从 Fuller 这项早期的核心专利开始，焊接工程师公司已经广泛地改进和拓宽了他们机器的应用范围。这一点可从 Street[13~16] 和 Skidmore[17~22] 的专利中看出，他们为焊接工程师公司工作。这些专利涉及沿机筒方向引入多个加料口，用于添加增塑剂[13]和其他添加剂，以及改善脱挥[17~19]和凝胶[20,22]的应用，其中包括向塑料中加入乳胶，排出不溶液体等[17,18]（图 10.5）。

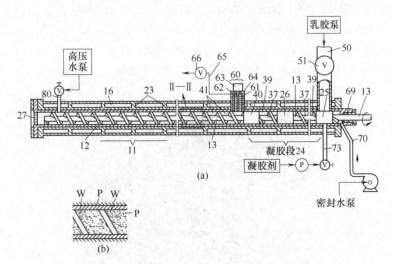

图 10.5　Skidmore 改进的焊接工程师相切式异向双螺杆挤出机，
显示添加乳胶、凝胶剂和高压水[22]

Skidmore 的凝胶技术[20,22]已经在焊接工程师公司 Nichols，Senn，Kheradi 等人[23]的科技文献中提到。这项技术包含了几个连续步骤：加入聚合物、加入乳胶、加入凝结剂、注入蒸汽和排水。这项技术既可被用于聚合反应器后的生产工艺，又可被用于向热塑性塑料加入橡胶颗粒，如 ABS 树脂的生产。基础聚合物可以固体形式加入，然后熔融，或者直接以熔体形式加入。加入橡胶和凝结剂后，压力降低，水被分离。在下游，通过再次降低压力和真空将所有的水排出。

　　焊接工程师机器已经被广泛地用于反应挤出。1968 年，纽约州尼亚加拉大瀑布的 Hooker 化学公司的 Gouinlock 等人[24]发表的关于反应挤出的早期文章之一，报道了焊接工程师公司机器被用于酰基氯和乙二醇的缩聚反应。对苯二甲酰氯与双酚 A 和新戊二醇的反应：

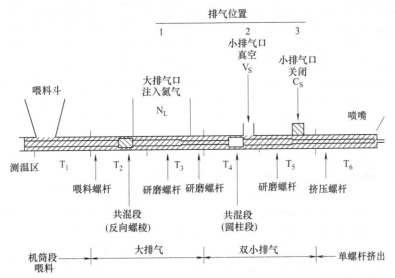

他们在实验研究型排气相切式异向双螺杆挤出机上完成了这类聚合反应，如图 10.6 所示。每个排气口或关闭，或注入氮气，或真空排气。这台机器的机筒直径为 20mm，长径比为 37，螺杆转速控制在 50～100r/min。估计的停留时间

图 10.6　由乙二醇缩聚聚合聚酯的实验排气挤出机，Hooker 化学公司的 Gouinlock 等人[24]（引自：John Wiley and Sons）

在 15～30min。通常将预聚物被加入挤出机。

焊接工程师公司的 Tucker 和 Nichols[25] 在后来的文章中，描述了用一台焊接工程师机器对己内酰胺的阴离子聚合反应，生成尼龙 6：

$$\text{己内酰胺} \longrightarrow \text{PA-6}$$

（分子式 10.2）

在螺杆直径 20mm 的机器上转速为 525r/min，获得了超过 9.4kg/h 的产量。达到非常高分子量是值得关注的。

1984 年 Kowalski 和其同事的专利中[26～29]描述了，用相切式异向双螺杆挤出机进行聚合物的卤化反应，包括聚乙烯、乙烯丙烯共聚物、聚异丁烯、丁基橡胶、乙烯醋酸乙烯-异戊二烯共聚物。埃克森公司的 Kowalski 和他的同事们[26～29]在 1984 年以来的专利中描述了丁二烯-苯乙烯共聚物。这种化学反应式为，如聚烯烃：

$$\text{polyolefin} + \left[\begin{matrix} Cl_2 \\ Br_2 \end{matrix}\right] \rightarrow \left[\frac{polyolefin-Cl_x}{polyolefin-Br_x}\right] + \left[\begin{matrix} HCl \\ HBr \end{matrix}\right] \quad \text{（分子式 10.3）}$$

一般而言，固态聚合物或稀溶液被送入喂料区，这段由正向泵送的深螺槽螺杆构成。这段喂料区到阻隔块结束。反应段的螺杆结构可包括销钉和左旋螺纹元件来强化混合。卤素在反应区起始点被加入。反应区之后是中和区，在中和区或许通过注入氮气排出 HCl 和 HBr。其后紧接的是洗涤区，在这里将最后仅存的卤素和 HCl/HBR 清除。在此区通入顺流或逆流的气体完成清除。螺杆转速在 200～400r/min，螺杆直径为 50mm，长径比约为 50。

在 Kowalski[28,29]的一项专利中，着重介绍了丁基橡胶（异丁烯-异戊二烯共聚物）的溴化反应。必须对异戊二烯溴化，以便大量的溴存于烯丙基主链上。溴化丁基橡胶制品被用于无内胎的轮胎内衬。

10.5 锥形双螺杆机器

相切式锥形异向双螺杆挤出机是由美国人 C. E. Dellenbarger[30] 1946 年的专利申请中提出的（图 10.7）。1953 年德国汉诺威的赫尔曼·贝尔斯托夫机器制造公司的 Frohlich[31] 在一项 1953 年德国专利申请中，也描述了类似的机器。在这两项专利中，图中都显示了相配螺棱。这种结构的原因似乎是在异向双螺杆上施加高扭矩的能力。

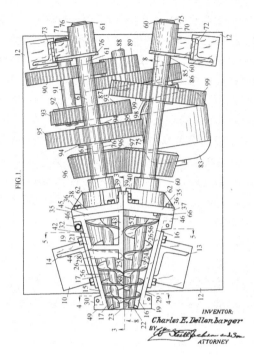

图 10.7　Dellenbarger 相切式锥形异向双螺杆挤出机[30]

10.6　WP 公司的 Kammerkneter 挤出机

1950 年，德国斯图加特 WP 公司的 Albert Lasch[32] 发明了一种非啮合异向螺杆捏合机，其在市场销售的品牌为 Kamerkneter KK[33,34]。这些螺杆螺槽中含有叶片来辅助捏合密炼动作，如图 10.8 所示。

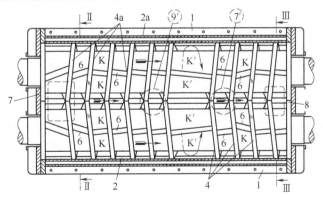

图 10.8　带叶片的相切式异向双螺杆挤出机，WP 公司的 Lasch[32]，
市场品牌 Kamerkneter KK

在此项技术后续的一项改进中，LAsch 和 Stroebel[35] 采用特殊设计的螺杆，沿螺杆长度加长了叶片的长度，以便刮擦清洁异向双螺杆机器的另一根螺杆，如图 10.9 所示。大约在 1960 年，当 WP 公司致力于自洁同向双螺杆技术后，他们似乎不再制造这种机器。

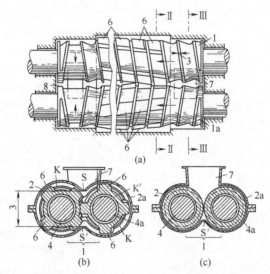

图 10.9　带有加长叶片、可产生自洁特性的相切式异向双螺杆
挤出机，Lasch 和 Stroebel[35]。

10.7　Eisenmann 可调节节流双螺杆挤出机

1974 年，WP 公司的 G. Eisenmann[36] 发明了一种装有分离螺杆的异向双螺

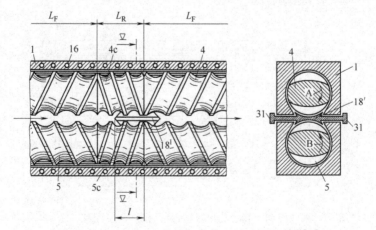

图 10.10　Eisenmnn 的可调节节流双螺杆挤出机[36]

杆挤出机。这是一种带有右旋和左旋螺纹元件的积木式双螺杆挤出机。材料的向前运输可由一块可移动的滑片控制，相对螺棱的滑片位置可控制挤出机机筒内物料的流量，因此，可在挤出机内建立压力，如图 10.10 所示。这种可移动滑片被视为一种节流装置。这种机器没有被商业化。

10.8　带反向螺纹的机器

E. G. Loomis[4] 1929 年的专利描述了一台连续捏合密炼机，这种机器有两根平行的异向转子，可用于聚合物材料的加工。这种机器开始部分是单螺杆，然后接着有两根异向似螺杆的转子，其中一根是单螺杆的延伸。这两根转子反向转动，如图 10.11 所示。

（史蒂文斯理工学院）聚合物加工研究所的 Biesenberger 和 Todd[37] 在 1992年的专利申请中，提出了如图 10.12 所示的一种机器结构。他们将这种设备称为反向混合拖曳流动设备（Back Mix Drag Flow Apparatus）。他们强调，这种机器的优点是可作为一台连续混炼设备。这项专利也讨论了同向旋转方案（螺纹旋向不同）和四螺杆设计方案。

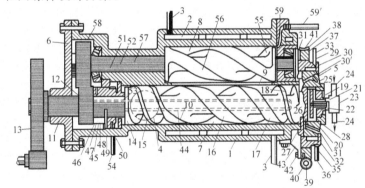

图 10.11　Loomis 的相切式反向双螺杆机器[4]

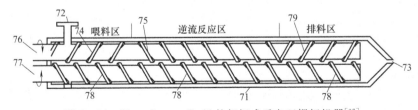

图 10.12　Biesenberger-Todd 的相切式反向双螺杆机器[37]

参考文献

[1]　A. W. Hale，U. S. Patent 72，393（1867）.

[2]   P. Pfleiderer, German Patent (filed April, 14 1879) 10, 164 (1881).

[3]   H. Ahnhudt, German Patent (filed May 29, 1923) 397, 961 (1924).

[4]   E. G. Loomis, U. S. Patent (filed Oct. 11, 1929) 1, 990, 555 (1935).

[5]   Anonymous, *Modern Plastics*, (June) 87 (1949).

[6]   L. F Street, *Rubber World*, **123**, 58 (1950).

[7]   L. F. Street, *Rubber and Plastics Age*, 1519 (1960).

[8]   J. L. White, *Int. Polym. Process.*, **8**, 98 (1993).

[9]   L. J. Fuller, U. S. Patent (filed Oct. 10, 1943) 2, 441, 222 (1948).

[10] L. J. Fuller, U. S. Patent (filed May 15, 1945) 2, 615, 199 (1952).

[11] F. C. Schutz, *SPE Journal*, **18**, (Sept.) 1147 (1962).

[12] Anonymous, *Rubber and Plastics Age*, 1227 (1961).

[13] L. F. Street, U. S. Patent (filed Aug. 16, 1952) 2, 733, 051 (1956).

[14] L. F. Street, U. S. Patent (filed Feb. 23, 1954) 3, 068, 514 (1962).

[15] L. F. Street, U. S. Patent (filed Aug. 15, 1957) 3, 085, 288 (1963).

[16] L. F. Street, U. S. Patent (filed March 31, 1960) 3, 078, 511 (1963).

[17] R. H. Skidmore, U. S. Patent (filed Dec. 28, 1959) 3, 082, 816 (1963).

[18] R. H. Skidmore, U. S. Patent (filed April 8, 1970) 3, 742, 093 (1973).

[19] R. H. Skidmore, U. S. Patent (filed Sept. 27, 1973) 3, 917, 507 (1975).

[20] R. H. Skidmore, U. S. Patent (filed Dec. 13, 1974) 3, 993, 292 (1976).

[21] R. H. Skidmore, U. S. Patent (filed Aug. 29, 1978) 4, 110, 843 (1978).

[22] R. H. Skidmore, U. S. Patent (filed Feb. 13, 1978) 4, 148, 991 (1979).

[23] R. J. Nichols, R. K. Senn, and F. Kheradi, *Adv. Polym. Technol.*, 3, 62 (1983).

[24] F. T. Gouinlock, H. W. Marciniak, M. H. Schatz, E. J. Quinn, and R. H. Hindersinn, *J. Appl. Polym. Sci.*, **12**, 2403 (1968).

[25] C. S. Tucker and R. J. Nichols, *Plastics Eng.*, **43** (May) 27 (1987).

[26] R. C. Kowalski, W. M. Davis, N. E Newman, Z. A. Foroulis, and F. P. Baldwin, European Patent Application (filed March 30, 1984), 0, 124, 278 (1984).

[27] R. C. Kowalski, W. M. Davis, N. F. Newman, Z. A. Foroulis, and F P. Baldwin, U. S. Patent (filed Sept. 17, 1984) 4, 548, 995 (1985).

[28] R. C. Kowalski, W. M. Davis, N. F. Newman, Z. A. Foroulis, and F. P. Baldwin, U. S. Patent (filed Oct. 1, 1984) 4, 563, 506 (1986).

[29] R. C. Kowalski, *Chem. Eng. Prog.*, **85**, (May) 67 (1989).

[30] C. E. Dellenbarger, U. S. Patent (filed Jan. 5, 1946) 2, 466, 934 (1948).

[31] H. Frohlich, German Patent (filed April 10, 1953) 1, 030, 555 (1958).

[32] A. Lasch, German Patent (filed April 29, 1950) 807, 186 (1951).

[33] H. Herrmann, Schneckenmaschinen in der Verfahrenstechnik, Springer, Berlin (1972).

[34] H. Herrmann in Kunststoffe-Ein Werkstoff Macht Karriere, edited by W. Glenz, Hanser, Munich (1985).

[35] A. Lasch and A. Stroebel, U. S. Patent (filed Aug. 15, 1955) 2, 778, 482 (1957).

[36] G. Eisenmann, U. S. Patent (filed Oct. 2, 1973) 3, 856, 278 (1974).

[37] J. A. Biesenberger and D. B. Todd, U. S. Patent (filed Nov. 19, 1992) 5, 372, 418 (1994).

第

11

章

非啮合异向双螺杆挤出机的流动机理及建模

11.1 概述

在本章中，将介绍在非啮合异向双螺杆挤出机的流动。通常讲，这种设备中两根螺杆具有不同的旋向，即一根左旋，另一根右旋。正如读者可能发现，至今的研究较少，故在本章末缺乏相关的文献。最近几年，这样的努力已经有所加强。在这一领域，初始研究的一篇早期的重要文章由 Kaplan 和塔德莫尔[1] 于1974 年发表。文中假定两根螺杆可以被独立分析，每根螺杆通过由螺杆与机筒之间相对运动引起的拖曳流动，向前泵送流体。在螺杆之间的区域，没有拖曳流，仅有压力流。主要制造这类机器的焊接工程师公司的 Nichols 和他的同事们[2~5] 后来发表了一系列的文章，强调了反向漏流的重要性。接下来的数年中，许多研究团体对相切式异向双螺杆中的流动进行了数值模拟。然而，很少有人对其他类型的非啮合异向双螺杆挤出机中的流动进行模拟，其中的原因可能是，焊接工程师相切式机器几何结构非常简单，必须首先在这种结构中建立流动理论。

这一章中，首先介绍 Kaplan-塔德莫尔模型（11.2 节），然后介绍 Nichols 和他的团队对这种几何结构中流动分析所做的努力（11.3 节）。11.4 节和 11.5 节介绍了基于润滑机理的方法和有限元模拟方法的数值模拟模型。11.6 节介绍了非牛顿数值模型。积木式双螺杆挤出机中反向泵送元件的作用在 11.7 中进行了介绍。然后，11.8 节介绍了模块化机械中流动分析和非充满效应。最后在 11.9 节中介绍了这种焊接工程师机器的比例放大。

11.2 相切式异向旋转螺纹元件的 Kaplan-塔德莫尔流场模型

1974 年，Kaplan 和塔德莫尔[1]提出了用于解释非啮合异向双螺杆挤出机行为的模型。这两位作者假定通往机头的螺槽是敞开的，将他们的分析限定在相配螺纹。他们使用了一种三平板模型，如图 11.1 所示。如同在经典的平面螺杆挤出模型（见第 3 章）中那样，他们假设螺杆静止而机筒移动。除了在螺杆相互接触的区域，这种假设是有效的，而在这一区域需要用独立的模型来描述。

在区域 I，螺杆接近机筒，速度场由式（3.4）确定。采用式（3.6）的 v_1（x_2）可求解这一问题。流率 Q_I 由式（3.7）给出。Q_I 是这一区域中的这根螺杆流率，可由式（3.7）得出：

$$Q_I = \frac{1}{2}W.HU_1 - \frac{WH^3}{12\eta}\frac{\Delta p_I}{(x_1)_I} \qquad (11.1a)$$

$$\Delta p_I = \frac{12\eta}{WH^3}\left(\frac{1}{2}WHU_1 - Q_1\right)(x_1)_I \qquad (11.1b)$$

在两螺杆互相接触的这一区域中，没有拖曳流，只有压力流。对于相切螺杆（$\partial v_1 / \partial x_2$）（$H$）应该等于零，采用这一结论并结合螺杆上"无滑移"假设，Kaplan 和塔德莫尔[1]给出：

$$Q_{II} = -\frac{WH^3}{3\eta}\frac{\Delta p_{II}}{(x_1)_{II}} \qquad (11.2)$$

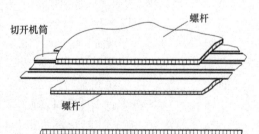

图 11.1　Kaplan 和塔德莫尔[1]的三平板模型
（引自：Society of Plastics Engineering）

通过联立式（11.1）和式（11.2）得到式（11.3）：

$$\Delta p = \Delta p_I + \Delta p_{II} \qquad (11.3)$$

从而得到：

$$Q = \frac{1}{2}WHU_1\left(\frac{4f}{3f+1}\right) - \frac{WH^3}{12\eta}\left(\frac{\Delta p}{\Delta x_1}\right)_{turn}\left(\frac{4}{3f+1}\right) \qquad (11.4a)$$

其中：

$$f = \frac{(x_1)_{\text{I}}}{(x_1)_{\text{I}} + (x_1)_{\text{II}}} \tag{11.4b}$$

Kaplan 和塔德莫尔确定了系数 f 对 Q-Δp 特征曲线的影响，并发现它使拖曳流减弱，压力流增强，减小每根螺杆的净流量。这种泵送效率的降低是由拖曳流减弱引起的。

上述公式被过分简化，因为它忽略了螺杆之间的漏流。Kaplan 和塔德莫尔[1]认为，漏流发生在区域 II 中的螺棱顶端之间。他们认为这个区域由深为 $2\delta_f$ 和长为 W^* 的近似矩形区构成。这个流道向后延伸长度 b（代表螺棱厚度）。假定矩形漏流区，应用如式（11.2）相同的形式，他们得到：

$$Q_{\text{L}} = \frac{2}{3} \frac{W^*}{\eta} \delta_f^3 \left(\frac{\Delta p_{\text{T}}}{b} \right) \tag{11.5}$$

式中，Δp 是每转的压力降，W^* 是 $(1-f)\pi D$。总流率 Q_{T} 为：

$$Q_{\text{T}} = 2Q - Q_{\text{L}} \tag{11.6}$$

由此可得：

$$Q_{\text{T}} = WHU_1 \left(\frac{4f}{3f+1} \right) - \frac{WH^3}{6\eta} \left(\frac{\Delta p}{\Delta x_1} \right)_{\text{T}} \left(\frac{4}{3f+1} \right) - \frac{2}{3} \frac{W^* \delta_f^3}{\eta} \left(\frac{\Delta p_{\text{T}}}{b} \right) \tag{11.7a}$$

或

$$Q_{\text{T}} = WHU_1 \left(\frac{4f}{3f+1} \right) - \frac{WH^3}{6\eta} \left(\frac{\Delta p}{\Delta x_1} \right)_{\text{T}} \left(\frac{4}{3f+1} \right)$$

$$\cdot \left[1 + 4 \left(\frac{3f+1}{4} \right) \left(\frac{\delta_f}{H} \right)^3 \frac{W^*}{W} \frac{\Delta x_1}{b} \right] \tag{11.7b}$$

11.3　Nichols 及其合作者的理论

在 1982 年塑料工程师学会的科技年会上，焊接工程师公司的 R. J. Nichols 和 J. Yao[3]认为，上一节中讲述的 Kaplan-塔德莫尔模型低估了反向漏流。R. J. Nichols 和 J. Yao 特别指出，他们对这一区域的漏流模型是不正确的。特别是，螺棱顶端截面不是矩形的，并且较大。Nichols 和 YAO 对这一顶端区域提出的表达式为：

$$A_{\text{T}} = A_1 + A_2$$

$$= 4 \left\{ \frac{xs}{2} - \left[\frac{r^2}{2} (\bar{a} - \sin\bar{a}) \right] \right\} + 2W^* \delta_f \tag{11.8}$$

第一项 A_1 表示顶端面积，第二项 A_2 表示对 kaplan-塔德莫尔模型的修正。A_1 项的来源可从图 11.2 中看出。$xs/2$ 项表示半顶端三角区的面积。$4(xs/2)$ 的数量表示上下三角区的总面积。$(r^2/2)(\bar{a} - \sin\bar{a})$ 为修正项，对螺杆圆周上该段区域的修正。

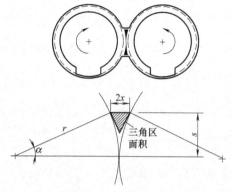

图 11.2 Nichols 等人[3]的允许漏流的顶端面积

（引自：Society of Plastics Engineering）

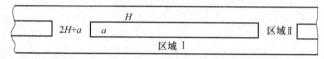

图 11.3 Nichols[5]修正的三平板模型（引自：Society of Plastics Engineering）

Nichols 和 Yao 建议使用式（11.4）和式（11.6）的 Kaplan-塔德莫尔模型，但应考虑由式（11.8）定义的面积上的漏流项。与 Kaplan-塔德莫尔理论相比，用 Nichols 和 Yao 的模型预测计算，泵送能力较弱，反向漏流较大。

在 1984 年塑料工程师学会的 ANTEC 会议上，Nichols 再次讨论了这一问题，并描述了由 J. T. Lindt[5,6]提出的分析。上一节中的三平板模型适用于分析区域 I 的流动行为。而区域 II 中的流动分析则需要修正，采纳了顶端面积将产生较大压力流的区域的认知（见图 11.3）。式（11.2）可被替换为：

$$Q_{\mathrm{II}} = -\frac{W\left(H+\frac{1}{2}a\right)^3}{3\eta}\frac{\Delta p_{\mathrm{II}}}{(x_1)_{\mathrm{II}}} \tag{11.9}$$

通过顶端区域的漏流为：

$$Q_{\mathrm{L}} = K\frac{x^3}{\eta}\frac{\Delta p_{\mathrm{T}}}{b} \tag{11.10}$$

这一漏流量等于通过三角流道时牛顿流体压力降-挤出流率关系。

Nichols 和 Lindt 用式（11.3）联立式（11.1）和式（11.9）求解得：

$$Q = \frac{1}{2}WHUF_{\mathrm{DCRT}} - \frac{WH^3}{12\eta}\frac{\Delta p_{\mathrm{T}}}{(x_1)_{\mathrm{T}}}F_{\mathrm{PCRT}} \tag{11.11}$$

其中，

$$F_{\mathrm{DCRT}} = \frac{4f}{4f+\left[\dfrac{1-f}{\left(1+\dfrac{a}{H}\right)^3}\right]} \tag{11.12a}$$

$$F_{\text{PCRT}} = \cfrac{4}{4f + \left[\cfrac{1-f}{\left(1+\cfrac{a}{H}\right)^3}\right]} \tag{11.12b}$$

当参数 "a" 为零时，式（11.11）变为 Kaplan-塔德莫尔模型的式（11.4）。如果包括式（11.10）的漏流项，可得式（11.13）：

$$Q_{\text{T}} = WHUF_{\text{DCRT}} - \frac{WH^3}{6\eta}\left[\frac{\Delta p}{x_1}\right]_{\text{T}} F_{\text{PCRT}}\left[1 + \frac{6Kx^3}{F_{\text{PCRT}}WH^3}\frac{(\Delta x_1)_{\text{T}}}{b}\right] \tag{11.13}$$

Nichols 等人的模型在 Rauwendaal[7] 专著中有详细的讨论。

11.4 相切式异向旋转螺纹元件中的流场润滑理论的数值模型

M. H. Kim，W. Szydlowski，J. L. White 和 K. Min[8] 以及后来的 Kim 和 white[9,10] 探索研究了基于笛卡尔坐标系的流体动力润滑理论在相切式异向旋转双螺杆挤出机中的流动模型。最近，Bang 和 White[11,12] 用柱坐标系的润滑流动理论建立了这种流动模型。

M. H. Kim 等人开始采用在第 2 章中（2.8 节）提出的流体动力润滑理论。如前类似，将螺杆平面展开，并放置在笛卡尔坐标系中。将坐标系建立在其中一根螺杆中，沿螺杆轴向的坐标 "1"，垂直于螺槽的坐标 "2"，和沿圆周方向的坐标 "3"。沿机筒与螺杆之间的 "2" 方向对运动方程进行积分。用积分的通量作流量平衡 [见式（2.65）]：

$$q_1 = \int_0^H \nu_1 \, dx_2 = \frac{1}{2}U_1 H - \frac{H^3}{12\eta}\frac{\partial p}{\partial x_1} \tag{11.14a}$$

$$q_3 = \int_0^H \nu_3 \, dx_2 = \frac{1}{2}U_3 H - \frac{H^3}{12\eta}\frac{\partial p}{\partial x_3} \tag{11.14b}$$

函数 $H(x_1, x_3)$ 定义了螺杆和机筒间的距离以及啮合区。速度 U_1 和 U_2 应该为：

$$U_1 = 0$$

$$U_3 = \begin{cases} \pi DN(\text{between screw and barrel}) \\ 0(\text{intermeshing region}) \end{cases} \tag{11.15}$$

这一点可从图 11.4 观察到。

M. H. Kim 等人用塔德莫尔[13,14] 提出并由 Szyd-lowski[15] 修正的含有移动边界的 FAN 方法，求解了这一问题。在螺杆-机筒区域，平衡方程为：

图 11.4 双螺杆几何结构和 FAN 单元的横截面图[8,9]

$$q_1^{I}(x_1 - \Delta x_1, x_3)\Delta x_3 + q_3^{I}(x_1, x_3 - \Delta x_3)\Delta x_1 =$$

$$q_1^{I}(x_1 + \Delta x_1, x_3)\Delta x_3 + q_3^{I}(x_1, x_3 + \Delta x_3)\Delta x_1 \qquad (11.16a)$$

式中，q_1^{I} 是方向"1"上的通量或这个单元"料斗"和"机头"端的通量；q_3^{I} 是方向"3"，圆周方向的通量。同样的形式也适用于螺杆接触区（图 11.4）。然而，在这个区域的进口和出口，有不同的形式。特别是在进口处：

$$q_1^{II}(x_1 - \Delta x_1, x_3)\Delta x_3 + q_3^{IR}(x_1, x_3 - \Delta x_3)\Delta x_1 + q_3^{IL}(x_1, x_3 - \Delta x_3) =$$

$$q_1^{II}(x_1 + \Delta x_1, x_3)\Delta x_3 + q_3^{II}(x_1, x_3 + \Delta x_3)\Delta x_1 \qquad (11.16b)$$

螺杆之间区域的出口处：

$$q_1^{II}(x_1 - \Delta x_1, x_3)\Delta x_3 + q_3^{II}(x_1, x_3 - \Delta x_3)\Delta x_1 =$$

$$q_1^{II}(x_1 + \Delta x_1, x_3)\Delta x_3 + q_3^{IR}(x_1, x_3 + \Delta x_3)\Delta x_1 + q_3^{IL}(x_1, x_3 + \Delta x_3)\Delta x_1$$

$$(11.16c)$$

实际积分从底部螺杆机筒结合区，通过螺杆之间区，到同一根螺杆顶部螺杆机筒结合区。然后利用对称性。这种分析结果可以和 5.3 节及 5.5 节中给出的同向旋转双螺杆的笛卡尔坐标下的分析进行对比。

公式（11.16）可被认为是一系列的以压力形式表示的有限差分方程，类似于润滑理论的雷诺方程［见 2.8 节和式（2.65）及（2.66）］。将式（11.14）代入式（11.16）可进行求解。

上述的这种方法比早先描述的分析方法更加有效。它不仅能对相配螺纹的螺杆结构进行计算（如 Kaplan 和塔德莫尔[1] 及 Nichols[2,5] 所做的那样），而且也适用于错列螺纹结构，这似乎是更广泛的使用范围（见第 10 章中 10.3 节和 10.4 节）。Kim 等人基于上述模型、用焊接工程师公司的 R. J. Nichols 提供的尺寸进行了计算，这些尺寸具有他们机器的代表性。图 11.5 给出的通量矢量图表示了对于相配螺纹和错列螺纹的结构的 1～3 平面内的平均速度场。图中表明，在错列螺纹结构中的回流更高。同时也表明，错列螺纹结构分布混合度更高。Kim 等人通过计算回流 Q_b 与向前的净流"$Q - Q_b$"的相对程度，以量化的形式表述这一结论：

$$G = \frac{Q_b}{Q - Q_b} \qquad (11.17)$$

在错列螺纹结构中 G 较大，对于中间结构的情况如图 11.6 所示。

对相配螺纹和错列螺纹结构的挤出机的挤出量与压力的计算结果如图 11.7 中所示。这些计算结果表明，相配螺纹结构的泵送能力远好于错列螺纹结构。

对 Kaplan-塔德莫尔[1]，Nichols 和 lindt[5] 以及 Kim 等人[8,9] 的方法之间所选的结构，关于相配螺纹情况进行了比较。这一比较结果见图 11.8。Kaplan-塔德莫尔模型预测出两根单螺杆机器的劣质的泵送特征曲线，Nichols 等人和 Kim

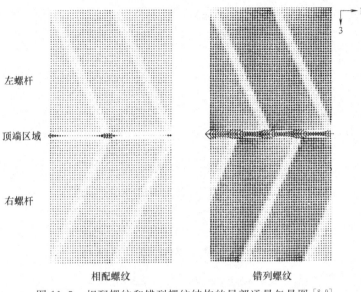

图 11.5　相配螺纹和错列螺纹结构的局部通量矢量图[8,9]

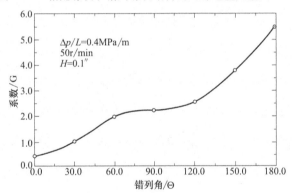

图 11.6　螺纹错列角度对挤出量分数 G 的影响[8,9]

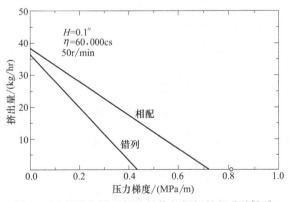

图 11.7　相配和错列螺纹结构的螺杆特征曲线[8,9]

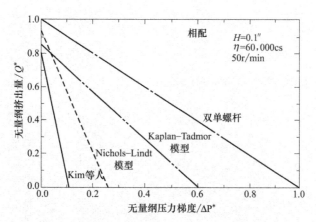

图 11.8 由 Kaplan-塔德莫尔[1]、Nichols-Yao[3]
和 Kim 等人[8,9] 的模型预测的螺杆特征曲线

等人的模型预测出较差泵送行为，Kim 等人发现最大的回流程度和最差的泵送
特征曲线。

随后，Bang 和 White[11,12] 应用 David 等人[16] 提出的柱坐标 FAN 分析法，
再次求解 Kim 等人[8,9] 上述提出的相切式异向双螺杆挤出机的问题。首先考虑
速度场：

$$\underset{\sim}{v} = v_z(r)e_z + v_\theta(r)e_\theta + 0e_r \tag{11.18}$$

润滑近似理论中牛顿流体在柱坐标中的运动方程为

$$0 = -\frac{\partial p}{\partial z} + \eta \frac{1}{r} \frac{\partial}{\partial r}\left(r\frac{\partial v_z}{\partial r}\right)$$
$$0 = -\frac{1}{r}\frac{\partial p}{\partial \theta} + \eta \frac{1}{r}\frac{\partial}{\partial r}\left[r^3\frac{\partial}{\partial r}\left(\frac{v_\theta}{r}\right)\right] \tag{11.19a, b}$$

边界条件 $V_z(R_i)$ 和 $V_z(R_0)$ 等于 0，同时有 $V_\theta(R_i) = 0$，$V_\theta(R_0) = V_\theta = \pi DN$。由式 (11.19a) 和 (11.19b) 可得通量：

$$q_z = \frac{1}{R^*}\int_{R_i}^{R_0} rv_z\mathrm{d}r \tag{11.20a}$$

$$q_\theta = \int_{R_i}^{R_0} v_\theta\mathrm{d}r \tag{11.20b}$$

式中，R^* 是特征长度。对于牛顿流体，这些通量为：

$$q_z = -\frac{R_i^4}{16\eta R^*}\frac{\partial p}{\partial z}\left[-1 + \frac{1}{\kappa^4} + \frac{\left(\frac{1}{\kappa^2}-1\right)^2}{\ln\frac{1}{\kappa}}\right] \tag{11.21a}$$

$$q_\theta = \frac{U_\theta R_i}{2} \frac{\kappa}{1-\kappa^2} \left(\frac{1}{\kappa^2} - 1 + 2\ln\kappa \right) - \frac{R_i^2}{8\eta} \frac{\partial p}{\partial \theta} \left(1 - \frac{1}{\kappa^2} \right) \left[-1 + \left(\frac{2\frac{1}{\kappa}\ln\frac{1}{\kappa}}{1-\frac{1}{\kappa^2}} \right)^2 \right]$$

$$(11.21b)$$

在螺杆和机筒之间的通量平衡为：

$$q_z(\theta, z-\Delta z)R^* \Delta\theta + q_\theta(\theta-\Delta\theta, z)\Delta z = q_z(\theta, z+\Delta z)R^* \Delta\theta \qquad (11.22)$$

对于螺杆之间区，当流体进入这一区域，必须区分来自左右螺杆的通量。由此得到：

$$q_\theta^{\text{IR}}(\theta-\Delta\theta, z)\Delta z + q_\theta^{\text{IL}}(\theta-\Delta\theta, z)\Delta z + q_z^{\text{int}}(\theta, z-\Delta z)R^* \Delta\theta =$$
$$q_\theta^{\text{int}}(\theta+\Delta\theta, z)\Delta z + q_z^{\text{int}}(\theta, z+\Delta z)R^* \Delta\theta \qquad (11.23)$$

式中，q_θ^{IR} 和 q_θ^{IL} 分别是来自左右螺杆的入口通量，q_z^{int} 是螺杆间的轴向通量，在螺杆间区域的中段，我们有：

$$q_\theta^{\text{int}}(\theta-\Delta\theta, z)\Delta z + q_z^{\text{int}}(\theta, z-\Delta z)R^* \Delta\theta =$$
$$q_\theta^{\text{int}}(\theta+\Delta\theta, z)\Delta z + q_z^{\text{int}}(\theta, z+\Delta z)R^* \Delta\theta \qquad (11.24)$$

螺杆间区域出口的通量平衡可用一个类似于式（11.23）的平衡方程来表示，（对照 8.5 节给出的啮合螺杆柱坐标分析）。

Bang 和 White[11] 用上述柱坐标下的公式计算了牛顿流体的机器泵送特征曲线。这些计算结果非常相似于 Kim 等人[8]用牛顿流体公式计算的结果。

11.5　相切式异向旋转螺纹元件中的流场有限元模型

Bigio 和其同事[19,21] 及 Nguyen 和 Lindt[22~24] 应用有限元分析[17,18]，对相切式异向双螺杆挤出机中流场进行了建模分析。然而，这项工作进行的还不完善。这些求解方法是基于牛顿流体运动方程的蠕动（无惯性）解，使用了全部的黏性分量，包括拉伸应力和剪切应力（这不同于之前提到的 Kim 等人[8,9]的工作，他只考虑了剪切应力）。Bigio 和 Zerafati[19~21] 以及 Nguyen 和 Lindt[22~24] 也都考虑了系统内真实曲率，包括螺杆之间区域。

Bigio 和 Zerafati[19,20] 提出了一种垂直螺杆轴线流动的二维模拟方法。其目的是为了研究螺纹顶端区域的混合。他们发现，增大顶端间隙区的尺寸可改善混合。增大外径/内径比，也会增强混合。螺杆转速不影响混合性能。Conner 和 Bigio[21] 拓展了这些研究。Nguyen 和 Lindt[22~24] 分析了牛顿流体的三维流动。他们既分析了混合，又计算了螺杆特征曲线。他们研究了螺杆错列和顶端结构对螺杆泵送和混合的影响。引入螺纹错列和增大顶端间隙尺寸均可改善混合，减小泵送特性。

11.6 非牛顿流场建模

相切式异向双螺杆挤出机中非牛顿流场的模型先后被 Kim 和 White[10] 以及后来的 Bang 和 white[12] 描述过。这些作者们采用幂律模型表示非牛顿黏度，并应用了流体动力润滑理论。

Kim 和 White[10] 早期研究取：

$$\eta = K \left[\left(\frac{\partial v_1}{\partial x_2} \right) + \left(\frac{\partial v_3}{\partial x_2} \right)^2 \right]^{\frac{n-1}{2}} \tag{11.25}$$

采用 FAN 法求解下列方程：

$$0 = -\frac{\partial p}{\partial x_1} + K \frac{\partial}{\partial x_2} \left[\left(\frac{\partial v_1}{\partial x_2} \right)^2 + \left(\frac{\partial v_3}{\partial x_2} \right)^2 \right]^{\frac{n-1}{2}} \frac{\partial v_1}{\partial x_2}$$

$$0 = -\frac{\partial p}{\partial x_3} + K \frac{\partial}{\partial x_2} \left[\left(\frac{\partial v_3}{\partial x_2} \right)^2 + \left(\frac{\partial v_3}{\partial x_2} \right)^2 \right]^{\frac{n-1}{2}} \frac{\partial v_3}{\partial x_2} \tag{11.26a，b}$$

坐标轴'3'是沿着螺槽方向，坐标轴"1"横向螺槽，坐标轴"2"垂直于螺杆根部。

用式（11.14a，b）的形式定义通量。在螺杆-机筒区，

$$q_1 = -\frac{H^3}{12\bar{\eta}} \frac{\partial p}{\partial x_1}$$

$$q_3 = \frac{1}{2} U_3 H - \frac{H^3}{12\bar{\eta}} \frac{\partial p}{\partial x_3} \tag{11.27a，b}$$

其中，式（11.27）中的剪切黏度 $\bar{\eta}$ 可被表示为

$$\bar{\eta} = K \left[\left(\overline{\frac{\partial v_1}{\partial x_2}} \right)^2 + \left(\overline{\frac{\partial v_3}{\partial x_2}} \right)^2 \right]^{\frac{n-1}{2}} \tag{11.27c}$$

为了确定 $(\overline{\partial v_1 / \partial x_2})$ 和 $(\overline{\partial v_3 / \partial x_2})$ 的值，作者考虑了 3 种不同情况：(1) 只有拖曳流；(2) 只有压力流；(3) 压力流和拖曳流，但无流量输出。我们分析这几种情况的流动基本特性，并选择合适的牛顿流体形式。在螺杆之间的区域，选用了平衡式（11.16a，b，c）。

Bang 和 White[11,12] 在其中一根螺杆上建立柱坐标系对问题建模。非牛顿剪切黏度为：

$$\eta = K \left\{ \left[r \frac{\partial}{\partial r} \left(\frac{v_\theta}{r} \right) \right]^2 + \left(\frac{\partial v_z}{\partial r} \right)^2 \right\}^{\frac{n-1}{2}} \tag{11.28}$$

相关剪切应力为：

$$\sigma_{\theta r} = \eta r \frac{\partial}{\partial r} \left(\frac{v_\theta}{r} \right) \tag{11.29a}$$

$$\sigma_{zr} = \eta \frac{\partial v_z}{\partial r} \tag{11.29b}$$

运动方程为：

$$0 = -\frac{1}{r}\frac{\partial p}{\partial \theta} + \frac{1}{r^2}K\frac{\partial}{\partial r}\left\{r\left[\left(r\frac{\partial}{\partial r}\left(\frac{v_\theta}{r}\right)\right)^2 + \left(\frac{\partial v_z}{\partial r}\right)^2\right]^{\frac{n-1}{2}}\frac{\partial}{\partial r}\left(\frac{v_\theta}{r}\right)\right\}$$

$$0 = -\frac{\partial p}{\partial z} + \frac{1}{r}K\frac{\partial}{\partial r}\left\{r\left[\left(r\frac{\partial}{\partial r}\left(\frac{v_\theta}{r}\right)\right)^2 + \left(\frac{\partial v_z}{\partial r}\right)^2\right]^{\frac{n-1}{2}}\frac{\partial v_z}{\partial r}\right\} \quad (11.30a，b)$$

再次由下式使用 FAN 程序：

$$q_\theta = \frac{1}{2}\int_{R_i}^{R_0}\left[\frac{1}{m}(R_0^2 - r^2)\frac{1}{r}\left(\frac{1}{2}\frac{\partial p}{\partial \theta} + \frac{C_\theta}{r^2}\right)\right]\mathrm{d}r$$

$$(11.31a，b)$$

$$q_z = \frac{1}{2}\int_{R_i}^{R_0}\left[\frac{1}{m}(R_0^2 - r^2)\left(\frac{1}{2}\frac{\partial p}{\partial z}r + \frac{C_z}{r}\right)\right]\mathrm{d}r$$

其中：

$$m = K\left\{\left[r\frac{\partial}{\partial r}\left(\frac{v_\theta}{r}\right)\right]^2 + \left(\frac{\partial v_z}{\partial r}\right)^2\right\}^{\frac{n-1}{2}} \quad (11.32a)$$

$$m = K\left[\left(\frac{1}{2}\frac{\partial p}{\partial \theta} + \frac{C_\theta}{r^2}\right)^2 + \left(\frac{1}{2}\frac{\partial p}{\partial z}r + \frac{C_z}{r}\right)^2\right]^{\frac{n-1}{2}} \quad (11.32b)$$

边界条件为：

$$\pi DN = R_0\int_{R_i}^{R_0}\frac{1}{m}\frac{1}{r}\left(\frac{1}{2}\frac{\partial p}{\partial \theta} + \frac{C_\theta}{r^2}\right)\mathrm{d}r \quad (11.33a)$$

$$0 = \int_{R_i}^{R_0}\frac{1}{m}\left(\frac{1}{2}\frac{\partial p}{\partial z}r + \frac{C_z}{r^2}\right)\mathrm{d}r \quad (11.33b)$$

图 11.9a，b 和图 11.10a，b 给出了关于具有相配螺纹元件和错列螺纹元件

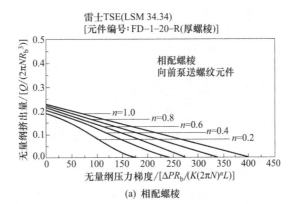

图 11.9

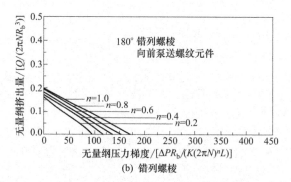

(b) 错列螺棱

图 11.9　Bang 和 White[12] 在雷士厚螺棱螺纹元
件中计算的幂律流体的螺杆特征曲线

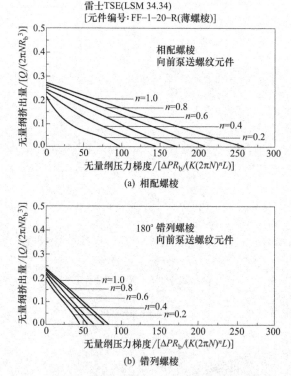

雷士TSE(LSM 34.34)
[元件编号：FF-1-20-R(薄螺棱)]

(a) 相配螺棱

(b) 错列螺棱

图 11.10　Bang 和 White[12] 在雷士薄螺棱螺纹
元件中计算的幂律流体的螺杆特征曲线

的雷士积木式双螺杆挤出机的双螺杆元件的计算结果。可以看出，增加流体的非
牛顿性（减小幂律指数 n）将降低泵送能力。类似的，错列螺纹也降低泵送
能力。

11.7　反向泵送相切式异向旋转螺纹元件

商业化相切式异向双螺杆挤出机是根据 Fuller[25] 的专利设计的。这种挤出机的特点一般是模块化的，包括正向和反向泵送螺纹元件。在单螺杆或同向双螺杆机器中，我们区分左旋和右旋螺杆。这样的区分方法在这里是行不通的，因为这里相对的异向旋转螺杆的结构是不同的。因此，这里我们将用正向泵送和反向泵送螺纹元件代替。

在 3.3 节中讲到的模拟方法可以直接被用于反向泵送螺纹元件（图 3.13）。如果采用平展螺槽，式（3.6）和式（3.8）仍可被用于求解速度分量 $v_1(x_2)$ 和 $v_3(x_2)$。如果将坐标轴放置在螺杆上，则机筒上的边界条件将改变符号。在原有速度 U_1 处，它拖动流体向前移动，这里的速度为（$-U_1$），它拖动流体向后流向料斗。

在螺杆和机筒之间的区域（Ⅰ）中的速度分量 $v_1(x_2)$ 和 $v_3(x_2)$ 可由下式求得：

$$v_1(x_2) = -U_1\left(\frac{x_2}{H}\right) - \frac{H^2}{2\eta}\frac{\mathrm{d}p}{\mathrm{d}x_1}\left[\left(\frac{x_2}{H}\right)^2 - \left(\frac{x_2}{H}\right)\right] \tag{11.34}$$

$$v_3(x_2) = -U_3\left[2\left(\frac{x_2}{H}\right) - 3\left(\frac{x_2}{H}\right)^2\right] \tag{11.35}$$

在 11.2 节中的 Kaplan-塔德莫尔近似计算方法中给出的一个反向泵送相切式

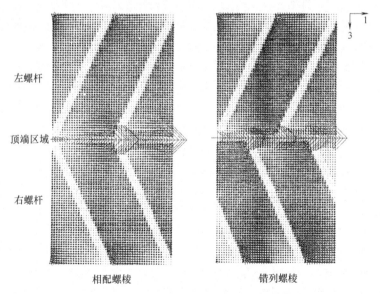

图 11.11　反向泵送螺杆的局部通量矢量图，Kim 和 White[10]

异向双螺杆挤出机元件的挤出量为：

$$Q=-WHU_1\left(\frac{4f}{3f+1}\right)-\frac{WH^3}{6\eta}\left(\frac{\Delta p}{\Delta x_1}\right)_{\text{turn}}\left(\frac{4}{3f+1}\right) \qquad (11.36)$$

此式中忽略了漏流。拖曳流和正压力梯度都会导致流体向料斗反向流动。一个正流量 Q 需要负的压力梯度。因此，反向泵送螺纹元件导致压力的降低，这也将改变螺杆之间漏流的方向。由 Kim 和 White[10] 计算的预测正向通量见图 11.11。

11.8 非等温建模

采用式（11.18）的速度分布表示相切式异向双螺杆挤出机中的流动，对应的能量方程式（2.56）可被写为：

$$\rho c\left(\frac{v_\theta}{r}\frac{\partial T}{\partial \theta}+v_z\frac{\partial T}{\partial z}\right)=k\frac{1}{r}\frac{\partial}{\partial r}\left(r\frac{\partial T}{\partial r}\right)+\sigma_{r\theta}\frac{\partial}{\partial r}\left(\frac{v_\theta}{r}\right)+\sigma_{zr}\frac{\partial v_z}{\partial r} \qquad (11.37)$$

如果按照 Bang 和 white[12] 的模型在半径方向上对式（11.37）积分，可得：

$$\rho c\left(\frac{q_\theta}{r}\frac{\partial \overline{T}}{\partial \theta}+q_z\frac{\partial \overline{T}}{\partial z}\right)=\frac{1}{R_{\text{ch}}}[R_0 h_{\text{b}}(T_{\text{b}}-\overline{T})+R_i h_{\text{s}}(T_{\text{s}}-\overline{T})]$$

$$+\frac{1}{R_{\text{ch}}}R_0\sigma_{r\theta}(R_0)U_\theta-\left(\frac{\partial p}{\partial \theta}\right)\frac{q_\theta}{R_{\text{ch}}}-\left(\frac{\partial p}{\partial z}\right)q_z \qquad (11.38)$$

这里 q_z 和 q_θ 由式（11.20）确定和

$$\frac{\partial \overline{T}}{\partial \theta}=\frac{\displaystyle\int_{R_0}^{R_i}v_\theta\frac{\partial T}{\partial \theta}dr}{\displaystyle\int_{R_0}^{R_i}v_\theta dr} \qquad (11.39\text{a})$$

$$\frac{\partial \overline{T}}{\partial z}=\frac{\displaystyle\int_{R_0}^{R_i}rv_z\frac{\partial T}{\partial z}dr}{\displaystyle\int_{R_0}^{R_i}rv_z dr} \qquad (11.39\text{b})$$

对式（11.38）进行关于 θ 的积分，可得到杯型混合温度 $\overline{\overline{T}}(z)$ 的差分方程。

$$\rho c Q\frac{d\overline{\overline{T}}}{dz}=2\pi[R_0 h_{\text{b}}(T_{\text{b}}-\overline{\overline{T}})+R_i h_{\text{s}}(T_{\text{s}}-\overline{\overline{T}})]_{\text{left screw}}$$

$$+2\pi[R_0 h_{\text{b}}(T_{\text{b}}-\overline{\overline{T}})+R_i h_{\text{s}}(T_{\text{s}}-\overline{\overline{T}})]_{\text{right screw}}$$

$$+\int_0^{2\pi(1+f)}R_0\sigma_{\theta r}(R_0)U_\theta d\theta-Q\left(\frac{dp}{dz}\right) \qquad (11.40)$$

必须从料斗到机头向前移动的方向求解能量平衡方程（11.40）。

11.9　积木式相切异向双螺杆挤出机的组合模型

从 Fuller[25] 时代开始，相切异向双螺杆挤出机就被模块化。积木式相切双螺杆挤出机的分析和设计的基础知识包含在 White 和 Szydlowski[26] 1987 年的一篇文章中，10 年后，由 Bang 和 White[12] 在细节上进行了改进。

这种研究方法是基于饥饿计量喂料的机器。在这样一台双螺杆挤出机中，机头的挤出量是已知的。由机头特征曲线，在螺杆区出口处的压力值是可以计算的。然后，使用沿着这根积木式螺杆的不同元件的螺杆特征曲线，沿着机器轴线反向计算压力分布。典型的螺杆特征曲线见图 11.7～图 11.10。这样的计算结果可预测非充满和全充满螺杆元件。这一计算结果见图 11.12a，b，c，图中的计算可反向执行到可能的熔融位置。

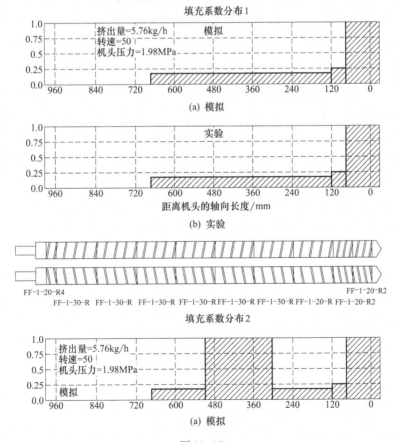

图 11.12

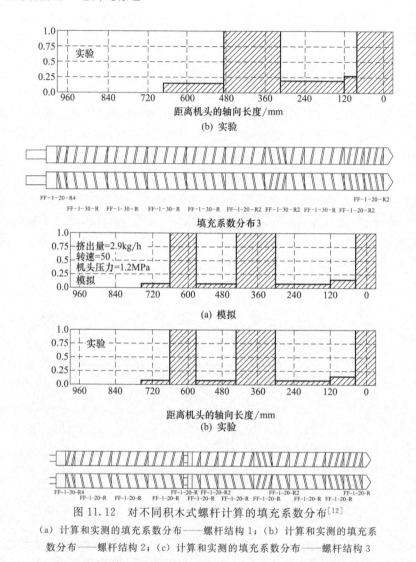

图 11.12　对不同积木式螺杆计算的填充系数分布[12]

（a）计算和实测的填充系数分布——螺杆结构 1；（b）计算和实测的填充系数分布——螺杆结构 2；（c）计算和实测的填充系数分布——螺杆结构 3

　　上述段落描述的分析方法可用于等温机器。然而，典型的相切异向双螺杆挤出机一般是非等温的。我们必须结合能量平衡方程的正向计算，反向计算求解流体力学。

11.10　相切式异向双螺杆挤出机的比例放大

　　相切式异向双螺杆挤出机的比例放大在已经发表的文献中少有关注。Nichols 和 Lindt[27]首先对这一问题提出了重要的分析，Bash[28]后来对这一比例放大进行了讨论。

Nichols 和 Lindt[27]认为，在单螺杆挤出机比例放大中所涉及的原理可被用于相切式异向双螺杆挤出机。他们认为，早期的 Carley 和 Mckelvey[29] 的方法是可行的，即保持剪切速率和停留时间不变。他们建议放大混合效果。这一方法导致放大如下：

$$\frac{Q}{Q_0}=\left(\frac{D}{D_0}\right)^{\alpha} \tag{11.41}$$

式中，Q 是挤出流率；D 为螺杆直径；当长径比和螺杆几何结构不变时 $\alpha=3.0$；Nichols 和 Lindt[27]指出，由工业实践得到 $\alpha=2.5$。这个观点被 Bash[28]所接受。

正如 Nichols 和 Lindt[27]以及 Bash[28]所指出的，Carley-Mckeley 方法忽略了热传导问题。如果考虑黏性耗散和热传导，如在 3.8 节建模中所做的那样，系数 α 值一定会减小。

参考文献

[1]　A. Kaplan and Z. Tadmor，*Polym. Eng. Sci*，**14**，58 (1974).

[2]　R. J. Nichols，*Kunststoffe*，**72**，506 (1982).

[3]　R. J. Nichols and J. Yao，*SPE ANTEC Tech. Papers*，**28**，416 (1982).

[4]　R. J. Nichols，J. C. Golba，and P K. Shete，Paper presented at AIChE Diamond Jubilee Meeting，Washington，Oct.-Nov. (1983).

[5]　R. J. Nichols，*SPE ANTEC Tech. Papers*，**30**，6 (1984).

[6]　J. T. Lindt，Personal Communication (1988).

[7]　C. Rauwendaal，Polymer Extrusion, 4th ed. Hanser，Munich (2001).

[8]　M. H. Kim，W. Szydlowski，J. L. White，and K. Min，*Adv. Polym. Technol*，**9**，87 (1989).

[9]　M. H. Kim and J. L. White，*SPE ANTEC Tech. Papers*，**35**，49 (1989)；*Int. Polym. Process.*，**5**，201 (1990).

[10]　M. H. Kim and J. L. White，*J. Non. Newt. Fluid Mech.*，**37**，37 (1990).

[11]　D. S. Bang and J. L. White，*Int. Polym. Process.*，**11**，109 (1996).

[12]　D. S. Bang and J. L. White，*Int. Polym. Process.*，**12**，278 (1997).

[13]　Z. Tadmor，E. Broyer and C. Gutfinger，*Polym. Eng. Sci.*，**14**，660 (1974).

[14]　E. Broyer，C. Gutfinger and Z. Tadmor，*Trans. Soc. Rheology*，**19**，423 (1975).

[15]　W. Szydlowski and J. L. White，*Adv. Polym. Technol.*，**7**，177 (1987)；W. Szydlowski，R. Brzoskowski and J. L. White，*Int. Polym. Process.*，**1**，207 (1987).

[16]　B. David，T. Sapir，A. Nir and Z. Tadmor，*Int. Polym. Process.*，**7**，204 (1992).

[17]　O. C. Zienkiewicz，The Finite Element Method，McGraw Hill，London (1979).

[18]　A. J. Baker，Finite Element Computational Fluid Mechanics，McGraw-Hill，NY (1983).

[19]　D. I. Bigio and S. Zerafati，*SPE ANTEC Tech. Papers*，**34**，85 (1988).

[20]　D. I. Bigio and S. Zerafati，*Polym. Eng. Sci.*，**31**，1900 (1991).

[21]　J. H. Conner and D. I. Bigio，*SPE ANTEC Tech. Papers*，**38**，31 (1992).

[22]　K. Nguyen and J. T. Lindt，*SPE ANTEC Tech. Papers*，**34**，93 (1988).

[23]　K. Nguyen and J. T. Lindt，*SPE ANTEC Tech. Papers*，**35**，154 (1989).

［24］ K. Nguyen and J. T. Lindt，*Polym. Eng. Sci.*，**29**，709 (1989).

［25］ L. J. Fuller，U. S. Patent (filed May 15，1945) 2，615，199 (1952).

［26］ J. L. White and W. Szydlowski，*Adv. Polym.*，*Technol.*，**7**，419 (1987).

［27］ R. J. Nichols and J. T. Lindt，*SPE ANTEC Tech. Papers*，**34**，80 (1988).

［28］ T. F. Bash，in Plastics Compounding：Equipment and Processing，edited by D. B. Todd，Hanser，Munich (1998).

［29］ J. F. Carley and J. M. Mckelvey，*Ind. Eng. Chem.*，**45**，985 (1953).

第

12

章

非啮合异向双螺杆挤出机的实验分析

12.1 概述

本章中，将介绍非啮合异向双螺杆挤出机中流动机理的实验分析。正如我们将见到的，目前研究数量有限，许多研究工作还需要做。然而，某些基本特征是明了的。

12.2 节将介绍流场可视化分析。12.3 节总结了基于正向泵送螺杆的相切式异向双螺杆挤出机的泵送特征的研究。12.4 节介绍了对模块化挤出机系统的泵送特征的研究，这些系统包含左旋螺杆和右旋螺杆以及非螺纹元件。12.5 节总结了对这种机器停留时间分布的研究。12.7 节描述了对熔融机理的研究。

12.2 流体运动的流场可视化

20 世纪 70 年代后期，日本制钢的 T. Sakai[1,2] 率先开始了相切式异向双螺杆挤出机中流场可视化研究。他的第 1 篇文章[1]将相切式异向双螺杆挤出机中的流型与啮合同向和啮合异向机器做了对比。在他的研究中，Saikai 采用高黏度（300st）硅油中的悬浮颜料。双螺杆被安装在有机玻璃机筒中。他发现，在这些机器中，流动主要沿着一根螺杆，但偶尔示踪粒子会游离到另一根螺杆（图12.1）。Saiki 的第 2 篇文章[2]探讨了具有复杂特征的不同混合段中的流线问题。再次偶尔发生流体流线从一根螺杆移动到另一根螺杆。

Bigio 和 Penn[3] 发表了第 3 篇关于用低黏流体研究流场可视化的文章（图 12.2）。他们所用的方法和 Sakai 类似，在透明机筒中使用一种黏性流体。他们的研究采用着色流体的中和反应（氢氧化钾和酚酞）。这种反应发生的非常快，例如，在错列螺杆结构中通过较短的长度。完全错列螺杆结构（50/50）比 90/10 的错列螺杆结构有效的多。因此，Bigio 等人[4] 将一种成像处理技术应用到这一实验中。

Min，Kim 和 White[5] 进行的可视化研究，显示了聚乙烯熔体在相切式异向双螺杆挤出机中流动情况。螺槽是充满的，所观察到的运动情况一般与 Sakai 描述的相似。发现了少量的螺杆之间的流体运动情况。

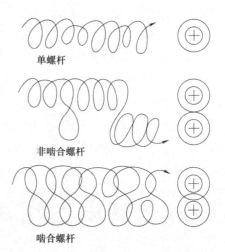

图 12.1　Sakai[1] 的相切式双螺杆挤出机中流线运动的研究

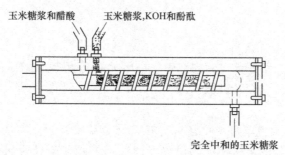

图 12.2　Bigio 和 Penn[3] 的流场可视化设备（引自：Society of Plastics Engineers）

Nichols[6] 提出，大多数使用相切式异向双螺杆挤出机的应用包括了饥饿喂料流动情况。在错列螺纹的饥饿喂料流动的机器中，他发现在这一区域存在一束流体，沿螺杆长度上从螺棱到螺棱延伸。

Bigio 和 Wiginton[7] 报道了对饥饿喂料流动的流场可视化研究。他们发现，相配螺纹结构中有少量的螺杆之间的流体转移。然而，在错列螺纹结构中，观察到大量的螺杆之间的流体转移。Bigio 和 Wiginton 发现，当错列程度为 50% 时，螺杆之间的流体转移量可达到 70%。

12.3　相切式异向双螺杆机器中的简单螺杆组合的泵送特征

Kaplan 和塔德莫尔[7] 使用一台 Bausano 25mm 直径的相切式异向双螺杆机

器，首次进行了这种结构中流场的基础实验研究。这台机器有两根相同的螺杆（一根右旋和一根左旋），相同螺距，相配螺纹。他们研究了低分子量聚异丁烯油，得到了这台机器的泵送特征曲线。他们得到了这台双螺杆机器的螺杆特征曲线和单螺杆机器的螺杆特征曲线，这台单螺杆挤出机是将这台 Bausano 双螺杆机器中的一根螺杆抽出，用一根实芯圆柱杆堵塞机筒（图 12.3）。他们指出，他们的模型（11.2 节中介绍的）是有效的。

　　Nichols[9] 采用一种牛顿油品进行了第 2 次实验研究。他在一系列焊接工程师公司的相切式异向双螺杆机器中对比了两种牛顿油品的流动行为。他给出了 Q 与 ΔP 的螺杆特征曲线，这些曲线表明，这些机器的泵送特征明显低于两台相同的单螺杆挤出机。最值得注意的结果是，相配螺纹结构（也是 Kaplan 和塔德莫尔[8] 使用的）的泵送特征远优于错列螺纹结构（图 12.4）。这一结果暗示错列螺纹结构有非常大的漏流。

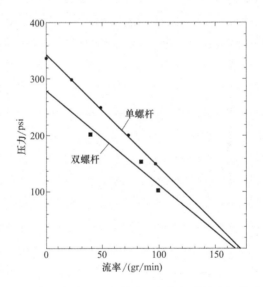

图 12.3　相切式异向双螺杆挤出机和由抽出一根螺杆并堵塞机筒形成的相同单螺杆
挤出机的螺杆特征曲线的对比（Kaplan 和塔德莫尔[8]）（引自：
Society of Plastics Engineers），数据按每根螺杆标准化。

　　后来，Min，Kim 和 White[5] 组建了一台实验型相切式异向双螺杆挤出机，这台机器是模块化设计，并有横向视窗，可提供流场可视化研究。Min 等人采用正向泵送螺杆结构和聚乙烯熔体，对他们的设备确定螺杆特征曲线。他们的机器被用于物料的塑化、熔融和泵送。图 12.5 给出了对相配和错列螺纹的对比结果。这些结果表明，相配螺纹结构比错列螺纹结构有更好的泵送特征。需要注意的是，对这些年里焊接工程师公司专利[10~13] 的一项调查表明，他们的机器中普遍

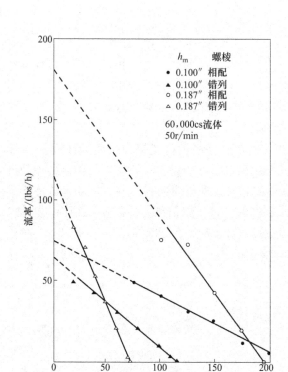

图 12.4 单螺杆挤出机和相切式异向双螺杆挤出机（相配和错列螺纹结构）
关于聚乙烯的螺杆特征曲线的对比（Nichols[9]）
（引自：Society of Plastics Engineers）

使用错列螺纹结构。

Kim，Szydlowski，Min 和 White[14] 用他们自己模拟的流场与上述的 Nichols[9] 的实验数据进行了对比。在第 11 章 11.4 节中对此进行了描述。对比结果如图 12.6 所示，从定量分析，相配螺纹的泵送特征优于错列螺纹结构的预测结论得到了实验验证。然而，惊人地发现，理论和实验之间存在定量的一致性。早期的 Kaplan 和塔德莫尔模型[8]（第 11 章 11.2 节）及 Nichols 和 Yao 模型[15]（第 11 章 11.3 节）高估了泵送特征和低估了漏流。

Nguyen 和 Lindt[16,17] 用他们的理论与 Nichols 的相配螺纹结构实验数据做了类似的对比，再次发现结果良好的一致性。

在 1998 年的一篇文章中，Bang[18] 等人给出了雷士公司相切式异向双螺杆挤出机中模块化元件的实验螺杆特征曲线。这项实验是通过表征机头和螺杆出口的压力降和比较在机头前的充满段中的这些压力降（见图 12.7）进行的。图 12.8 给出了典型的实验螺杆特征曲线和相应的模拟结果（11.6 节）。

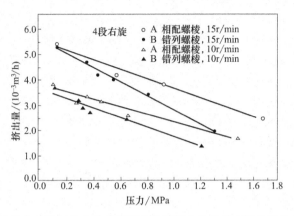

图 12.5　相切式异向双螺杆挤出机的相配和错列螺纹结构关于聚乙烯的螺杆特征曲线的对比（Min，Kim 和 white[5]）（引自：Society of Plastics Engineers）

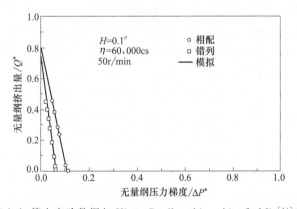

图 12.6　Nichols 等人实验数据与 Kim，Szydlowski，white 和 Min[14]理论值对比

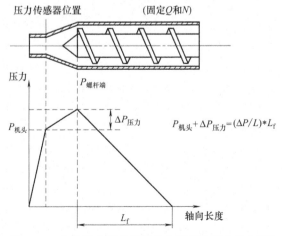

图 12.7　实验设备原理图及机头附近的压力分布[18]

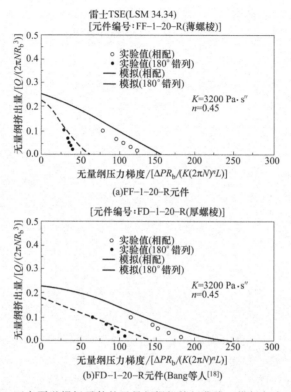

图 12.8　正向泵送螺杆元件的无量纲螺杆特征曲线（模拟与实验对比）

12.4　相切式异向双螺杆机器中模块化螺杆的泵送特征

非啮合异向双螺杆挤出机中的模块化螺杆结构可追溯到焊接工程师公司 Fuller[10] 1945 年的专利申请。在焊接工程师公司后来不同的专利 [11~13] 中，对这些结构进行了描述。典型的焊接工程师公司结构采用右旋和左旋螺纹元件，如图 10.4 和图 10.5 所示。

仅有的同时对左旋和右旋螺纹元件的模块化螺杆影响的研究是由 Min 等人[5]进行的。这些作者们对比了这两套模块化螺杆系统的泵送性能，如图 12.9 所示。这些螺杆含有 4 段。第 1、第 2 和第 4 段都是正向输送螺纹的，第 3 段元件是反向泵送。这些模块化螺杆与所有的正向泵送螺纹元件结构（相配螺纹和错列螺纹结构）进行了对比。用聚乙烯熔体观察到的螺杆特征曲线见图 12.10。这些结果表明，与全部为正向泵送螺纹元件结构相比，带有反向泵送螺纹元件的螺杆结构具有较低的泵送能力和较弱的建压能力。这项实验结果对相配螺纹和错列螺纹都适用。

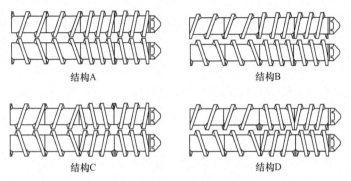

图 12.9 Min，Kim 和 White 等人[5] 的模块化螺杆结构

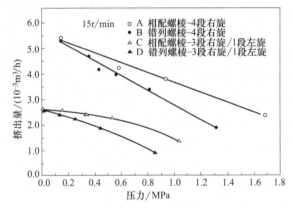

图 12.10 图 12.9 的模块化螺杆的螺杆特征曲线的对比[5]。
螺杆结构 C 和 D 具有反向泵送螺纹元件

Min 等人[5] 也得到了沿他们的双螺杆挤出机长度方向上的压力分布。典型的实验结果如图 12.11 所示。这些实验结果表明，沿螺杆长度方向正向泵送螺纹

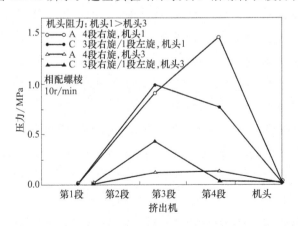

图 12.11 沿一台带有模块化元件相切式双螺杆挤出机长度方向上的压力分布实验值[5]

元件使压力增加，而引入反向泵送螺纹元件，导致沿流动方向压力减小。

上述总结的实验结果一般与其他人给出的看法吻合，例如，由 White 和 Szydlowski[19] 以及其他人（比较 5.4 节和 11.7 节）给出的看法，即反向泵送螺

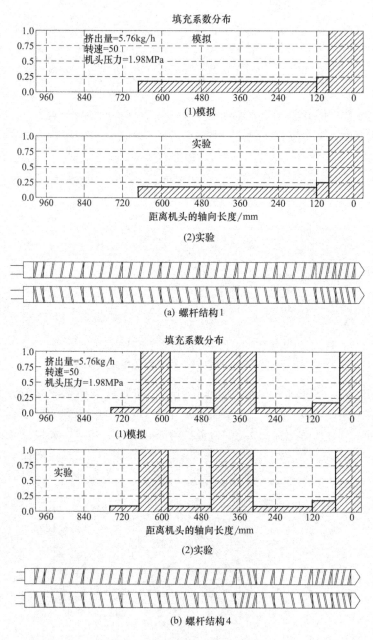

图 12.12　预测填充系数分布和实验填充系数分布的对比[18]

纹元件使压力降低，因此减弱了整体的泵送能力。当然，这些反向泵送螺纹元件出现在 Fuller 设计[10]的焊接工程师公司的机器中，通过降低压力以便脱挥等的应用。

Bang 等人[18]也在模块化螺杆上，对预测填充系数分布和实验结果进行了对比，如图 12.12 所示。

12.5　相切式异向双螺杆机器中停留时间分布

在相切式异向双螺杆机器中停留时间分布的三项实验研究已经被发表在文献中。最早进行这类研究的是日本制钢的 Sakai[1,2]。最近，Walk[20]，Nichols，Golba 和 Shete[21]以及 Chen[22]也对停留时间分布进行了研究。

Sakai[1]利用示踪技术测量停留时间分布，这项技术利用发光二极管和玻纤导体测量电压，而电压取决于颗粒的浓度。Walk[20]在有机玻璃熔体中使用了硒化镉示踪粒子，利用 X 射线荧光探测这种粒子。在 Nichols，Golba 和 Shete[21]的研究工作中，他们利用导电炭黑示踪粒子和电容/介电常数作为观察手段。在1995 年的一篇文章中，Chen 等人[22]选用聚苯乙烯乙苯溶液进行示踪实验。他们用氨基蒽醌作为示踪粒子，并用紫外线分光计探测这种粒子。

Walk[20]发现，停留时间随着螺杆转速的提高或产量的提高而减少。Nichols等人[21]发现，与相配螺纹结构相比，错列螺纹结构的平均停留时间一般较长。他们还发现，停留时间随着螺杆转速和挤出速率的增大而减少，但随着螺槽深度的减小而增加，这一特性类似于螺杆的相配螺棱和错列螺棱结构的情况。

总体来讲，相切式双螺杆挤出机的停留时间分布要比单螺杆挤出机中的宽，比连续搅拌反应釜中的停留时间分布窄。

12.6　相切式异向双螺杆机器中混合研究

Howland 和 Erwin[23]研究了黑和白硅橡胶的条纹行为，这两种颜色橡胶被加入到双螺杆挤出机中，然后被硫化。样条从机器中取出后，从不同的角度切样片。他们发现，双螺杆机器的混合速率远大于同等单螺杆挤出机。他们将这一现象归于螺杆之间的回流。

在 20 世纪 90 年代期间，Bigio 和 Baim[24,25]发表了在相切式异向双螺杆机器中混合的研究成果。在一项研究中，他们向玉米糖浆（非牛顿流体）中注入一股红色溶液。结果发现，随着填充系数的增加，螺杆之间的错位导致螺杆间颜料传递的增加。增加螺杆转速也能增加螺杆间颜料传递量。他们通常发现，螺杆间的传递程度要低于牛顿流体的传递，尤其是在较低转速下。在第 2 项研究中，

Baim 和 Bigio[25]讨论了不同黏度值的两种着色硅胶油的混合（一白、一黑）。

12.7 相切式异向双螺杆机器中熔融行为

Kaplan 和塔德莫尔[8]率先用低密度聚乙烯（LDPE）研究了相切式异向双螺杆挤出机中的熔融。根据 Maddock[26]的实验，他们将着色的和纯 LDPE 颗粒混合料加入挤出机，加工这些颗粒直到稳态挤出，然后冷却机器。将螺杆拔出，并将固化塑料展平，切片。这一实验发现了靠近推力螺棱的固体床。这与单螺杆挤出机形成对比，单螺杆挤出机中的固体床接近拖尾螺棱[26]。Kaplan 和塔德莫尔认为，这种结果不是因为机器是双螺杆挤出机，而是因为大螺棱间隙造成的。

Sakai[27]也对非啮合异向双螺杆挤出机的熔融进行了实验观察。实验是在一台双螺杆挤出机中进行，螺杆是分离的，但在螺杆头部有混炼段。Sakai 评价，固体床宽度沿螺杆轴向位置在减小。

Nichols 和 Kheradi[28]发表了第 3 项研究结果。他们发现，熔融的细节是由相配螺棱的螺杆结构决定的。当选用一种相配螺棱结构时，其熔融行为类似于单螺杆挤出机，即熔池在导向螺棱上。当螺棱是错列时，没有熔池形成，颗粒被发现分散在熔体基材中。这可能与螺杆横向间压力平衡有关。螺杆 A 的一个螺槽和螺杆 B 的两个螺槽间的压力平衡是紊乱的。

Min，Kim 和 White[5]进行了这种熔融过程的流场可视化研究。他们通常发现，在所有的情况下，固体床漂浮在熔池的中间。

当然，对相切式异向双螺杆机器的熔融机理还没有一致的评述，仍需要做更多的研究工作。

参考文献

[1] T. Sakai，*Góse Jushi*，**29**，7 (1978).

[2] T. Sakai，*Kobunshi Ronbunshu*，**38**，279 (1984).

[3] D. I. Bigio and D. Penn，*SPE ANTEC Tech. Papers*，**34**，59 (1988).

[4] D. I. Bigio，J. H. Conner，and A. Vashihat，*SPE ANTEC Tech. Papers*，**35**，133 (1989).

[5] K. Min，M. H. Kim，and J. L. White，*Int. Polym. Process.*，**3**，165 (1988).

[6] R. J. Nichols，*Personal Communication*，June (1988).

[7] D. I. Bigio and M. Wiginton，*SPE ANTEC Tech. Paper*，**36**，1905 (1990).

[8] A. Kaplan and Z. Tadmor，*Polym. Eng. Sci.*，**14**，58 (1974).

[9] R. J. Nichols，*SPE ANTEC Tech. Papers*，**29**，130 (1983).

[10] L. J. Fuller，U. S. Patent (filed May 15，1945) 2，615，199 (1952).

[11] L. F. Street，U. S. Patent (filed August 16，1952) 2，733，051 (1956).

[12] R. H. Skidmore，U. S. Patent (filed December 28，1959) 3，082，816 (1963).

[13] R. H. Skidmore，U. S. Patent (filed April 8，1970) 3，742，093 (1973).

［14］　M. H. Kim，W. Szydlowski，K. Min，and J. L. White，*Adv. Polym. Technol.*，**9**，87（1989）.

［15］　R. J. Nichols and J. Yao，*SPE ANTEC Tech. Papers*，**28**，416（1982）.

［16］　K. Nguyen and J. T. Lindt，*SPE ANTEC Tech. Papers*，**34**，93（1988）.

［17］　K. Nguyen and J. T. Lindt，*SPE ANTEC Tech. Papers*，**35**，154（1989）；*Polym. Eng. Sci.*，29，709（1989）.

［18］　D. S. Bang，M. H. Hong and J. L. White，*Polym. Eng. Sci.*，**38**，485（1998）.

［19］　J. L. White and W. Szydlowski，*Adv. Polym. Technol.*，**7**，419（1987）.

［20］　C. J. Walk，*SPE ANTEC Tech. Papers*，**28**，423（1982）.

［21］　R. J. Nichols，J. C. Golba，and P. K. Shete，Paper presented at AIChE Diamond Jubilee Meeting，Washington，D. C.，November（1983）.

［22］　L. Chen，G. H. Hu and J. T. Lindt，*Polym. Eng. Sci.*，**35**，598（1995）.

［23］　C. Howland and L. Erwin，*SPE ANTEC Tech. Papers*，**29**，113（1983）.

［24］　D. I. Bigio and W. Baim，*SPE ANTEC Tech. Papers*，**38**，1809（1992）.

［25］　W. Baim and D. I. Bigio，*SPE ANTEC Tech. Papers*，**40**，266（1994）.

［26］　B. H. Maddock，*SPE Journal*，**15**，303（1959）.

［27］　T. Sakai，*Nippon Kikai Gakkai Ronbunshu*，**B47**，420（1981）.

［28］　R. J. Nichols and F. Kheradi，*Mod. Plastics*，**61**（February），70（1984）.

第

13

章

连续混炼技术

13.1 概述

清晰地划分双螺杆加工机械有点难度。一种方法是以螺杆转动的相对方向划分，另一种是以螺杆啮合的程度划分。在这一章中，我们也已经确定区分这些机器，可促进从已知的间歇式混炼机升级到连续混炼机。这些机器沿着它们的螺杆轴方向含有混炼转子段。这样的划分多少有点人为因素，但这样的表述对理解连续混炼技术的发展是相当有用的。

13.2 间歇式密炼机

用异向双转子机器加工弹性体（聚合物熔体）可追溯到 E. M. Chaffee[1] 1836 年用于磨粉机和压延机的专利中。这一专利试图混合天然橡胶，并把它涂敷到织物上。

这一技术发展的第 2 阶段发生在德国的斯图加特（Stuttgart）。1877 年，Paul Freyburger[2] 开发了一种带有椭圆盘转子的双转子捏合机器。Paul Pfleiderer 意识到了这一发明的重要性，他进一步开发了这种机器。他在 1879 年将 Hermann Werner 作为合作伙伴，并创建了 WP 机器制造公司[4]，制造双转子密炼机[3]。这些机器最初被用于食品加工，后来被用于早期的工业聚合物材料，诸如橡胶。Freyburger 的转子机器没有被设计出来。Pfleiderer[5] 后来重新设计和重大改进了 Freyburger 的密炼机转子，如图 13.1 所示。它们代表着"西格玛叶片"混炼机的起源。

Hermann Werner 和 Paul Pfleiderer 协商同意，Werner 应该在斯图加特管理公司，Pfleiderer 应该前往英国伦敦，这样可以通过大英帝国开拓 WP 公司产品市场[5]。Pfleiderer 一直停留在英国直到他于 1903 年去世。

在 19 世纪 90 年代，Hermann Werner 取得在美国建立 WP 公司的领导权，在密歇根州的赛基诺（Saginaw）制造混合设备[6]。这一工厂的所有权部分归 Werner，Pfleiderer 和 Perkins。

20 世纪早期见证了在间歇式密炼机设计中的研发过程。它将对异向双螺杆挤出机的设计具有重大影响。被用于橡胶加工的第一台间歇式密炼机是 WP 的机器，具有 Kempter 发明的特殊设计的咀嚼转子[7]（图 13.2）。Herrmann[3] 描述了这种机器，他重新印刷了 1910 年 WP 的广告，为一台"橡胶混合机"做宣传。这些机器可在顶部打开，转动转子取出混合好的物料。

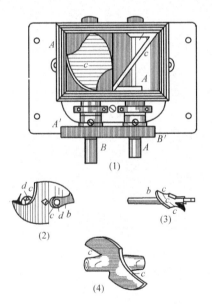

图 13.1　Pfleiderer 的 1879 年间歇式
密炼机转子[5]

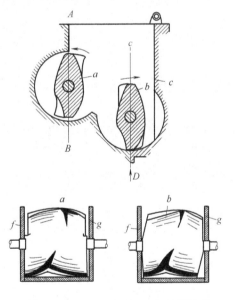

图 13.2　Kempter 的 1931 年间歇式
密炼机转子[7]

John E. Pointon 是 Paul Pfleiderer 的被监护人，他已经成为 Werner，Pfleiderer 和 Perkins 公司的总工程师，他在 1915 年的专利[8] 中描述了一种橡胶密炼机，具有两个相似形状（右旋）反向旋转螺杆，见图 13.3。

在 1913 年，Werner，Pfleiderer 和 Perkins 公司的 Kurt Pfleiderer 遇到 Fernley H. Banbury 并使其相信密炼机对橡胶共混的重要性，从而劝说他加入美

国密歇根州赛基诺的 WP 公司[9]。在 1913~1916 年，F. H. Banbury 作为一名赛基诺的 WP 公司雇员，开发了一台真实密炼机的改进型结构，该结构具有一个活塞和多个转子，每个转子上带有两组错位式翼形螺棱。在 Banbury 的机器中，如在 Pfleiderer 的机器和 Kempter 的机器中一样，两个转子以不同的角速度转动。在一次与赛基诺的管理层发生争吵中，Banbury 从 WP 公司辞职，并带走他的专利，这是他个人获得的一项专利[10]。Banbury 发明的设计图见图 13.4。

Banbury 后来与 H. F. Wannin 和 F. D. Wanning 合作，他的密炼机结构[9] 由他们的公司，康州德比（Derby）的伯明翰铸铁厂（Birmingham Iron Foundry）

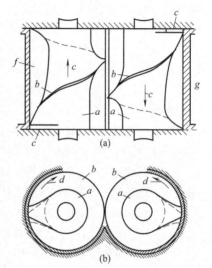

图 13.3　Pointon 的 1915 年间歇式密炼机转子[8]

开发。在后续的几年里，Banbury 的密炼机主导了橡胶混炼市场。伯明翰铸铁厂注册了 Banbury® 密炼机的商标。

1927 年，伯明翰铸厂被并入康州安索尼亚（Ansonia）的法雷尔铸造机械公司，成立了法雷尔-伯明翰公司，后来成为法雷尔公司[9,11]。在 20 世纪 60 年代，Banbury 密炼机应该是法雷尔公司在他们研发法雷尔连续密炼机方面的起始点（13.8 节）。

在第一次世界大战期间，英国彼得伯勒（Petersborough）的 Werner，Pfleiderer 和 Perkins 公司迫于反德情绪的压力更名为珀金斯工程师有限公司，这种情绪在英国和他们帝国的盎格鲁—撒克逊（Anglo-Saxon）地区蔓延。Pfleiderer 家族将他们的名字改为 Pelmore。在 1917 年，在英国政府和 Pfleiderer-Pelmores 的命令下，斯图加特的 Werner 家族成员放弃了他们的股份。珀金斯工程师公司后来由英国的 Joseph Baker and Sons 有限公司接管，成为初始的 Joseph Baker Sons and Perkins 有限公司，和后来的贝克-珀金斯有限公司[6]。Baker 家族掌握着控制权，董事会的首任董事长是 Allan R. Baker，他在这个位置上直到 1942 年结束。最初，Joseph Baker and Sons 有限公司和 Werner，Pfleiderer 和 Perkins 公司的工厂被保留。在 1933 年，这些工厂被合并到 Werner，Pfleiderer 和 Perkins 公司在彼得伯勒的旧址。在第一次世界大战期间，WP 公司的赛基诺工厂被美国政府的外管局（Alien Custodian Authority）查封。后来，它被出售给贝克-珀金斯有限公司，成为美国的贝克-珀金斯有限公司[6]。

在 20 世纪 20 年代，贝克-珀金斯有限公司继续在英国市场销售 WP 机械。在 1927 年，贝克-珀金斯公司获得了一份 WP 公司的重要金融权益（但不控股）[6]，作为其主要的股票持有人直到 20 世纪 80 年代。WP 公司和贝克-珀金斯公司在后来的半个世纪中在制造啮合同向双螺杆挤出机领域成为竞争者（见第 10 章）。在 1987 年，贝克-珀金斯公司被并入 APV 化工机械有限公司。

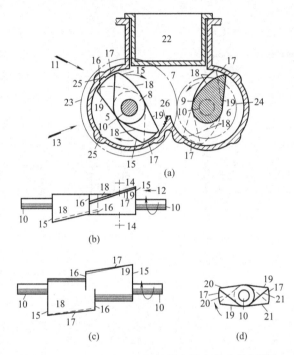

图 13.4　Banbury1916 年的带有活塞的密炼机[10]

在 20 世纪 20～30 年代，伯明翰铸铁厂/法雷尔-伯明翰公司和 WP 公司持续着在混合机械中相互竞争。这种竞争态势直到 20 世纪 30 年代后期结束，WP 公司引入了 Banbury 在混合腔结构中的创新设计。英国曼彻斯特的 David Bridge 公司获授权制造 Banbury 密炼机。在 20 世纪 30 年代，德国埃森（Essen）的 Friederich 克虏伯（Krupp）公司成为了法雷尔-伯明翰授权使用者，在马格德堡（Magdeburg）他们的 Grusonwerk 工厂制造 Banbury 密炼机（见 13.4 节）[12]。

在 20 世纪 30 年代中主要创新是发明了带有啮合转子的密炼机，它们的发明者分别是英国的 Francis Shaw and Company 的 Rupert Cooke[13]和 WP 公司的 Albert Lasch 和 Ernst Stromer[14]。这类机器在转子之间增加了分散混合（图 13.5）。Francis Shaw 的机器在 20 世纪 30 年代被推向市场，并由于它卓越的分散混合能力而获得成功。

在第二次世界大战后，法雷尔-伯明翰公司（后来的法雷尔公司）一直与

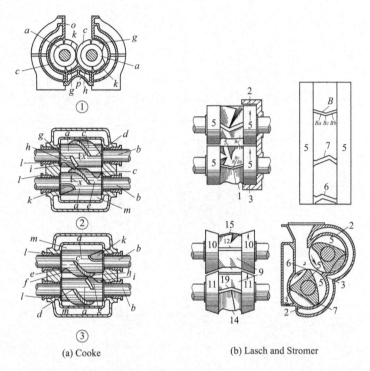

(a) Cooke

(b) Lasch and Stromer

图 13.5　啮合转子密炼机 （1934）：（a）Cooke[13]；（b）Lasch and Stromer[14]

WP 展开竞争。他们在日本寻找确定专利使用者并在欧洲大陆取代克虏伯公司。神户制钢在 1965 年成为了法雷尔密炼机的许可制造者。同年，意大利机械制造商 Pomini 公司获得制造许可，并在意大利卡斯特兰扎（Castellanza）创建了一家新公司 Pomini-法雷尔。这些关系持续到 1985 年。在美国，俄亥俄州克利夫兰（Cleveland）的 Stewart Bllling 公司开始制造密炼机。

13.3　早期连续混炼机的结构

最早的连续混炼机的结构似乎出现在 Paul Pfleidere 的一项专利中。在 1881 年，Paul Pfleiderer[15]设计和申请了一种相切式反向旋转双螺杆混炼机器。他提出了反向旋转双轴，其中包括混炼转子和螺纹元件（图 13.6）。物料首先通过两对混炼转子垂直向下运动，然后被双螺杆抓取，并泵送到另一套混炼元件中。第二套双螺杆将材料泵送到这台机器的出口。Pfleiderer 也设计了一台三螺杆机器。不同螺杆上的螺纹元件和混炼元件是相切的。后来 85 年中的这项技术的大部分内容包含在 Pfleiderer 的专利中。然而，这种机器也没有被商业化。后续的 Pfleiderer[15]连续混炼机器（第二项研发成果）是德国（柏林）夏洛滕堡

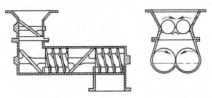

图 13.6　Pfleiderer1881 年连续混炼机[15]

（Charlottenburg）的 H. Ahnhudt1924 年的专利[16]，用于橡胶和塑料材料的连续混炼。这项专利包括了两根非啮合反向旋转螺纹元件的轴，由此形成了一对有效啮合锥形混炼转子。这些转子轴中的一根轴的延伸段变成一单螺杆，建立压力并泵送材料离开机器。这一概念如图 13.7 中所示。

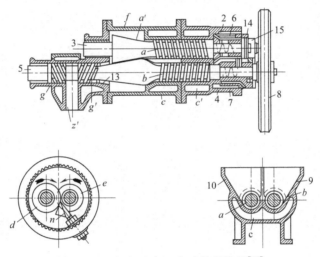

图 13.7　Ahnhudt1924 年连续混炼机[16]

13.4　克虏伯的 Knetwolf 混炼机

在 20 世纪 30 年代，法雷尔-伯明翰授权的德国钢铁机械制造商，Friederich 克虏伯[12]公司在欧洲制造和销售 Banbury 结构的密炼机。在 F. H. Banbury 的传记中，Killheffer[9]描述了一次在 20 世纪 30 年代到德国马格德堡的克虏伯 Grusonwerk 工厂参观 Banbury 的经历，在那里他遇到了 Wilhelm Ellermann。克虏伯正是在这里制造 Banbury 混炼机。然后，他们一起参观了汉诺威的大陆 Gummiwerke AG 公司，在柏林的克虏伯工厂。他们检查了首台克虏伯 Banbury 混炼机，其转子带有耐磨轴承。约在 20 世纪 40 年代，大概在 I. G. 法本公司的建议下，克虏伯公司的 Wilhelm Ellermann 开发了一种新型啮合反向旋转双转子连续混炼机。克虏伯公司在他们的 Grusonwerk 工厂制造了这台机器，并在 1941 年推向市场[17,18]。1941 年申请了专利，1945 年获得了授权[18]，但发明者和设计者都没出现在这项专利中❶。克虏伯公司从 I. G. 法本公司获得了一项使用许可，因为他们考虑采用由 Kiesskalt 等人研发的这项专利技术，它在 7.3 节中被描述。这种克虏伯机器被称为 Knetwolf，被描述成一种"有机塑性材料的密炼机"。它是第一台商业化制造的连续混炼机。这种克虏伯的 Knetwolf 机器的螺杆直径为 400mm，被用于聚异丁烯的生产。这一应用被详细地描述在这项专利中。

这台 Knetwolf 机器在挤出机喂料口处设有啮合螺杆，向混炼元件泵送物料。这些元件是纵向叶片或螺棱。在转子达到排料口时，转子再次变成啮合螺杆（图 13.8）。

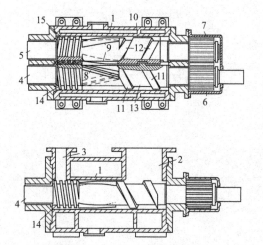

图 13.8　Ellermann 的 1941 年克虏伯 Knetwolf 机器[18]

13.5　Eck 挤炼机

在第二次世界大战结束时，不再生产克虏伯公司制造的 13.4 节的"Knet-wolf"机器。Ellermann 移居西德，并为杜塞尔多夫的 Josef Eck und Söhne 机器制造公司工作[3,17,19]。Ellermann 和 Eck 一起工作，改进了这种连续混炼机器的结构。在 1951 年申请的一项专利中，Ellermann[19] 描述了一种结构，两个原有的螺杆在机头附近变成了相切，而不是啮合。这种混炼段具有往回泵送螺杆的形式。图 13.9 给出了这种结构。这种机器被称为"Eck 挤炼机"。

---

❶　第二次世界大战结束前在德国这是惯例。

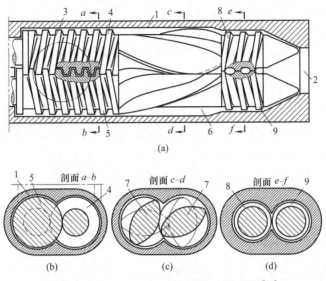

图 13.9 Ellermann 1951 年的 Eck 挤炼机[19]

13.6 Ellermann 克劳斯玛菲 DSM 混炼机

在 1953 年，Ellermann[17,20,21] 申请了一项自洁同向啮合双螺杆挤出机的专利，带有类似过渡的捏合段。这种挤出机有两根分离的轴，在机筒上有螺槽（图 13.10）。

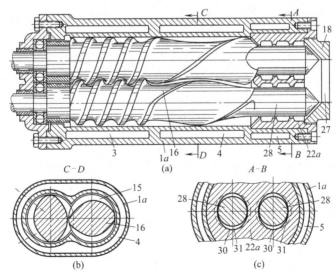

图 13.10 Ellermann1953 年啮合同向旋转密炼机[20,21]

这项专利被转让给了杜塞尔多夫的 Joseph Eck und Söhne 公司，这家公司已经制造了 Eck 挤炼机。然而，这项技术由慕尼黑的克劳斯玛菲（Krauss-Maffei）公司获许可制造和商业开发。这种机器被称为 DSM（DSM 是 Doppel Schnecken Mischer，双螺杆混炼机）。

克劳斯玛菲的这种机器是类似的，但在螺杆上加工有螺纹，而不是在机筒壁上（图 13.11）。在 Proksch[22] 1964 年的一篇文章中，详细描述了克劳斯玛菲的 DSM 机器。这台机器的用途，与它以前的机型相同，是连续混炼和捏合。

后来，这种机器（DSM）被授权给广岛的日本制钢生产[23]，他们继续制造这种机器。

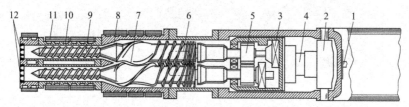

图 13.11　克劳斯玛菲 DSM 机器[22]

13.7　法雷尔连续混炼机

13.2 节中讲述了 Banbury 混炼机的研发和与伯明翰铸铁厂及后来的法雷尔-伯明翰和法雷尔公司的结合等内容。20 世纪 60 年代，康州安索尼亚的法雷尔公司参加研发法雷尔连续混炼机的人员有 E. H. Ahlefeld，A. J. Baldwin，P. Hold，W. A. Rapetzki 和 H. R. Scharer[24,25]。法雷尔连续混炼机传承了 Pfleiderer[15] 和 Ahnhudt[16] 的专利技术。然而，它的混炼元件的结构是不同的。他们采用 Banbury[10] 的密炼机 ［长期由法雷尔公司制造（13.2 节）］的转子结构。法雷尔连续混炼机（FCM）（图 13.12）的结构中，将螺纹元件和类似于 Banbury 密炼机转子的元件组合在一起，它已经被长期应用在橡胶工业中。混炼元件第一段包括了相反的螺棱，可产生向前的泵送作用。接着是一对反向的螺距段，它可产生反向泵送。正如所期待的，在 Banbury 混炼机中，存在有明显的通过混炼元件螺棱顶端的流动，这种流动可引起分散混合。依次接着是机器的排料口。FCM 的螺杆和混炼段被加工在不同的轴上。在早期的机器中，像在密炼机中那样，转子具有不同的转动速度。最近，两个转子被设计成转速相同。法雷尔连续混炼机的最初设想是用于橡胶和炭黑的连续共混，胶粉从机器的进口加入。然而，这种机器已经不仅局限于它的这一应用，并已经被广泛地应用在后反应器的加工和热塑性塑料的共混。

Hold[26] 和 Scharer[27] 的文章中描述了法雷尔连续混炼机。他们叙述了这种机器的操作，指出，由于计量流动和低卸料压力，造成了非充满流动的加工状态。螺杆轴以不同的速度转动，只形成适中的压力。聚合物产品从较大的"卸料"口模中挤出，通常进入到螺杆挤出机的料斗中。

已有各种研究成果被用于改进法雷尔连续混炼机的结构。这些成果可见于 20 世纪 60 ～ 70 年代 Gagliardi[28] 和相同研究机构中的 Mosher，Treat 和 Drab[29] 的专利中。

法雷尔公司授权日本神户的神户制钢公司在日本多年制造法雷尔连续混炼机。与之类似，法雷尔公司也授权意大利卡斯特兰扎的 Pomini（Pomini-法雷尔）公司多年制造这种机器。这些许可授权在 1985 年到期，但神户制钢和 Pomini 继续制造这种机器并开发了新的结构。在 13.10 节中讲述了神户制钢的研发成果。

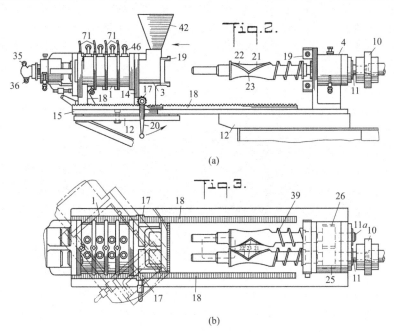

(a)

(b)

图 13.12　法雷尔连续混炼机 1962 年的专利申请[24]

13. 8　Matsuoka 和 Bolling 的 Mixtrumat 混炼机

由俄亥俄克里夫兰的 Intercole Automation（Stewart Bolling）公司的 J. T. Matsuoka[30～35] 在 1968～1974 年间申请的专利研发出一种新型的连续混炼机。他的第一项专利[30] 讨论了含有两根非啮合转子的混炼机，包括了螺纹送料部分和混炼段（图 13.13）。两个转子中的一个转子混炼段有两个螺棱，每个螺棱以相反的方向扭曲，第 1 个螺棱沿螺纹相同的方向泵送物料，第 2 个螺棱沿相反的方向泵送。第 2 个转子有 4 个螺棱，成对排列，这些螺棱也是相反扭曲。

Matsuoka 等人后来的专利[33~35]讨论了将一台单螺杆挤出机与这种混炼段相连，如图 13.14 所示。从双螺杆混炼机中排料的结构由一台单螺杆挤出机构成，它被横向连接在第 2 个螺纹段和混炼段之间。这种机器由 Bolling 公司推向市场，其商标为 "Mixtrumat"。

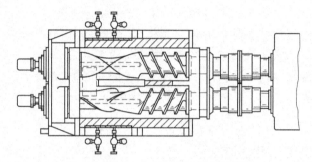

图 13.13　Matsuoka 连续混炼机[30]

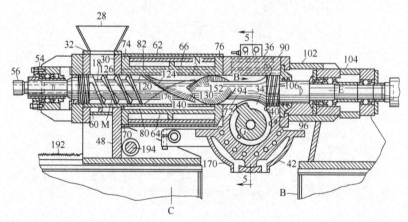

图 13.14　Bolling Mixtruma 混炼机[33]

13.9　日本制钢的研究

基地在日本广岛的日本制钢有限公司[23]从 20 世纪 60 年代已经开始研发双螺杆挤出机和连续混炼机。我们在 13.6 节中指出，他们被授权制造克劳斯玛菲的 DSM 机器。在 Okada，Taniguchi 和 Kamimori[36]的一项 1971 年的美国专利申请中描述了一种类似于法雷尔连续混炼机的机器，但在出口处设计有一种特殊的机筒结构和捏合区（图 13.15）。

日本制钢的 Sakai[37] 在 1988 年的一篇文章中讲述了这种机器。它被用于将马来酸酐/苯乙烯单体接枝到乙烯-醋酸乙烯共聚物上。

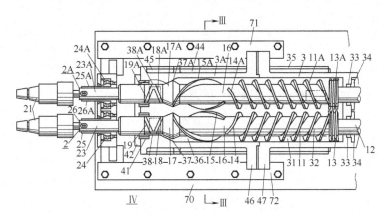

图 13.15　Okada 等人的 JSW 连续混炼机[36]

13.10　神户制钢的 L-串联连续混炼机

日本神户的神户制钢有限公司[38] 经康州安索尼亚的法雷尔公司授权，最初开始制造异向旋转双螺杆机器（见 13.7 节），法雷尔连续混炼机（以及法雷尔公司的 Banbury 密炼机）。从此，他们开始研发新型机器结构。其中一种是神户制钢的 L-串联连续混炼机，参与研发的人有 K. Inoue，K. Ogawa，T. Fukui，T. Asai 和 S. Hashizume[39]，见图 13.16。这台机器由 3 段的机加工轴组成。第 1 段是螺纹段，接着是带有往复泵送螺棱的混炼元件。在轴的末端是带有往复泵送螺棱的第 2 组混炼转子。通常，在现代神户制钢的机器的螺纹段中，螺纹是啮合的。有些商业机器在两段混炼转子之间设置了附加的螺纹元件。在这两段混炼转子之间也可设计有节流阀。共混的聚合物在第二段混炼转子后从机器中挤出。

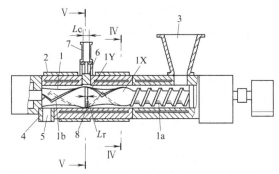

图 13.16　神户制钢的 Inoue 等人的 L-串联连续混炼机[39]

节流阀可被用于影响在混炼腔内的物料停留时间。Pomini-法雷尔公司开发和销售一种相似的机器。

1989 年，神户制钢收购了 Stewart Bolling 公司（13.2 节和 13.9 节），并在俄亥俄州赫逊（Hudson）（阿克伦，Akron）组建了一家新公司，Kobelco-Stewart Bolling 公司。

13.11 后续的法雷尔研发成果

法雷尔公司也已经努力继续改进他们的连续混炼机。这里已经包括新型转子结构的研发，其中含有多个螺纹和转子段。图 13.17 给出了经典的法雷尔结构[40]。

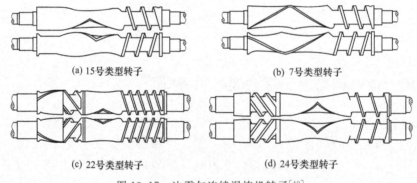

(a) 15号类型转子   (b) 7号类型转子

(c) 22号类型转子   (d) 24号类型转子

图 13.17 法雷尔连续混炼机转子[40]

另一项创新是齿轮泵的使用，用以控制从机器挤出的聚合物[41,42]（见图 13.18），Scharer[27] 讨论了这种结构。齿轮泵排料结构可在机器中的混炼转子区域内建立材料的压力。这样可改善混炼效果。Valenzky 和 Markhardt[42] 的专利描述了一种控制系统，其中，齿轮泵的排料速率可由混炼转子上的扭矩确定。

法雷尔公司制造了一种组合式机器，将法雷尔连续混炼机（FCM）和一台单螺杆挤出机组合在一起，称为紧凑式加工机（Compact Processor）（CP）[43]。几种机型的加工能力在 20 到 2000kg/h 之间。法雷尔公司销售带有 FCM 标记的各种连续混炼机。例如，VMSD（Variable Mixer, Side Discharge）生产线将一台连续混炼机和一台齿轮泵及可选的一台造粒机组合起来。

Scharer[27] 报道说，法雷尔公司生产的机器，其螺杆直径从 50～375mm，较大直径的螺杆转速通常在 300r/min 范围内。螺杆直径的长径比 L/D 通常小于 10。

法雷尔公司介绍了他们连续混炼机的各种用途。其之一为反应挤出，包括用有机过氧化物对聚丙烯的减黏裂化反应，可降低分子量和变窄它的分子量分布[43]。另一种应用是脱挥。Valsamis 和 Canedo[43] 描述了从部分降解的减黏裂化聚丙烯中排出挥发组分。图 13.19 展示了一台现代法雷尔连续混炼机。

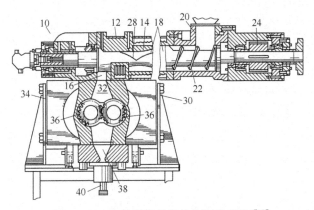

图 13.18　齿轮泵排料结构控制的 FCM[41]

图 13.19　现代法雷尔连续混炼机（由法雷尔公司提供）

参考文献

[1]　E. M. Chaffee，U. S. Patent 16 (1836).

[2]　P. Freyburger，German Patent 1，454 (1877).

[3]　H. Herrmann，in Kunststoffe-Ein Werkstoff Macht Karriere，edited by W. Glenz，Hanser，Munich (1985).

[4]　J. L. White，*Int. Polym. Process.*，**8**，2 (1993).

[5]　P. Pfleiderer，German Patent (filed April 4，1879) 10，164 (1880).

[6]　A. Muir，The History of Baker Perkins，Heffer，Cambridge (1968).

[7]　F. Kempter，German Patent (filed November 16，1913) 279，649 (1914).

[8]　J. E. Pointon，U. S. Patent 1，138，410 (1915).

[9] D. H. Killeffer, Banbury, The Master Mixer, Palmerton, NY (1962).

[10] F. H. Banbury, U. S. Patent (filed January 15, 1916) 1, 200, 070 (1916).

[11] J. L. White, *Int. Polym. Process.*, **7**, 2 (1992).

[12] J. L. White, *Int. Polym. Process.*, **9**, 198, 290 (1994).

[13] R. T. Cooke, British Patent (filed June 14, 1934) 431, 012 (1935).

[14] A. Lasch and E. Stromer, German Patent (filed October 16, 1934) 641, 685 (1937).

[15] P. Pfleiderer, German Patent (filed June 10, 1881) 18, 797 (1882).

[16] H. Ahnhudt, German Patent (filed May 29, 1923) 397, 961 (1924).

[17] H. Herrmann, Schneckenmaschinen in der Verfahrenstechnik, Springer, Berlin (1972).

[18] Anonymous (W. Ellermann), German Patent (filed January 31, 1941) 750, 509 (1945).

[19] W. Ellermann, German Patent (filed July 4, 1951) 879, 164 (1953).

[20] W. Ellermann, German Patent (filed July 31, 1953) 935, 634 (1955).

[21] W. Ellermann, U. S. Patent (filed October 12, 1953) 2, 693, 348 (1954).

[22] W. Proksch, *Kunststoff und Gummi*, **3**, 426 (1964).

[23] J. L. White, *Int. Polym. Process.*, **7**, 194 (2002).

[24] E. H. Ahlefeld, A. J. Baldwin, P. Hold, W. A. Rapetzki, and H. R. Scharer, U. S. Patent (filed May 15, 1962) 3, 154, 808 (1964).

[25] P. H. Ahlefeld, A. J. Baldwin, P. Hold, W. A. Rapetzki, and H. R. Scharer, U. S. Patent (filed July 24, 1964) 3, 239, 878 (1966).

[26] P. Hold, *Adv. Polym. Technol.*, **4**, 281 (1984).

[27] H. R. Scharer, *Adv. Polym. Technol.*, **5**, 65 (1985).

[28] G. R. Gagliardi, U. S. Patent (filed July 24, 1964) 3, 237, 241 (1966).

[29] D. E. Mosher, C. H. Treat, and E. H. Drab, U. S. Patent (filed May 28, 1970) 3, 704, 866 (1972).

[30] J. T. Matsuoka, U. S. Patent (filed September 5, 1968) 3, 565, 403 (1971).

[31] J. T. Matsuoka and A. Cantarutti, U. S. Patent (filed July 19, 1969) 3, 700, 374 (1972).

[32] J. T. Matsuoka and A. Cantarutti, U. S. Patent (filed January 4, 1971) 3, 723, 039 (1972).

[33] J. T. Matsuoka, U. S. Patent (filed February 17, 1972) 3, 764, 118 (1973).

[34] J. T. Matsuoka, U. S. Patent (filed May 7, 1973) 3, 829, 067 (1974).

[35] J. T. Matsuoka and A. Cantarutti, U. S. Patent (filed September 12, 1974) 3, 923, 291 (1975).

[36] T. Okada, K. Taniguchi, and K. Kamimori, U. S. Patent (filed October 12, 1971) 3, 802, 670 (1974).

[37] T. Sakai, **SPE ANTEC** *Tech. Papers*, **34**, 1853 (1988).

[38] J. L. White, *Int. Polym. Process.*, **8**, 190 (1993).

[39] K. Inoue, K. Ogawa, T. Fukui, T Asai, and S. Hashizume, U. S. Patent (filed March 27, 1980).

[40] L. N. Valsamis and E. L. Canedo, *Int. Polym. Process.*, **4**, 247 (1989).

[41] H. R. Scharer, D. A. D' Amato, P. Hold, and M. Hobner, U. S. Patent (filed November 5, 1976) 4, 310, 251 (1982).

[42] D. Valenzky and G. T. Markhardt, U. S. Patent (filed November 22, 1985) 4, 707, 139 (1987).

[43] E. L. Canedo and L. N. Valsamis, in Plastics Compounding: Equipment and Processing, edited by D. B. Todd, Hanser, Munich (1998).

14

连续混炼机的流动机理及建模

14.1 概述

在这一章，将描述连续混炼机的流动建模。这一主题在文献中很少被引起关注，所有的研究都是关于法雷尔连续混炼机。没有人对 13.3 节到 13.6 节中提到的机器进行研究。14.2 节介绍了由法雷尔公司的 Valsamis 和 Canedo[1~5] 提出的最早的模型。14.3 节介绍了后来由 M. H. Kim 和 White[7] 提出的模型，它是基于笛卡尔坐标的流体动力润滑理论和 FAN 计算方法。14.4 节讨论了由 Bang 和 White[8] 提出的较实用的柱坐标模型。

14.2 Canedo－Valsamis 模型

在 1989～1991 年，Valsamis 和 Canedo[1~3] 第 1 次提出了连续混炼机的流动模型。这些研究没有考虑泵送的流体力学，而是强调了停留时间和混合。

这一模型实质上是二维的，它忽略了聚合物共混物在连续混炼机中沿机器轴向的正向流动。在 Valsamis 和 Canedo 的后来的文章中[4,5] 以及塔德莫尔和高戈斯[6] 在他们的第 2 版书中，对这一研究内容进行了拓展。这些作者基本上认为一种剪切流进入楔形空间，这些运动表面之一意味着机器的混合。流体单元通过转子顶端和机筒之间空隙的运动的相对频率被考虑。

14.3 法雷尔连续混炼机的笛卡尔坐标润滑理论流动模型

1992 年，M. H. Kim 和 White[7] 发表了用笛卡尔坐标润滑理论的研究成果，采用式（5.11）和式（5.12）分析了在一台类似于法雷尔连续混炼机的全充满机器中的流动。分析结果与相同作者对相切式异向双螺杆挤出机的研究类似，见第 11 章（11.4 节）。

他们假设机器被聚合物共混物局部全充满，物料是按计量喂入这台机器。

流体动力润滑理论被用于计算这台机器不同段的螺杆特征曲线。这台机器被认为是由正向泵送螺杆（从料斗向前方向）、（较弱的）正向泵送转子段和反向泵送转子段构成。沿着连续混炼机轴向计算出压力分布图。

14.4 法雷尔连续混炼机的柱坐标润滑理论流动模型

在 1997 年的一篇文章中，Bang 和 White[8] 在相同的机器中，采用式（11.30）~式（11.33）表述的柱坐标润滑理论公式，建立了流动模型。这是目前较实用和复杂的模型。这篇文章中分析的转子如图 14.1 所示。它包括正向泵送螺杆、正向泵送转子段、反向泵送转子段和中性转子段。在这一模型中分析的横截面网格如图 14.2 所示。饥饿喂料问题被考虑其中。

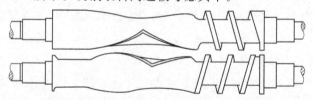

图 14.1 Bang 和 White[8] 描述的机器转子

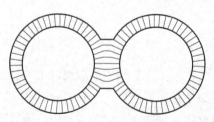

图 14.2 Bang 和 White[8] 使用的横截面网格对连续混炼机的建模

在全充满熔体区的基本流场和运动方程为：

$$\underline{v} = v_z(r)\underline{e}_z + 0\underline{e}_r + v_\theta(r)\underline{e}_\theta \quad (14.1)$$

$$0 = -\frac{\partial p}{\partial z} + \frac{1}{r}\frac{\partial}{\partial r}(r\sigma_{zr})$$

$$0 = -\frac{1}{r}\frac{\partial p}{\partial \theta} + \frac{1}{r^2}\frac{\partial}{\partial r}(r^2\sigma_{\theta r}) \quad (14.2)$$

剪切应力 σ_{zr} 和 $\sigma_{\theta r}$ 为：

$$\sigma_{zr} = \eta\frac{\partial v_z}{\partial r}$$

$$\sigma_{\theta r} = \eta r\frac{\partial}{\partial r}\left(\frac{v_\theta}{r}\right) \quad (14.3)$$

剪切黏度 η 由幂律公式表示：

$$\eta = K \left\{ \left(\frac{\partial v_z}{\partial r} \right)^2 + \left[r \frac{\partial}{\partial r} \left(\frac{v_\theta}{r} \right) \right]^2 \right\}^{\frac{n-1}{2}} \tag{14.4}$$

求解这些方程得到剪切应力为：

$$\sigma_{zr} = \frac{r}{2} \frac{\partial p}{\partial z} + \frac{C_z}{r} = \eta \frac{\partial v_z}{\partial r}$$

$$\sigma_{\theta r} = \frac{1}{2} \frac{\partial p}{\partial \theta} + \frac{C_\theta}{r^2} = \eta r \frac{\partial}{\partial r} \left(\frac{v_\theta}{r} \right) \tag{14.5 a, b}$$

以及速度场：

$$v_z(r) = \frac{1}{K^{\frac{1}{n}}} \int_R^r \left[\left(\frac{r}{2} \frac{\partial p}{\partial z} + \frac{C_z}{r} \right)^2 + \left(\frac{1}{2} \frac{\partial p}{\partial z} + \frac{C_\theta}{r^2} \right)^2 \right]^{\frac{1-n}{2n}} \left(\frac{r}{2} \frac{\partial p}{\partial z} + \frac{C_z}{r} \right) \mathrm{d}r$$

$$v_\theta(r) = \frac{r}{K^{\frac{1}{n}}} \int_R^r \left[\left(\frac{r}{2} \frac{\partial p}{\partial z} + \frac{C_z}{r} \right)^2 + \left(\frac{1}{2} \frac{\partial p}{\partial \theta} + \frac{C_\theta}{r^2} \right)^2 \right]^{\frac{1-n}{2n}} \left(\frac{1}{2} \frac{\partial p}{\partial \theta} + \frac{C_\theta}{r} \right) \frac{\mathrm{d}r}{r}$$

$$\tag{14.6a, b}$$

如同 11.4 节，再次定义通量：

$$q_z = \frac{1}{R_{ch}} \int_{R_i}^{R_b} r v_z \mathrm{d}r \tag{14.7a}$$

$$q_\theta = \int_{R_i}^{R_b} v_\theta \mathrm{d}r \tag{14.7b}$$

在流动分析网格法（FAN）中，通过不同的 $\Delta z \Delta \theta$ 微元中的通量是平衡的。

这种机器被认为是由两个不同的区域构成：

（1）螺杆/转子与机筒之间；

（2）在转子之间。

必须在这两个区域内建立通量平衡。这类通量平衡类似于相同作者分析相切式异向双螺杆挤出机中流动所用的通量平衡（参见第 11 章）。表 14.1 给出了计算中考虑的详细尺寸和间隙。机器转子通量形态见图 14.3。

表 14.1　计算中所用的连续混炼机的详细几何尺寸

机筒直径	101.6mm
中心线距离	107.95mm
整体转子长径比	5
螺杆段	
长度	152.4mm
根直径	63.5mm
螺距	57.15mm
螺旋角	10.70°

续表

转子段	
总长度	355.6mm
间距	
最大值	20.32mm
最小值	2.54mm
正向泵送	
长度	101.6mm
螺旋角	30°
反向泵送	
长度	152.4mm
螺旋角	−30°
中性段	
长度	101.6mm
螺旋角	0°

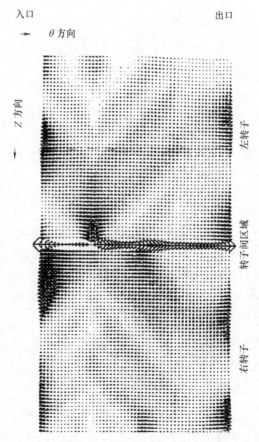

图 14.3 Bang 和 White[8] 计算的机器转子通量形态

　　计算出机器转子和螺杆的不同区段的螺杆特征曲线，如图 14.4 所示。在图 14.4 (a)，(b) 中，这些曲线表示了螺杆和转子第一部分的正向泵送特征。如图 14.4 (c)，(d) 所示，转子的最后两段趋于反向泵送。

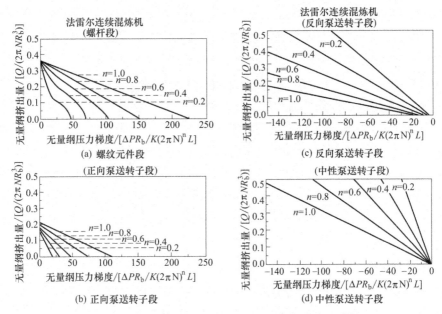

图 14.4　连续混炼机各区段计算的螺杆特征曲线[8]

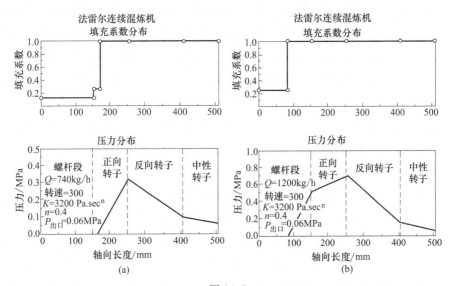

图 14.5

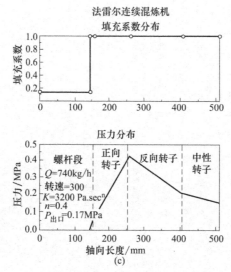

图 14.5　Bang 和 White[9] 计算的非充满流动法雷尔连续混炼机压力分布及操作条件

　　对于一台饥饿喂料机器，这是常见的情况，这台机器在出料口是全充满的，但不是在整个机器长度上。上述的 FAN 分析方法仅适用于全充满区域。

　　Bang 和 White[9] 分析了全充满机器和饥饿喂料机器两种情况中的流动。他们使用了这种连续混炼机全充满段计算的螺杆特征曲线。他们可计算出沿机器轴线的压力分布以及压力降至大气压的位置，如图 14.5 所示。

参考文献

[1]　L. N. Valsamis and E. L. Canedo，*Int. Polym. Process.*，**4**，247 (1989).

[2]　E. L. Canedo and L. N. Valsamis，*SPE ANTEC Tech. Papers*，**35**，116 (1989).

[3]　E. L. Canedo and L. N. Valsamis，*SPE ANTEC Tech. Papers*，**37**，141 (1991).

[4]　E. L. Canedo and L. N. Valsamis, in Mixing and Compounding Theory and Practice，edited by I. Manas-Zloczower and Z. Tadmor，Hanser，Munich (1994).

[5]　E. L. Canedo and L. N. Valsamis, in Plastics Compounding, edited by D. B. Todd, Hanser, Munich (1998).

[6]　Z. Tadmor and C. G. Gogos, Principles of Polymer Processing, 2nd ed.，Wiley-Interscience, N. Y. (2006).

[7]　M. H. Kim and J. L. White，*Int. Polym. Process.*，**7**，15 (1992).

[8]　D. S. Bang and J. L. White，*Polym. Eng. Sci.*，**37**，1210 (1997).

[9]　D. S. Bang and J. L. White，*Int. Polym. Process.*，**12**，278 (1997).

第
15
章

连续混炼机的实验研究

15.1 概述

很少有实验研究连续混炼机的特性。这些少量实验研究没有涉及 Eller-mann[1~3]的早期机器，其中包括 DSM[4] 混炼机（见 13.4 节到 13.7 节）。所有这些实验研究都考虑了法雷尔连续混炼机®[5]以及法雷尔早期授权神户制钢的 Nex-T®混炼机（13.7 节）。

上述的实验研究包括了两个研究团队：

· 法雷尔公司的 Hold，Canedo 和 Valsamis[6~9]
· 阿克伦大学的 White，Galle，Liu 和 Bumm[10~12]

15.2 节介绍了在机器中聚合物的分布和状态的实验研究。15.3 节分析了停留时间分布。15.4 节介绍了连续混炼机的分散混合。15.5 节介绍了共混聚合物熔体。

15.2 连续混炼机中聚合物的分布

在 1984~1989 年，Hold[6] 及 Valsamis 和 Canedo[7] 报告了法雷尔连续混炼机中聚合物的分布。他们描述了料斗下方一对非啮合异向双螺杆中饥饿喂料颗粒流动的情况。在机器口模前方和转子上充满了聚合物，熔融主要发生在转子的正向泵送区段（见图 15.1）。

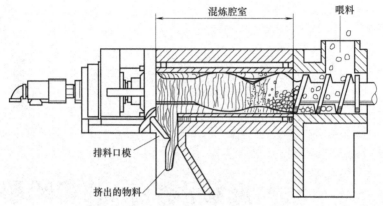

图 15.1 法雷尔连续混炼机的运行[6] (引自：John Wiley and Sons)

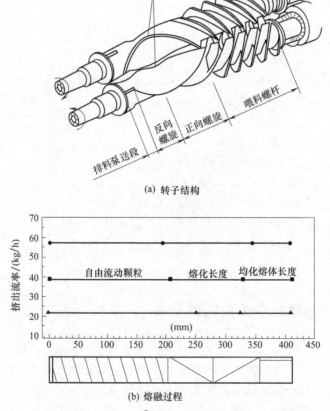

(a) 转子结构

(b) 熔融过程

图 15.2 Kobelco Nex-T® 连续混炼机的固体输运和熔融[11]

十年后，Galle 和 White[10,11]研究了神户制钢的（Kobelco）Nex-T®连续混炼机（图 15.2a）中聚合物的分布。研究结果类似于对法雷尔连续混炼机的研究结果。颗粒的非充满流动出现在料斗附近轻微啮合螺杆中。口模转子段前方的区域内大量充满了聚合物熔体，熔融发生在正向泵送转子段的起始处（见图15.2b）。

15.3　停留时间分布

Valsamis 和 Canedo[8]描述了法雷尔连续混炼机（Farrel Continuous Mixer®）的停留时间分布。他们对比了 WP 公司积木式同向双螺杆挤出机的发表结果，并发现停留时间分布非常相似。

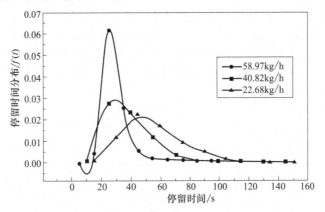

图 15.3　Kobelco Nex-T®连续混炼机在不同挤出流率
下的不同停留时间分布[11]

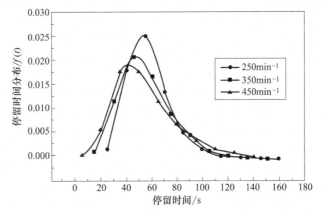

图 15.4　Kobelco Nex-T®连续混炼机在不同转子转速
下的不同停留时间分布[11]

后来，Galle 和 White[10,11]公布了 Nex-T® 连续混炼机中的停留时间分布。他们描述了挤出滚率和转子转速对不同的停留时间分布的影响，如图 15.3 和图 15.4 所示。通过这台机器提高挤出量将缩短停留时间，并使停留时间分布变窄，使得流动行为接近于柱塞流。提高转子转速会有相似的效果，但并不显著。

15.4 连续混炼机中的分散混合

White 等人[12]研究了在一台 Nex-T® 连续混炼机中分散混合的速率，并用一台布拉本德公司（Brabender）Plast-Corder® 机器，装配相切四头螺棱的转子[13]，模仿一台工业密炼机。将炭黑、硅油和碳酸钙混入到不同的弹性体，包括三元乙丙橡胶、丙烯腈-丁二烯共聚物和丁二烯-苯乙烯共聚物。制备了体积百分数为 10% 和 20% 的混合物。对这些体系进行了实验对比。用扫描电镜测定聚集体的尺寸。用这两种不同混炼机最终获得的聚集体的尺寸是相近的。当比较混合时间（即，间歇式密炼机的混合时间与连续混炼机的停留时间）实现特定的聚集体尺寸时，他们发现连续混炼机用时较短。

上述段落中介绍的实验结论可根据半经验公式解释（比较 6.5 节）：

$$\frac{d\,\overline{d}}{dt} = -k\,\overline{d} + k'\left(\frac{1}{d^2}\right)$$

式中，$\overline{d}$ 是聚集体平均直径；k 是破碎系数；k' 是再团聚系数。连续混炼机的 k 值比间歇式密炼机的 k 值大 3~4 倍。

在非充满间歇式密炼机中，这种行为与聚合物通过运动转子和混合腔室壁面之间的间隙的能力相关。在连续混炼机中，所有的聚合物和填充物必定通过口模和混合转子前面的全充满区域。

15.5 不同聚合物的共混

White 等人[12]研究了 Nex-T® 连续混炼机中 75/25 质量比的等规聚丙烯和聚苯乙烯的共混。他们指出，聚苯乙烯分散相的尺度分布是机器轴向位置和工艺参数的函数。实验是在不同的喂料速率和转子转速条件下进行的。实验发现，分散相尺寸的减小发生在沿转子轴向的位置上。在低喂料速率和高转子转速条件下，分散相的尺寸均会减小（见图 15.5 和图 15.6）。

在这些试验中，这台连续混炼机与一台短 L/D 单螺杆挤出机相接，熔融共混物被泵送到挤出机的机头出口。这台挤出机似乎可减小由连续混炼机不同的操作条件引起的分散相尺寸中的差异，得到相近的值。

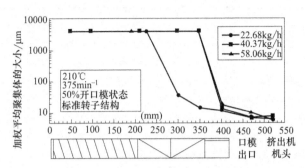

图 15.5　在一台 Kobelco Nex-T® 连续混炼机中，等规聚丙烯-聚苯乙烯 75/25 共混物中聚苯乙烯分散相尺寸的减小为挤出速率的函数[11]

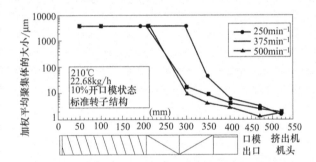

图 15.6　在一台 Kobelco Nex-T® 连续混炼机中，等规聚丙烯-聚苯乙烯 75/25 共混物中聚苯乙烯分散相尺寸的减小为转子转速的函数[11]

参考文献

[1]　Anonymous（W. Ellermann），German Patent（filed January 31，1941）750，509（1945）.

[2]　W. Ellermann，German Patent（filed July 4，1951）879，164（1953）.

[3]　W. Ellermann，German Patent（filed July 31，1953）935，634（1953）.

[4]　W. Proksch，*Kunststoffe und Gummi*，**3**，426（1964）.

[5]　E. H. Ahlefeld，A. J. Baldwin，P. Hold，W A. Rapetzki and H. R. Scharer，U. S. Patent（filed May 15，1962）3，154，908（1964）；U. S. Patent（filed July 24，1964）3，239，878（1966）.

[6]　P. Hold，*Adv. Polym. Technol.*，**4**，281（1984）.

[7]　E. L. Canedo and L. N. Valsamis，*SPE ANTEC Tech Papers*，**35**，116（1989）.

[8]　L. N. Valsamis and E. L. Canedo，*Int. Polym. Process.*，**4**，247（1989）.

[9]　E. L. Canedo and L. N. Valsamis in Mixing and Compounding of Polymers，edited by I. Manas-Zloczower and Z. Tadmor，Progress in Polymer Processing Series No. 4，Hanser，Munich（1995）.

[10]　F. M. Galle and J. L. White，*SPE ANTEC Tech Papers*，**43**，271（1997）.

[11]　F. M. Galle and J. L. White，*Int. Polym. Process.*，**14**，241（1999）.

[12]　J. L. White，D. Liu and S. H. Bumm，*Appl. Polym. Sci.*，**102**，3940（2006）.

[13]　J. W. Cho，P. S. Kim，L. Pomini and J. L. White，*Kautschuk Gummi Kunstst*，**50**，496（1997）.

第

16

章

往复式单螺杆混炼机

16.1 概述

往复式单螺杆共混机通常被称为往复式单螺杆混炼机，Ko-Kneader 或者 Kneader，这是一种被广泛用于连续共混的机器，在许多领域中能与双螺杆挤出机相竞争。在聚合物和食品行业，它实质上是用于混炼和共混。用本书的一章描述这种机器和它的特征内容似乎是有益的。

16.2 节介绍了往复式单螺杆混炼机的发展史，这台机器的基本结构可追溯到 20 世纪 40 年代中期的 Heinz List[1~5]。16.3 节介绍了现代往复式单螺杆混炼机。16.4 节介绍了现代往复式单螺杆混炼机的流体力学基础知识和流场模拟。16.5 节介绍了一种组合模块化往复式单螺杆混炼机。16.6 节介绍了关于这种机器的实验研究。

16.2 技术研发简介

初始的"往复式单螺杆混炼机"在文献中共汇集了几条线索：
· 机筒销钉螺杆挤出机
· 往复螺杆挤出机
· 自洁动作的螺杆挤出机
将销钉置入螺杆挤出机机筒中的概念是一个老想法，至少可追溯到 20 世纪之交。

Casimir Wurster[6]申请的一项 1901 年德国专利中描述了销钉机筒 "Fleischschneidem-aschine"。这种机器准备用于肉铺，销钉被用于揉搓通过螺槽向机头运动的肉，这样可产生肉末（或者碎牛肉）。美国俄亥俄州克利夫兰 V. D. Anderson 公司的 F. B. Anderson[7]的一项 1930 年美国专利申请中，介绍了一种灌肠机，其中一段含有从机筒伸出的帽螺丝。在 Wurster[6] 和 Anderson[7] 的两项专利中，螺棱都含有螺片，销钉可以从中通过。

在 20 世纪 40 年代早期，往复式螺杆加工机器首次被引入到注塑机[8,9]。最早的发明者似乎是在德国路德维希港的 I. G. 法本公司 的 H. Beck（1925 年之前和后来的巴斯夫公司）。

在 20 世纪 40 年代期间，人们大量关注对聚合物加工工业中的自洁式机器的研发。这种关注首先出现在 20 世纪早期的 Wunsche[10] 和 Easton[11,12] 的专利中，在 20 世纪 30 年代的啮合异向双螺杆机器[13,14]中，以及 20 世纪 30 年代后期和 20 世纪 40 年代早期的啮合同向双螺杆机器[15,16]中。Heinz List 在慕尼黑大学拿到了机械工程学位，他完全意识到和认可这些研发方向。他曾一直在 I. G. 法本公司的勒沃库森工厂（现在的拜耳公司）工作。由于管理者对混合技术的不重视态度，Heinz List 感到非常沮丧。随着二战接近尾声，他辞去了 I. G. 法本公司的工作，移民到莱茵河下游的瑞士。在这里，他撰写了一项专利申请，描述了他关于一种新的自洁连续混炼机的想法，并于 1945 年 8 月 20 日在瑞士提交了专利申请[1]。后来他在世界各地提交了专利申请，包括美国[2] 和德国[3]。

Heinz List 的专利申请描述了自洁混炼机的不同结构，其中之一是往复式单螺杆混炼机。这种机器含有一根螺棱中带有螺片的单螺杆，螺杆旋转和往复移动。机筒上有大的、特殊形状的销钉。机器是以这样一种方式运转，即当螺杆旋转和往复移动时，销钉以一种自洁方式通过螺片，如图 16.1 所示。除了他授权

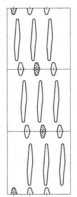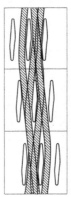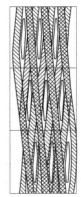

图 16.1　在往复式单螺杆混炼机中销钉通过螺棱的运动

给北美的贝克-珀金斯公司之外，List 还将他的往复式单螺杆混炼机的专利授权给瑞士普拉特恩的布斯公司。List 本人受雇于布斯公司。

在随后几年中，布斯公司的工程师们对往复式单螺杆混炼机的结构做了改进设计。在一项 1961 年的专利申请中，Gubler[17] 描述了改进的往复式单螺杆混炼机，它被分为塑化段和捏合/混炼段。前段在机筒上有长销钉，后者有短销钉以降低咀嚼程度（见图 16.2）。

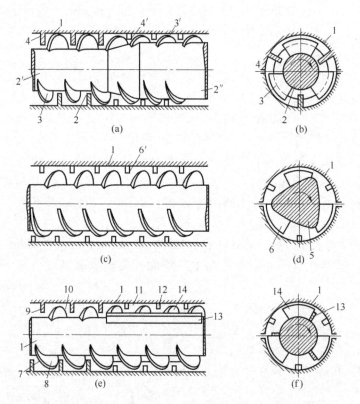

图 16.2 Gubler 的 1961 年专利草图，一种往复式单螺杆混炼机包含配
有销钉的混炼和捏合段和有短销钉的塑化段[17]

在一项 1962 年的德国专利申请和一项 1963 年的美国专利申请中[18]，布斯公司的 Sutter 描述了一种积木式往复式单螺杆混炼机结构，将似螺纹元件装配在一起，形成一根积木式螺杆。这种螺杆与带有销钉的机筒组装，如图 16.3 所示。

在一项 1965 年瑞士专利申请和 1966 年美国专利申请中[19]，布斯公司的 Gresch 描述了一种这类机器，在料筒和排气口处出现屏障结构。这种结构导致排气压力下降，并在排气口下方形成非充满区，排气口处真空脱挥（图 16.4）。

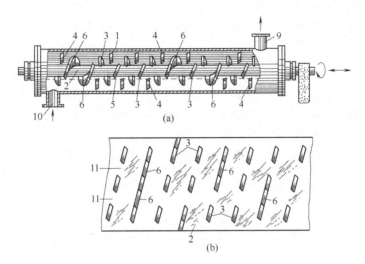

图 16.3　Sutter 的 1963 年积木式往复式单螺杆混炼机专利草图[18]

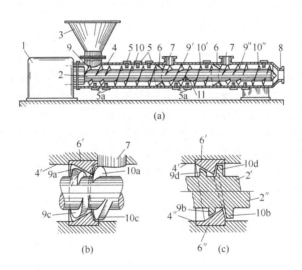

图 16.4　Gresch 的 1966 年专利草图，一种在机筒上配有屏障结构和
排气口的积木式往复式单螺杆混炼机[19]

往复式单螺杆混炼机的一个基本问题是它产生一种振荡挤出量。布斯公司和
贝克-珀金斯公司的工程师们都投入了很大的努力克服这一问题。这种努力可见
于贝克-珀金斯公司 Geier 和 Irving 的 1959 年专利申请[20]，它描述了在含有销钉
和部分螺片的区段后的加长段，这段含有一个右旋螺纹和一个左旋螺纹。这一结
构可以抑制振荡的影响。壳牌石油公司 Schuur 的一项 1962 年荷兰专利申请和

1963 年美国专利申请[21]，描述了一种带有往复式螺杆的机器，并含有销钉和两个加料口，料斗下方有一个右旋螺纹元件，另一个加料口配有左旋螺纹元件。这个问题导致了布斯公司的 List[22] 以及 List 和 Ronner[23] 1963 年和 1965 年的专利申请，他们描述了一种机器，螺杆旋转，机筒被分为两段，接近料斗的机筒段有销钉并往复移动，以产生自洁特性。混合物料首先流过往复式机筒段，发生混炼，然后通过一段机筒进入静止机筒段，在这里流动振荡被抑制。

20 世纪 60 年代后期，List 离开了 Buss AG 布斯公司，并自己创办了一家新公司，名为 List 公司，其公司主要设计加工工艺和加工设备工厂。List 公司也位于瑞士的普拉特恩。在这里，List 为化学工业研发了许多新型往复式单螺杆混炼机。

20 世纪 90 年代中期，布斯公司与 WP 公司合并，组建为新的科贝隆机构，后来被判定这两家组合机器公司不协调，布斯公司变成独立的公司。

16.3 现代往复式单螺杆混炼机

现代往复式单螺杆混炼机是一种连续混炼机器，在机筒内有模块化螺杆结构，并且含有特殊形状的销钉和入口以及脱挥口。螺杆直径尺寸从 46mm 到 200mm，在过去，油加热机器已经可用，现在的机器已经可用电加热。这种布斯混炼机通常与一台直角相连出料挤出机或者一台熔体泵相连，用于消除因螺杆往复移动所产生的波动流动。

往复式单螺杆混炼机有三种截然不同类型的螺杆模块（见图 16.5）。EZ 元件是一种带有一段螺纹和一排销钉的螺杆元件。它被作为一种输送元件。KE 元件是一种带有三个平行螺片和三排平行销钉的螺杆元件。ST 元件是 KE 元件与

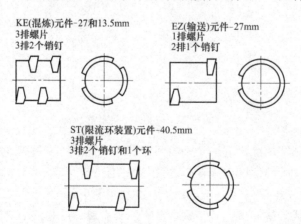

KE(混炼)元件-27和13.5mm
3排螺片
3排2个销钉

EZ(输送)元件-27mm
1排螺片
2排1个销钉

ST(限流环装置)元件-40.5mm
3排螺片
3排2个销钉和1个环

图 16.5　现代布斯往复式单螺杆混炼机的 EZ、KE 和 ST 模块元件

一个装配在机筒上屏障的一种组合。在很大程度上，这些元件可按照任何希望的顺序沿螺杆轴向配置。

16.4　流场建模

布斯公司的往复式单螺杆混炼机中，流体模型的早期流场模拟始于 1987～1991 年几篇文章，Booy 和 Kaflka[24]、Elemans 和 Meijer[25] 以及 Brzoskowski 等人[26]。Booy 和 Kaflka[24] 以及 Brzoskowski 等人[26] 模拟了销钉周围的具体流型和压力场。Elemans 和 Meijer[25] 尝试对机器特性做较宽范围的探讨。在 1995～1997 年，Lyu 和 White[27～32] 的后续文章基本上持续着这一问题的研究。

首先，给出由往复式螺杆引起的振荡挤出量是有用的。在螺槽中的运动方程为：

$$0 = -\frac{\partial p}{\partial x_1} + \frac{\partial \sigma_{12}}{\partial x_2}$$
$$0 = -\frac{\partial p}{\partial x_3} + \frac{\partial \sigma_{32}}{\partial x_2}$$

$$(16.1a，b)$$

边界条件是：

$$v_1(H) = U_1(t) = \pi DN\cos\phi + \frac{\mathrm{d}S(t)}{\mathrm{d}t}\sin\phi$$
$$v_3(H) = U_3(t) = -\pi DN\sin\phi + \frac{\mathrm{d}S(t)}{\mathrm{d}t}\cos\phi$$

$$(16.2a，b)$$

式中，N 是螺杆转速；$S(t)$ 是往复式螺杆的冲程；Φ 是螺旋角；D 是螺杆直径；H 是螺槽深度。求解形式很清楚为：

$$\underset{\sim}{v} = v_1(x_2,t)e_1 + 0e_2 + v_3(x_2,t)e_3 \qquad (16.3)$$

如果假设一种牛顿流体模型，即，$\sigma_{ij} = \eta\,\partial v_i/\partial x_i$，$\eta$ 是一个不变黏度。速度场很容易地被表示出（比较 3.3 节）：

$$v_1(x_2,t) = U_1(t)\frac{x_2}{H} - \frac{H^2}{2\eta}\left(-\frac{\partial p}{\partial x_1}\right)\left[\frac{x_2}{H} - \left(\frac{x_2}{H}\right)^2\right]$$
$$v_3(x_2,t) = U_3(t)\frac{x_2}{H} - \frac{H^2}{2\eta}\left(-\frac{\partial p}{\partial x_3}\right)\left[\frac{x_2}{H} - \left(\frac{x_2}{H}\right)^2\right]$$

$$(16.4 a，b)$$

挤出量为：

$$Q = W\int_0^H v_1\,\mathrm{d}x_2 = \frac{HWU_1(t)}{2} - \frac{H^3W}{12\eta}\frac{\Delta p}{L} \qquad (16.5)$$

如果在机器尾部机头断流，它的压力降特征曲线为：

$$Q = \frac{k}{\eta}\Delta p \qquad (16.6)$$

将式 (16.5) 和式 (16.6) 结合消除压力降 ΔP，可得：

$$Q = \frac{1}{2} \frac{W H U_1(t)}{1 + \frac{H^3 W}{12 k L}} \tag{16.7}$$

此式与式 (16.2a) 一起表明，离开机头的流率是振荡的。因此，需要一个熔体泵或者非充满直角相连出料挤出机与之相连，使得流率均匀一致。

Lyu 和 White[27~32] 已经对布斯公司往复式单螺杆混炼机不同类型螺杆元件中的流场进行了建模探索。他们采用了不同的方法。一种合适的分析方法[27] 和 5.3 节中的流场分析网格法（FAN）被采用，他们假设在 FAN 分析中剪切黏度为幂律流体：

$$\eta = K \left[\left(\frac{\partial v_1}{\partial x_2} \right)^2 + \left(\frac{\partial v_3}{\partial x_2} \right)^2 \right]^{\frac{n-1}{2}} \tag{16.8}$$

他们考虑到了螺杆的往复移动，但是忽略了销钉对压力场的影响。他们通过对平展的笛卡尔坐标通量 q_1 和 q_3 平衡进行分析：

$$q_1 = \int_0^H v_1 \, \mathrm{d}x_2 = \iint_0^H \left(x'_2 \frac{\partial p}{\partial x_1} + C_1 \right) \frac{1}{\eta} \mathrm{d}x'_2 \mathrm{d}x_2$$

$$\tag{16.9a, b}$$

$$q_3 = \int_0^H v_3 \, \mathrm{d}x_2 = \iint_0^H \left(x'_2 \frac{\partial p}{\partial x_1} + C_3 \right) \frac{1}{\eta} \mathrm{d}x'_2 \mathrm{d}x_2$$

通过有限差分网格的通量平衡为：

$$q_1(i-1,j)\Delta x_3 + q_3(i,j+1)\Delta x_1$$
$$= q_1(i+1,j)\Delta x_3 + q_3(i,j-1)\Delta x_1 \tag{16.10}$$

图 16.6 和图 16.7 给出了 EZ 和 KE 元件的计算通量图。这些图表明，相比 EZ 元件，KE 混炼元件有大量反向漏流。对于较低幂律指数的更强非牛顿性流体，其反向漏流越大。

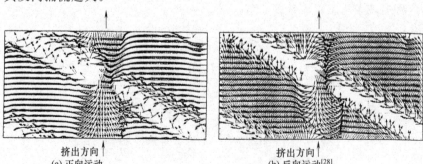

挤出方向
(a) 正向运动
$\Delta p = 2.4$MPa, $Q = 75276$cm³/h
幂律指数 $n = 0.4$

挤出方向
(b) 反向运动[28]
$\Delta p = 0.9$MPa, $Q = 74506$cm³/h
幂律指数 $n = 0.4$

图 16.6　在 EZ 元件中计算的通量分布

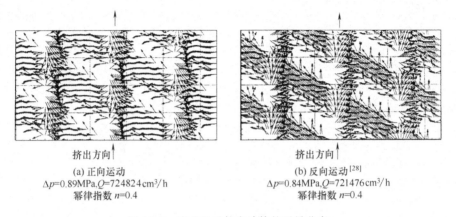

挤出方向 ↑
(a) 正向运动
Δp=0.89MPa, Q=724824cm³/h
幂律指数 n=0.4

挤出方向 ↑
(b) 反向运动[28]
Δp=0.84MPa, Q=721476cm³/h
幂律指数 n=0.4

图 16.7　在 KE 元件中计算的通量分布

　　关于 EZ 和 KE 元件的牛顿流体和幂律流体的、与挤出量、压力变化和螺杆转速相关的螺杆特征曲线已经被确定。对于 Lyu 和 White 的理论分析模型[27]和他们的基于式（16.8）到式（16.10）的数值模拟[28]的这些螺杆特征曲线见图 16.8 和图 16.9。从图中可以看出，牛顿流体的泵送特征曲线优于非牛顿幂律流体的泵送特征曲线。正向运动的泵送特征曲线优于反向运动的泵送特征曲线。

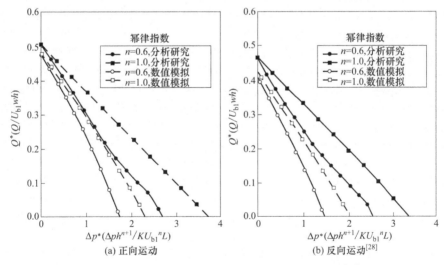

图 16.8　EZ 元件的分析计算和模拟螺杆特征曲线[28]

　　在一台往复式单螺杆混炼机中，Lyu 和 White[30]用线性黏弹性模型也模拟研究了黏弹性对流场的影响。Lyu 和 White[29,30]也对往复式单螺杆混炼机中的非等温流场进行了模拟分析。通过拓展 5.6 节的建模方法完成了对一种振荡流场的建模。用能量方程的形式开始推演：

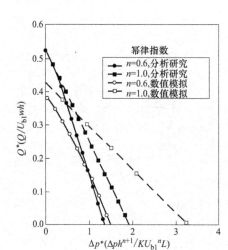
(a) 正向运动

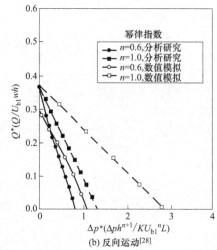
(b) 反向运动[28]

图 16.9　KE 元件的分析计算和模拟螺杆特征曲线

$$\rho c \left(\frac{\partial T}{\partial t} + v_1 \frac{\partial T}{\partial x_1} + v_3 \frac{\partial T}{\partial x_3} \right) = k \frac{\partial^2 T}{\partial x_2^2} + \left(\sigma_{12} \frac{\partial v_1}{\partial x_2} + \sigma_{32} \frac{\partial v_3}{\partial x_2} \right) \tag{16.11}$$

通过关于 x_2 的积分可得：

$$\rho c \left(\frac{\partial \widetilde{T}}{\partial t} + q_1 \frac{\partial \overline{T}}{\partial x_1} \right) = h_s (T_s - \overline{T}) + h_b (T_b - \overline{T}) + \sigma_{12} \mid_b U_1 + \sigma_{32} \mid_b U_3 - q \frac{\mathrm{d}p}{\mathrm{d}x_1}$$
$$\tag{16.12}$$

其中

$$\widetilde{T} = \int_0^H T(x_1, x_2, x_3, t) \mathrm{d}x_2 \tag{16.13}$$

$$\overline{T} = \frac{1}{q} \int_0^H v_1(x_2, t) T(x_1, x_2, x_3, t) \mathrm{d}x_2 \tag{16.14}$$

h_s 和 h_b 是螺杆和机筒的传热系数，对式（16.12）做关于横向 x_3 再次积分

$$\rho c \left(WH \frac{\partial \widetilde{\widetilde{T}}}{\partial t} + Q \frac{\partial \overline{\overline{T}}}{\partial x_1} \right) = W [h_s (T_s - \overline{\overline{T}}) + h_b (T_b - \overline{\overline{T}})] + \sigma_{12} \mid_b U_1 + \sigma_{32} \mid_b U_3 - Q \frac{\mathrm{d}p}{\mathrm{d}x}$$
$$\tag{16.15}$$

$\widetilde{\widetilde{T}}$ 和 $\overline{\overline{T}}$ 是 $\widetilde{T}$ 和 $\overline{T}$ 的横向平均值。

16.5　组合模块化机器的理论

如 16.3 节中的讨论，现代往复式单螺杆混炼机具有组合模块化结构。如果共混机器的挤出量已知，可以从机器出口向料斗反向计算出这些机器的流体力学，如在5.8、8.7、11.9节中所讨论的那样，采用螺杆特征曲线进行这种计算，如图16.9中所示。图16.10显示了计算的轴向填充系数和轴向压力分布。

对往复式单螺杆混炼机的计算比对双螺杆挤出机的计算更复杂和更困难，这是因为螺杆的往复移动和设备的连接，例如在往复式单螺杆混炼机的出口垂直连接螺杆。在非充满直角相连出料挤出机的情况中，需要从这台挤出机机头反向计算到往复式单螺杆混炼机，然后反向计算通过往复式单螺杆混炼机。

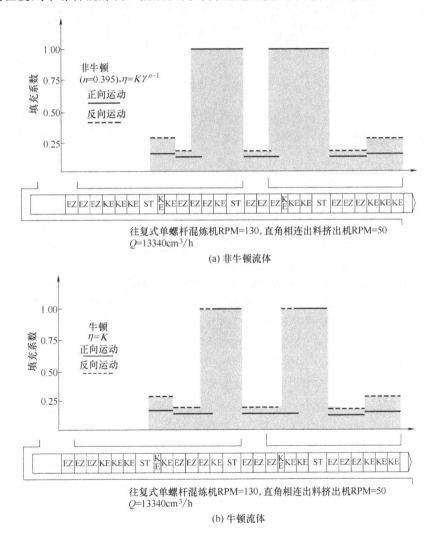

图 16.10

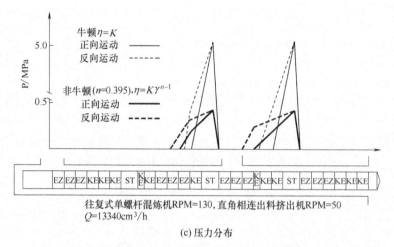

往复式单螺杆混炼机RPM=130,直角相连出料挤出机RPM=50
Q=13340cm³/h

(c) 压力分布

图 16.10　积木式往复式单螺杆混炼机的轴向填充系数和压力分布

16.6　实验研究

对往复式单螺杆混炼机已发表的实验研究相对较少。List[4] 1950 年的文章大多部分都是描述这种机器，继 List 的这篇文章之后，最早期的文献包括 Schneider[33] 在 1951 年、Timm 等人[34] 在 1965 年以及 Todd 和 Hunt[35] 在 1973 年发表的文章。从这些研究[25,27~29,32,36~46] 之后，已有各种不同的实验研究。大多数的早期文章是关于特征的技术研究。

1990 年，Elemans 和 Meijer[25] 发表了第一个基础实验研究。这些作者所描述的实验是在一根 46mm 直径的往复式单螺杆混炼机的螺杆上进行的，这根螺杆被装入一个有机玻璃圆形筒体，筒体上有小玻璃管，每一个玻璃管作为一个连接到筒体上的开放式压力计。他们用一种牛顿硅油（$\eta = 1.0\text{Pa} \cdot \text{s}$）和一种石蜡油（$0.2\text{Pa} \cdot \text{s}$），在室温和等温条件下进行了流动实验。他们测量了挤出量与螺杆转速、挤出量与压力生成以及局部填充长度的关系曲线。用这些测量数据，他们能够绘制螺杆特征曲线，即，在不同往复式单螺杆混炼机的模块元件中，这两种牛顿油在指定螺杆转速下的挤出量 Q 与压力降 ΔP 的曲线。他们确定了不同螺杆元件中不同加工条件下的填充长度。

在 1995~1998 年，Lyu 和 White[27~29,30] 描述了在一台连接到直角相连出料挤出机上的 46mm 直径往复式单螺杆混炼机中熔融聚丙烯的实验研究。他们测量了填充系数分布、温度分布、熔融条件和停留时间分布，作为螺杆结构和加工条件的函数。

Lyu 和 White[31] 以及 Shon 等人[45] 测量了往复式单螺杆混炼机的停留时间

分布。特别是，他们观察了等规聚丙烯熔体的挤出量和螺杆转速的影响，其主要影响因素是用挤出量观察到的。增加喂料速度既减少停留时间，又变窄停留时间分布，如图 16.11 所示。增加螺杆转速似乎有类似的影响，但是变化较小，如图16.12 所示。

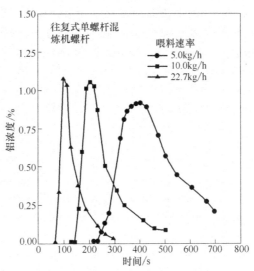

图 16.11　往复式单螺杆混炼机的喂料速率对停留时间分布的影响[45]

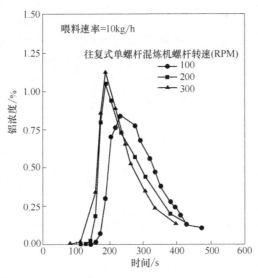

图 16.12　往复式单螺杆混炼机的螺杆转速对停留时间分布的影响[45]

Lyu 和 White[31]探索确定在操作过程中发生在连接一台直角相连出料挤出机的往复式单螺杆混炼机中的熔融和流动机理。他们首次做了往复式单螺杆混炼机中的熔融研究并指出，它发生在料斗与第一个 ST 环之间。带有阻流环的 ST 元件通常被安装在整台机器中，并被发现在料斗旁边这些元件之后立即形成全充满熔体区域。这似乎与它们较差的泵送特征有关。

Franzen 等人[43]以及 Shon 等人[45]用往复式单螺杆混炼机和其他的共混机器，已经发表了共混过程中纤维破损的研究。纤维破损的程度不仅取决于机器的类型，而且取决于螺杆的模块结构以及操作条件，例如螺杆转速。Shon 和 White[46]在后来的和较详细的研究中发现，与其他的共混机器相比，往复式单螺杆混炼机一般诱发的纤维破损较少。

参考文献

[1] H. List, Swiss Patent (filed August 20, 1945) 247, 704 (1947).

[2] H. List, U. S. Patent (filed August 19, 1946) 2, 505, 125 (1950).

[3] H. List, German Patent (filed January 5, 1949) 944, 727 (1956).

[4] H. List, *Kunststoffe*, **40**, 185 (1950).

[5] H. List, *Private Communication* (1988).

[6] C. Wurster, German Patent (filed April 30, 1901) 137, 813 (1901).

[7] F. B. Anderson, U. S. Patent (filed November 14, 1930) 1, 848, 236 (1932).

[8] H. P. M. Quillery, French Patent (filed February 8, 1939) 855, 885 (1940).

[9] H. Beck, German Patent (filed December 16, 1943) 858, 310 (1952).

[10] A. Wunsche, German Patent (filed September 12, 1901) 131, 392 (1902).

[11] R. W. Easton, British Patent (filed September 25, 1916) 109, 663 (1917).

[12] R. W. Easton, British Patent (filed June 2, 1920) 1, 468, 379 (1923).

[13] S. Kiesskalt, H. Tampke, K. Winnacker and E. Weingaertner, German Patent (filed July 26, 1935) 652, 990 (1937).

[14] P. Leistritz and F. Burghauser, German Patent (filed December 1, 1935) 682, 787 (1939).

[15] R. Colombo, Italian Patent (filed February 6, 1939) 370, 578 (1939).

[16] W. Meskat and R. Erdmenger, German Patent (filed July 7, 1944) 868, 668 (1953).

[17] E. Gubler, U. S. Patent (filed February 6, 1961) 3, 189, 324 (1965).

[18] F. Sutter, U. S. Patent (filed September 19, 1963) 3, 219, 320 (1965).

[19] W. Gresch, U. S. Patent (filed January 26, 1966) 3, 367, 635 (1968).

[20] H. F. Geier and H. F. Irving, U. S. Patent (filed March 9, 1959) 3, 023, 455 (1962).

[21] G. Schuur, U. S. Patent (filed September 5, 1963) 3, 224, 739 (1965).

[22] H. List, U. S. Patent (filed October 10, 1963) 3, 317, 959 (1964).

[23] H. List and F. Ronner, U. S. Patent (filed January 21, 1965) 3, 347, 528 (1967).

[24] M. L. Booy and F. Kafka, *SPE ANTEC Tech. Papers*, **33**, 140 (1987).

[25] P. H. M. Elemans and H. E. H. Meijer, *Polym. Eng. Sci.*, **30**, 893 (1990).

[26] R. Brzoskowski, T. Kumazawa and J. L. White, *Int. Polym. Process.*, **6**, 136 (1991).

[27] M. Y. Lyu and J. L. White, *SPE ANTEC Tech. Papers*, **41**, 208 (1995); *Int. Polym. Process.*, **10**, 305 (1995).

[28] M. Y. Lyu and J. L. White, *Int. Polym. Process.*, **11**, 208 (1996).

[29] M. Y. Lyu and J. L. White，*SPE ANTEC Tech Papers*，**42**，160 (1996)；*J. Reinf. Plastics Comp.*，**16**，1445 (1997)；*Int. Polym. Process.*，**12**，104 (1997).

[30] M. Y. Lyu and J. L. White，*Polym. Eng. Sci.*，**37**，623 (1997).

[31] M. Y. Lyu and J. L. White，*Polym. Eng. Sci.*，**38**，1366 (1998).

[32] J. L. White and M. Y. Lyu，*Polym. Plast. Technol. Eng.*，**37**，385 (1998).

[33] E. Schneider and D. H. M. Brooks，*Brit. Plastics*，p. 481 (1957).

[34] Th. Timm，D. Stolzenberg and H. Fettback，*Kautschuk und Gummi*，**18**，206 (1965).

[35] D. B. Todd and J. W. Hunt，*SPE ANTEC Tech. Papers*，**19**，577 (1973).

[36] K. Stade，*Polym. Eng. Sci.*，**17**，50 (1977).

[37] K. Stade，*Polym. Eng. Sci.*，**18**，107 (1978).

[38] S. Jakopin and P. Franz，*Adv. Polym. Technol*，**3**，365 (1983).

[39] D. M. Kalyon and M. Bouazza，*SPE ANTEC Tech. Papers*，**29**，778 (1983).

[40] D. M. Kalyon and M. Hallouch，*SPE ANTEC Tech. Papers*，**31**，1206 (1985).

[41] P. Schnottale，*Kautsch Gummi Kunstst.*，**38**，116 (1985).

[42] D. B. Todd，*SPE ANTEC Tech. Papers*，**33**，128 (1987).

[43] B. Franzen，C. Klason，J. Kubat and T. Kitano，*Composites*，**20**，65 (1989).

[44] H. Thommen，*Plastverarbeiter*，**44** (1) 12 (1993).

[45] K. Shon，D. H. Chang and J. L. White，*Int. Polym. Process.*，**14**，44 (1999).

[46] K. Shon and J. L. White，*Polym. Eng. Sci.*，**39**，1757 (1999).

第

17

章

反应挤出

17.1 概述

　　双螺杆挤出机已经被广泛作为一种连续化学反应器使用。它已经被广泛用于后反应器的聚合物改性和聚合物功能化以及聚合反应。在这一章里，我们将叙述在这一研究方向上的成果。Brown[1]在1992年发表了一篇非常好的早期回顾文献。

　　在17.2节中开始了这一章的讲述，讨论在这一领域中最早的研究成果（1943~1955年）。接着在17.3~17.7节中，讲述了始于20世纪50年代的研究内容，即，采用热降解、接枝、卤化、酯交换反应和交联等工艺，对已有的聚合物进行改性。接着转向双螺杆挤出机中聚合反应的研究成果，介绍内酰胺的阴离子聚合，将三噁烷转化为聚甲醛，聚氨酯的聚合，内酯的阴离子聚合，聚醚酰亚胺的聚合，以及各种嵌段共聚物（17.8~17.14节）。

17.2 发展史

　　对反应挤出的研究可追溯到20世纪40年代早期。在一个于1943年7月提交的早期德国专利申请中[2]，描述了可在一对啮合同向双螺杆挤出机中进行的3种聚合工艺（图17.1）。这些工艺中包括丁二烯的聚合以及二异氰酸酯和二醇的化学反应。这些挤出机似乎是由意大利都灵的哥伦伯和LMP公司[3,4]专门改进的机器，从 1939 年起已经可供商业化使用（见 4.3 节）。但没有开发出商业化工艺。

　　在美国，陶氏化学（Dow Chemical）公司的 Stober 和 Amos[5] 在一项 1950 年的专利中描述了在一台单螺杆挤出机中通过自由基机理聚合苯乙烯。螺杆转速为 1r/min，沿挤出机的温度范围为 120～200℃。停留时间为 18h。

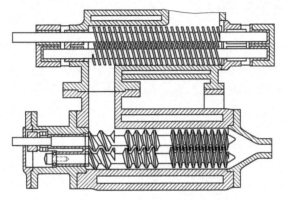

图 17.1　由 I. G. 法本公司在 1943 年采用的用于
反应挤出的同向双螺杆挤出系统[2]

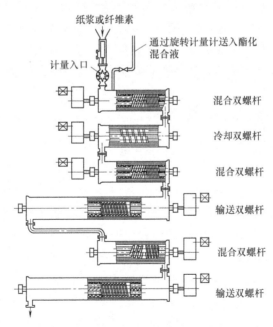

图 17.2　由拜耳公司在 1955 年采用的用于酯化纤维素
的积木式同向双螺杆加工系统[6]

正如我们在 4.5 节和 4.6 节中叙述的那样，法本·拜耳公司从 20 世纪 40 年代后期开始积极研发啮合自洁同向双螺杆挤出机。在 1955 年的一篇文章中，Riess[6] 讲述了一种用于酯化纤维素的拜耳工艺，它采用了串联的积木式同向双螺杆挤出机系统（图 17.2）。

17.3 聚烯烃控制降解

在 Natta 和他的同事于 20 世纪 50 年代在蒙特卡蒂尼（Montecatini）提出等规聚烯烃之后不久，发现这些聚合物，特别是聚丙烯，可以通过热/氧化方法降解，因此，它们的分子量分布是可以被控制的[7]。在 1961～1962 年，杜邦公司的 Green 和 Pieski[8]，巴斯夫公司 Trieschmann 等人[9] 和帝国化工（ICI）公司 Roberts 等人[10] 提出的专利申请中讲述了在单螺杆挤出机中的降解工艺。在以后的几年中，一些研究人员[11～14] 研发出不同的单螺杆挤出工艺，用于降解和控制（缩小）聚丙烯的分子量分布。这里包括热、氧、过氧化物和各种的硫化物。用于热降解所涉及的化学反应基本上为

$$PM_{n+m}P' \longrightarrow PM_n^{\cdot} + P'M_m^{\cdot} \qquad (\text{分子式 } 17.1)$$

用于过氧化物加聚反应

$$ROOR' \longrightarrow RO^{\cdot} + R'O^{\cdot}$$
$$RO^{\cdot} + PM_{n+m}P' \longrightarrow PM_{n+m}^{\cdot}P' \qquad (\text{分子式 } 17.2)$$
$$PM_{n+m}^{\cdot}P' \longrightarrow PM_n^{\cdot} + P'M_m$$

不同的工业和学术研究团体对这一技术进行了许多研究[15～18]。

17.4 在聚烯烃上接枝反应单体

在 1960 年，陶氏化学的 Nowak 和 Jones[19,20] 提交了专利申请，于不同的螺杆挤出机中于聚烯烃和聚丙烯熔体上接枝各种单体，包括单螺杆机器和焊接工程师公司的相切式异向旋转机器。过氧化物被用于生成反应初始的自由基。单体包括了丙烯酸、甲基丙烯酸、苯乙烯、乙烯基甲苯、二氯苯乙烯和丙烯腈等。如果我们认可分子式 17.2，我们可能推测 M_2^* 被接枝到聚合物 $(M_1)_n$。

$$P(M_1)_n^* + M_2^* \longrightarrow P(M_1)_n - M_2^* \qquad (\text{分子式 } 17.3)$$

在后来一项专利中，陶氏化学的 Nowak[21] 通过 Van der Graaff 加速器的高速电子束预辐射聚乙烯粉末，在采用一台焊接工程师公司的相切式异向双螺杆挤出机进行反应挤出过程中，没有使用过氧化物将丙烯酸和甲基丙烯酸接枝到聚乙烯上。

在后续的几年中，许多不同公司的研究人员制备了接枝共聚物，这些公司包

括 Asahi Kasei[22]，Eastman Kadak[23]，Exxon[24~28]，Chemplex[29]，Rohm and Haas[30] 和 Uniroyal 化学[27,28]。这些专利引述了单螺杆挤出机[18,24~28]、相切式异向[31] 和积木式同向[29,30,32,33] 双螺杆挤出机的使用。最广泛研究的单体和聚合物被归纳到表 17.1 中。Kowalski[34] 已经回顾了埃克森公司通过反应挤出进行接枝的经历。

表 17.1　在螺杆挤出机器中聚合物接枝单体的早期研究

单体	聚合物	挤出机	专利申请	发明者
丙烯酸 甲基丙烯酸	聚乙烯	单螺杆 焊接工程师相切式双螺杆	1960	Nowa 和 Jones[15] （陶氏化学）
苯乙烯 乙烯基甲苯 二氯苯乙烯 苯乙烯/丙烯腈 （马来酸酐）	聚乙烯	单螺杆	1960	Jone 和 Nowak[16] （陶氏化学）
甲基丙烯酸月桂酯 甲基丙烯酸甲酯	聚丙烯 乙烯/丙烯嵌段共聚物	单螺杆	1968	Asahi Kasei[18]
马来酸酐	聚乙烯		1967/1970	McConnell[19] （Eastman Kodak）
丙烯酸 马来酸酐	聚丙烯 其他聚烯烃	单螺杆	1972	Steinkamp 和 Grail[24] （埃克森）

在最近几年中，有许多对挤出过程中接枝的基础研究，特别是在积木式同向双螺杆挤出机方面[35~43]。Chang 和 White[43] 比较了不同连续挤出机器中等规聚丙烯过氧化物诱导接枝马来酸酐，其中包括：

① 积木式自洁同向双螺杆挤出机；
② 相切式异向双螺杆挤出机；
③ 啮合异向双螺杆挤出机；
④ Kobelco 连续混合机。

17.5　卤化脂肪族碳氢聚合物

埃克森公司的研究人员[44~47]，特别是 Newman 和 Kowalski 提出了有关在双螺杆挤出机中卤化丁基橡胶的许多专利申请。这些作者声称，他们可以类似地卤化各种聚烯烃和烃类弹性体。

Kowalski[34,48]回顾了埃克森公司在反应挤出中卤化工艺的经历，包括比较基础的研究，特别是 .Erwin 的研究。可得结论为：焊接工程师公司的积木式切向异向旋转机器因其卓越的混合能力，特别是与单螺杆挤出比较，最适合这一工艺。在这一工艺中，因铁的卤化而存在着冶金问题。因此，所选用的挤出机必须由特种合金制成。

17.6 乙烯-乙烯醋酸共聚物的酯交换反应

聚乙烯醇缩醛、聚乙烯醇和乙酸乙酯-乙烯醇（EVAL）共聚物可被合成。通过自由基聚合乙酸乙烯酯，首先合成聚乙烯醇缩醛：

$$
\begin{array}{ll}
CH_2=CH & \longrightarrow \quad \left[\!\!\begin{array}{l} CH_2-CH \\[2pt] \end{array}\!\!\right]_n \\[6pt]
\quad | & \qquad\qquad | \\
\quad O & \qquad\qquad O \\
\quad | & \qquad\qquad | \\
\quad C=O & \qquad\qquad C=O \\
\quad | & \qquad\qquad | \\
\quad CH_3 & \qquad\qquad CH_3
\end{array}
$$

（分子式 17.4）

然后用乙醇进行酯交换反应，生成聚乙烯醇和 EVAL

$$
\left[\!\!\begin{array}{l} CH_2-CH \\ \quad | \\ \quad O \\ \quad | \\ \quad C=O \\ \quad | \\ \quad CH_3 \end{array}\!\!\right]_n + CH_3-(CH_2)_n-COOH \longrightarrow \left[\!\!\begin{array}{l} CH_2-CH \\ \quad | \\ \quad OH \end{array}\!\!\right]_n + CH_3-\overset{\displaystyle O}{\underset{\displaystyle \|}{C}}-O-(CH_2)_n-CH_3
$$

（分子式 17.5）

Lambla 和他的合作者[49,50]以及后来的 P. J. Kim 和 White[51]在积木式同向双螺杆挤出机中进行了这一反应。后者采用的是带有透明机筒的双螺杆挤出机。他们采用了四种螺杆组合，比较了停留时间和转化率。

17.7 热塑性弹性体的交联反应

20 世纪 70～80 年代见证了聚丙烯-乙烯丙烯三元共聚物（EPDM）热塑性弹性体的研发过程，EPDM 在混炼中被交联，这一工艺被称为"动态硫化"。开发这一工艺的著名公司有 Uniroyal 化学公司及美国孟山都（Monsanto）公司。早期的实验研究是在实验室间歇式密炼机和商业法雷尔 Banbury 密炼机上进行的。后来，这一工艺被用于积木式同向双螺杆挤出机上，并发现可生成较优质的和更均匀的制品。在 1986 年的一项专利中，孟山都公司的 Abdou-Sabet 和 Shen[52] 讲述了在积木式同向双螺杆挤出机中对聚丙烯和 EPDM 共混，并用羟甲基酚醛固化剂和二氯化锡的硫化促进剂进行动态硫化。

17.8　内酰胺的阴离子聚合反应

我们现在讨论在双螺杆挤出机中的聚合反应。杜邦公司的 Joyce 和 Ritter[53] 早在 1939 年就研究了用金属钠对己内酰胺进行阴离子聚合。这一反应速率很慢。在 20 世纪 50 年代后期，孟山都公司的 Mottus 等人[54] 和布拉格（Prague）市的大分子化学研究所的 Kralicek[55,56] 发现了 N-酰基活化剂的催化效果，如在聚合己内酰胺中的 N-乙酰基内酰胺。

（分子式 17.6）

第一次论述用反应挤出在单螺杆挤出机中阴离子聚合内酰胺的内容出现在 Wichterle 等人[56]1959 年提交的专利申请中。5 年后（1964 年），WP 公司的 Illing 和 Zahradnik[57] 提交了一项在积木式同向双螺杆挤出机中阴离子聚合内酰胺的专利申请。Illing 后续的文章[58,59] 中也对这一内容进行了叙述。在以后的几年中，Tucker 和 Nichols[60] 讲述了在焊接工程师积木式相切异向旋转双螺杆机器中阴离子聚合内酰胺。

亚琛工业大学（RWTH Aachen）的 Menges 等人[61,62] 在 1987~1989 年发表的文章代表着第三波研究的开始。这些研究工作中，第一次研究了工艺参数的影响。他们讲述了在同向双螺杆挤出机中聚己内酰胺（尼龙 6）的聚合和后续的机械降解。Menges 退休后，他的继任者，W. Michaeli 继续进行这一研究项目[63,64]。White 等人已经报告了最新的研究成果[65~68]。研究发现也可能聚合十二内酰胺[67,68]。

（分子式 17.7）

以及共聚内酰胺和十二内酰胺[67]。Menges-Michaeli 团队的实验和 White 等人实验室中的实验采用的是积木式同向双螺杆挤出机。

随着从双螺杆挤出机被挤出时，以从单体开始的连续生产方式制成丝、片、模塑制品，因此，已经能够成型新聚合的聚酰胺挤出制品。内酰胺的阴离子聚合还没有被商业化。

17.9 聚氨酯的聚合反应

17.2 节中提到的 I. G. 法本公司 1943 年的专利申请[2]论述了在同向双螺杆挤出机中聚合聚氨酯。拜耳公司已经发明了聚氨酯（在勒沃库森，在 I. G. . 法本时期）以及后来开发了积木式同向双螺杆挤出机，他们也投入大量精力研发反应挤出聚合聚氨酯。

在 20 世纪 60 年代，有许多专利申请[69,70]涉及在双螺杆挤出工艺中聚合聚氨酯。提交这些专利申请的公司有 Mobay（孟山都-拜耳美国合资公司）和 Upjohn。在后续的 10 年里（1974 年），在勒沃库森的拜耳公司的 Ullrich, Meisert 和 Eitel[71]提交了关于在积木式同向双螺杆挤出机中生成聚氨酯弹性体的专利申请。拜耳公司后来的关于采用反应挤出聚合和改性聚氨酯的专利由 Quiring 等人[72]和 Goyert 等人[73~76]提交。

17.10 三氧杂环己烷的开环聚合反应

在双螺杆挤出机中开环聚合三氧杂环己烷已有很长的历史。在 20 世纪 60~70 年代，有关于在积木式同向双螺杆挤出机中聚合的各种研究，值得注意的有 Seddon 等人[77,79]，Fisher 等人[78]以及塞拉尼斯（Celanese）公司的 Semanchik 和 Braunstein[80]的研究，这些研究讲述了聚合三氧杂环己烷，用于生产聚甲醛。

$$\qquad\qquad\qquad\qquad\qquad\qquad\qquad\qquad\text{（分子式 17.8）}$$

以及含有环氧乙烷的共聚物

$$\qquad\qquad\qquad\qquad\qquad\qquad\qquad\qquad\text{（分子式 17.9）}$$

三菱气体化学公司的 Sugio 等人[81]讲述了一种不同的技术。贝克-珀金斯公司的 Todd[82]公布了一项后续的研究成果。

17.11 内酯的阴离子聚合反应

不同的研究人员已经研究了对己内酯的开环聚合[83~86]。

(分子式 17.10)

他们在积木式同向双螺杆挤出机中选用了阴离子聚合引发剂，诸如，*n*-丙醇钛和三异丙醇铝。B. J. Kim 和 White[86]讨论了沿双螺杆挤出机长度方向上明显的聚合物机械降解。

17.12 聚醚酰亚胺的聚合反应

在 20 世纪 70~80 年代早期，Takekoshi 和 Kochanowski[87,88]，Banucci 和 Mellinger[89]以及通用电气公司的 Schmidt 和 Lovgren[90,91]在不同的专利中讲述了使用积木式同向双螺杆挤出机，将不同的芳族胺与双酚 A 型二酐进行反应，用于生产聚醚酰亚胺。

(分子式 17.11)

17.13 丁二烯-苯乙烯嵌段共聚物

拜耳公司的 Sutter 等人[92]在 1972 年的专利中讲述了在积木式同向双螺杆挤出机中用丁基锂引发剂合成苯乙烯-丁二烯和苯乙烯-异戊二烯共聚物。

在 1993 年的文章中，亚琛工业大学的 Michaeli 和他的同事[93~95]讲述了在积木式同向双螺杆挤出机中苯乙烯的阴离子聚合，更重要的是苯乙烯-异戊二烯嵌段共聚物的嵌段共聚。他们使用了丁基锂阴离子聚合引发剂。通过采用同时引入这两种单体和先从料斗加入苯乙烯后在下游加入异戊二烯的两种方法，生产出不同的共聚物。

后来，Michaeli 等人[96]在积木式同向双螺杆挤出机中合成出聚异戊二烯，接着他们在双螺杆挤出工艺中将苯乙烯单体（阴离子方法）接枝到聚异戊二烯。

17.14　内酰胺-内酯嵌段共聚物

B. J. Kim 和 White[97]以及 I. Kim 和 White[98,99]已经描述了在积木式同向双螺杆挤出机中合成内酰胺-内酯嵌段共聚物。首先用氢化钠/乙酰基己内酰胺聚合己内酰胺或十二内酰胺，接着在下游加入己内酯。聚十二内酰胺-己内酰胺-己内酯嵌段共聚物也是用这种方法制造的。

17.15　最后评价

有关在双螺杆挤出机中反应挤出的可用的文章不多。但某些问题是清楚的：其优点包括优良的局部混合，这源于合适的积木式螺纹结构和选择特殊的混炼元件，以及可能的专用喂料口设计。

然而，也存在着缺点。由于双螺杆挤出机的停留时间较短，反应时间不能太长。特别是随着螺杆直径的增大，传热较差。建议选择在双螺杆挤出机中进行的反应包括内酰胺、内酯和聚氨酯等的聚合反应。在这类反应中，化学键的数目和类型不会发生改变，或者选择反应次数较少的接枝反应。在这些情况中，其化学反应热将不会超出双螺杆挤出机的传热能力。

Biesenberger[100]和 Todd[101]的评论值得阅读，特向读者推荐。

参考文献

[1] S. B. Brown in "Reactive Extrusion: Priciples and Practice" edited by M. Xanthos, Hanser, Munich (1992).

[2] Anonymous (BASF), German Patent (filed July 24, 1943) 895, 058 (1953).

[3] R. Colombo, Italian Patent (filed February 6, 1939) 370, 578 (1939).

[4] S. A. Liguna, Swiss Patent (filed January 3, 1941) 220, 550 (1942).

[5] K. E. Stober and J. L. Amos, U. S. Patent 2, 530, 409 (1950).

[6] K. Riess, *Chem. Ing. Tech.*, **27**, 457 (1955).

[7] D. Maragliano and E. D. Giulio, U. S. Patent (filed December 6, 1956) 3, 013, 003 (1961).

[8] R. E. Greene and E. T. Pieski, U. S. Patent (filed January 4, 1961) 3, 144, 436 (1964).

[9] H. G. Trieschmann, H. Moeller, G. Schmidtthomee, C. Alt and R. Herbeck, British Patent (filed August 8, 1963) 1, 042, 178 (1966); First applied in Germany (August 31, 1962).

[10] J. F. L. Roberts, E. Walker and G. Scott, U. S. Patent (filed March 15, 1962) 3, 143, 584 (1964).

[11] R. C. Kowalski, U. S. Patent (filed September 15, 1966 and October 15, 1969) 3, 563, 972 (1971).

[12] J. C. Staton, J. P. Keller, R. C. Kowalski and J. W. Harrison, U. S. Patent (filed December 19, 1966) 3, 551, 943 (1971).

[13] R. C. Kowalski, U. S. Patent (filed December 19, 1966; August 26, 1969) 3, 608, 001 (1971).

[14] A. T. Watson, H. L. Wilder, K. W. Bartz and R. A. Steinkamp, U. S. Patent (filed November 21, 1973) 3, 898, 209 (1975).

[15] C. Tzoganakis, J. Vlachopoulos and A. E. Hamielec, *Polym. Eng. Sci.* , **28**, 170 (1988).

[16] D. Swanda, R. Len and S. T. Balke, *J. Appl. Polym. Sci.* , **35**, 1033 (1988).

[17] A. Pabedinskas, W. R. Cluett and S. T. Balke, *Polym. Eng. Sci.* , **29**, 993 (1989).

[18] S. H. Ryu, C. G. Gogos and M. Xanthos, *Adv. Polym. Technol.* , **11**, 121 (1992).

[19] R. M. Nowak and G. D. Jones, U. S. Patent (filed October 10, 1960) 3, 177, 269 (1965).

[20] G. D. Jones and R. M. Nowak, U. S. Patent (filed October 10, 1960) 3, 177, 270 (1965).

[21] R. M. Nowak, U. S. Patent (filed April 22, 1963) 3, 270, 090 (1966).

[22] Asahi Kasei, British Patent (filed January 8, 1968) 1, 217, 231 (1970).

[23] R. L. McConnell, U. S. Patent (filed December 27, 1967 and November 23, 1970) 3, 658, 948 (1972).

[24] R. A. Steinkamp and T. J. Grail, U. S. Patent (filed April 3, 1972) 3, 862, 265 (1975).

[25] K. W. Bartz, J. J. Higgins, A. J. Berejka and A. J. DiCresce, U. S. Patent (filed April 3, 1972) 3, 868, 433 (1975).

[26] R. A. Steinkamp and T. J. Grail, U. S. Patent (filed July 10, 1974) 3, 953, 655 (1976).

[27] R. A. Steinkamp and T. J. Grail, U. S. Patent (filed July 10, 1974) 4, 001, 172 (1977).

[28] K. W. Bartz, J. J. Higgins, A. J. Berejka and A. J. DiCresce, U. S. Patent (filed September 27, 1974) 3, 987, 122 (1976).

[29] W. C. L. Wu, L. J. Krebaum and J. Machonis, U. S. Patent (filed December 18, 1972) 3, 873, 643 (1975).

[30] S. W. Caywood, U. S. Patent (filed April 10, 1973) 3, 884, 882 (1975).

[31] W. H. Staas, European Patent (filed January 21, 1981) 0 033 220 (1981).

[32] R. Biwsack, P. Rempel, H. Korber and D. Neuray, U. S. Patent 4, 260, 690 (1981).

[33] P. G. Andersen, U. S. Patent (filed November 12, 1982) 4, 476, 283 (1984).

[34] R. C. Kowalski in "Reactive Extrusion: Principles and Practice", edited by M. Xantos, Hanser, Munich (1992).

[35] K. J. Ganzueld and L. E B. M. Janssen, *Polym. Eng. Sci.* , **32**, 467 (1992).

[36] Y. -J. Sun, G. H. Hu and M. Lambla, *J. Appl. Polym. Sci.* , **57**, 1043 (1995).

[37] G. Samay, T. Nagy and J. L. White, *J. Appl. Polym. Sci.* , **56**, 1423 (1995).

[38] B. J. Kim and J. L. White, *Int. Polym. Process.* , **10**, 213 (1995).

[39] B. J. Kim and J. L. White, *Polym. Eng. Sci.* , **37**, 576 (1997).

[40] J. Cha and J. L. White, *Polym. Eng. Sci.* , **41**, 1227 (2001).

[41] J. Cha and J. L. White, *Polym. Eng. Sci.* , **41**, 1448 (2001).

[42] J. Cha and J. L. White, *Polym. Eng. Sci.* , **43**, 1830 (2003).

[43] D. H. Chang and J. L. White, *J. Appl. Polym.* , *Sci.* , **90**, 1755 (2003).

[44] N. E Newman and R. C. Kowalski, U. S. Patent (filed September 30, 1981) 4, 384, 072 (1983).

[45] N. F. Newman and R. C. Kowalski, U. S. Patent (filed April 1, 1983) 4, 486, 575 (1984) and N. F. Newman and R. C. Kowalski, U. S. Patent (filed April 1, 1983) 4, 501, 859 (1985).

[46] R. C. Kowalski and N. F. Newman, European Patent Application (filed April 6, 1983) 0, 122, 340 (1984).

[47] R. C. Kowalski, W. M. Davis, N. F. Newman, Z. A. Foroulis and E P. Baldwin, European Patent Application (filed April 3, 1984) 0, 124, 278 (1984).

[48] R. C. Kowalski, *Chem. Eng. Prog.*, (May) p. 67 (1989).

[49] A. Bouilloux, J. Druz and M. Lambla, *Polym. Proc. Eng.*, **4**, 235 (1986).

[50] M. Lambla, J. Druz and A. Bouilloux, *Polym. Eng. Sci.*, **27**, 1221 (1987).

[51] P. J. Kim and J. L. White, *J. Appl. Polym. Sci.*, **54**, 33 (1994).

[52] S. Abdou-Sabet and K. Shen, U. S. Patent 4, 594, 390 (1985).

[53] R. M. Joyce and D. M. Ritter, U. S. Patent (filed February **7**, 1939) 2, 251, 519 (1941).

[54] E. H. Mottus, R. M. Hedrick and J. M. Butler, U. S. Patent (filed December 13, 1956) 3, 017, 391 (1960).

[55] J. Sebenda and J. Kralicek, *Coll. Czech. Chem. Comm.*, **23**, 766 (1958).

[56] O. Wichterle, J. Sebenda and J. Kralicek, British Patent (filed December 4, 1959) 904, 229 (1962) and U. S. Patent (filed December 15, 1959) 3, 200, 095 (1965).

[57] G. Illing and F. Zahradnik, U. S. Patent (filed July 21, 1964) 3, 371, 055 (1968).

[58] G. Illing, *Kunststofftechnik*, **7**, 351 (1968).

[59] G. Illing, *Mod. Plastics* (August) 70 (1969).

[60] C. S. Tucker and R. J. Nichols, *Plastics Engineering* (May) p. 27 (1987).

[61] G. Menges and T. Bartilla, *Poiym. Eng. Sci.*, **27**, 1216 (1987).

[62] G. Menges, U. Berghaus, M. Kalwa and G. Speuser, *Kunststoffe*, **79**, 1344 (1989).

[63] U. Berghaus and W. Michaeli, *SPE ANTEC Tech. Papers*, **36**, 1929 (1990).

[64] W. Michaeli and A. Grefenstein, *Polym. Eng. Sci.*, **35**, 1485 (1995).

[65] H. Kyeand J. L. White, *J. Appl. Polym. Sci.*, **52**, 1249 (1994).

[66] H. Kye and J. L. White, *Int. Polym. Process.*, **11**, 310 (1996).

[67] S. K. Ha and J. L. White, *Int. Polym. Process.*, **13**, 136 (1998).

[68] I. Kim and J. L. White, *J. Appl. Polym. Sci.*, **97**, 105 (2005).

[69] B. F. Frye, K. A. Pigott and J. H. Saunders, U. S. Patents 3, 233, 025 (1966).

[70] K. W. Rausch and T. R. McClellan, U. S. Patent 3, 642, 964 (1966).

[71] M. Ullrich, E. Meisert and A. Eitel, U. S. Patent (filed July 17, 1974) 3, 963, 679 (1976).

[72] B. Quiring, G. Niederdellmann, W. Goyert and H. Wagner, U. S. Patent 4, 245, 081 (1981).

[73] W. Goyert, E. Meisert, W. Grimm, A. Eitel, H. Wagner, G. Niederdellmann and B. Quiring, U. S. Patent (filed December 13, 1979) 4, 261, 946 (1981).

[74] W. Goyert, A. Awater, W. Grimm, K. Ott, W. Oberkirch and H. Wagner, U. S. Patent 4, 317, 890 (1982).

[75] W. Goyert, W Grimm, A. Awater, H. Wagner and B. Krüger, U. S. Patent 4, 500, 671 (1985).

[76] W. Goyert, J. Winkler, H. Perrey and H. Heidingsfeld, U. S. Patent 4, 762, 884 (1988).

[77] R. M. Seddon, W. H. Russell and K. B. Rollins, U. S. Patent 3, 253, 818 (1966).

[78] G. J. Fisher, F. Brown and W. E. Heinz, U. S. Patent 3, 254, 053 (1966).

[79] R. M. Seddon and L. D. Scarbrough, U. S. Patent 3, 442, 866 (1969).

[80] M. Semanchik and D. M. Braunstein, U. S. patent 4, 105, 637 (1978).

[81] A. Sugio, T. Furusawa, K. Tanaka, T. Umemura and H. Urabe, U. S. Patent 4, 115, 369 (1978).

[82]　D. B. Todd，*Polym. Plast. Eng.* , **6**, 15 (1988).

[83]　J. Gimenez, M. Boudris, P. Cassagnau and A. Michel, *Int. Polym. Process.* , **15**, 20 (2000).

[84]　A. Poulesquen, B. Vergnes, P Cassagnau and J. Gimenez, *Int. Poiym. Process.* , **16**, 31 (2001).

[85]　B. J. Kim and J. L. White, *Int. Polym. Process.* , **17**, 33 (2002).

[86]　B. J. Kim and J. L. White, *J. Appl. Polym. Sci.* , **94**, 1007 (2004).

[87]　T. Takekoshi and J. E. Kochanowski, U. S. Patent 3, 833, 546 (1974).

[88]　T. Takekoshi and J. E. Kochanowski, U. S. Patent 4, 011, 198 (1977).

[89]　E. G. Banucci and G. A. Mellinger, U. S. Patent 4, 073, 773 (1978).

[90]　L. R. Schmidt and E. M. Lovgren, U. S. Patent 4, 421, 907 (1983).

[91]　L. R. Schmidt and E. M. Lovgren, U. S. Patent 4, 443, 591 (1984).

[92]　H. Sutter and F. Haas, U. S. Patent 3, 780, 139 (1973).

[93]　W. Michaeli, H. Höcker, U. Berghaus and W. Frings, *J. Appl. Poivm. Sci.* , **48**, 871 (1993).

[94]　W. Michaeli, A. Grefenstein and W. Frings, *Adv. Polym. Technol.* , **12**, 25 (1993).

[95]　 W. Michaeli, W. Frings, H. Höcker and U. Berghans, *Int. Polym. Process.* , **8**, 308 (1993).

[96]　W. Michaeli, W. Höcker, W. Frings and A. Oatman, *SPE ANTEC Tech. Papers*, **40**, 62 (1994).

[97]　B. J. Kim and J. L. White, *J. Appl. Polym. Sci.* , **88**, 1429 (2003).

[98]　I. Kim and J. L. White, *J. Appl. Polym. Sci.* , **96**, 1875 (2005).

[99]　I. Kim and J. L. White, *J. Appl. Polym. Sci.* , **90**, 3797 (2003).

[100]　J. A. Biesenberger in "Reactive Extrusion: Principles and Practice", edited by M. Xanthos, Hanser, Munich (1992).

[101]　D. B. Todd in "Reactive Extrusion: Principles and Practice" edited by M. Xanthos, Hanser, Munich (1992).

第
18
章

脱挥及脱水

18.1　概述

　　在挤出操作中考虑脱挥问题可追溯到 19 世纪，随着化学工业的兴起和应用数量的增加，从 20 世纪中叶已经成为一个重要的研究领域。采用双螺杆挤出进行脱挥是十分有效的。

　　挤出脱挥的开始研发阶段包括了单螺杆挤出。到 20 世纪中叶，德国和美国的工程师们意识到在化学工业中用双螺杆挤出机处理脱挥问题的优点。18.2 节介绍了用单螺杆挤出脱挥的早期研究。18.3 节介绍了多螺杆脱挥的发展史。18.4 节分析了对脱挥的建模。18.5 节总结了实验研究。

18.2　早期挤出脱挥

　　最早对线材、型材和电线包覆的商业挤出包括了柱塞式挤出方法[1]。在 19 世纪 70 年代期间，当单螺杆挤出机被引入到热塑性塑料（杜仲胶）工业中时，被认为它的主要优点是能消除电线包覆过程中的气泡缺陷[2]。这些缺陷与用柱塞挤出机生产的挤出制品中的气泡有关。

　　随着时间的推移和消除缺陷的需求增加，需要引入新的技术。这些技术包括将屏障结构和增加螺槽深度引入到螺杆挤出机中，以造成非充满流动和使用真空排气。这一技术可见于 Price[3] 的一项 1919 年的专利中，如图 18.1 所示。这种屏障结构和螺槽深度增大可造成压力降和负压力梯度，导致压力降至大气压和非充满区的形成。然后，将真空施加在熔体的表面，可以释放被溶解的气体和其他的挥发性添加剂。

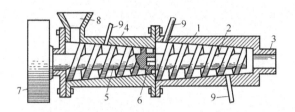

图 18.1　单螺杆挤出机中的脱挥，Price[3]

18.3　双螺杆挤出脱水和脱挥的发展史

I. G. 法本公司的 Walter Meskat 是化学工业中研究双螺杆连续脱水和脱挥的先驱者，他的研究活动可追溯到 20 世纪 30 年代中期[4]。20 世纪 40 年代早期，I. G. 法本公司的工程师们探索研究了在多螺杆挤出机中的脱水，并发现这些挤出机是非常有效的。Meskat[5] 以及 Meskat 和 Erdmenger[6] 在 1943 年 8 月和 1944 年 7 月的专利申请中描述了使用双螺杆和三螺杆的啮合同向螺杆挤出机进行脱水（见图 18.2）。在二战之后，法本拜耳公司宣称拥有这几项专利。

在这一期间，在美国也有这方面的研究。最引人注目的是焊接工程师公司的 L. B. Fuller[7] 的一项 1945 年 5 月的专利申请，其中描述了在积木式相切异向双螺杆挤出机中的脱挥。

在二战后，拜耳公司在啮合同向双螺杆挤出机中脱挥的研究努力延续了 I. G. 法本公司在 20 世纪 40 年代的研究内容，从 Winkelmuller 等人[8] 的一项 1951 年德国专利申请可以见证。这一专利的发明结构可见图 18.3。

在 Meskat 和 Pawlowski[9] 的 1950 年 12 月德国专利申请中描述了积木式自洁同向双螺杆挤出机（见图 4.10）能够脱挥，尽管在这份专利文件中表述的不够明确。Erdmenger[10] 后来的积木式挤出机也能实现脱挥。Erdmenger[11] 的一篇 1962 年的文章回顾了各种脱挥技术，包括双螺杆挤出机、Fuller[7] 的焊接工程师公司的技术，以及后来拜耳公司的研究活动。

拜耳公司和 WP 公司研发了一种四螺杆挤出机（VDS-V：Vierwellige Dichtprofilschnecke zum Verdampfen），这种挤出机被描述在 Erdmenger 和 Oetke[12] 的一项专利中以及 Erdmenger 和 Ullrich[11,13,14] 的文章中（图 18.4）。这种挤出机被再次描述在 WP 公司 Erdmenger 的一本著作[15]中。然而，这种机器从来没有被成功地商业化，可能因为它的成本（四螺杆），而不是因为它的性能，由于四螺杆，它的优异性能是毋庸置疑的。如图 18.4 所示，在真空口下方存在着很大的界面面积。

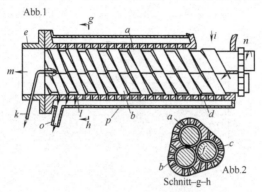

图 18.2 Meskat 和 Erdmenger[6] 1944 年 7 月的专利申请：
一种啮合同向三螺杆脱水挤出机

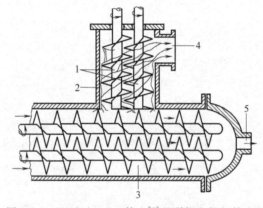

图 18.3 Winkelmuller 等人[8] 的脱挥双螺杆挤出机

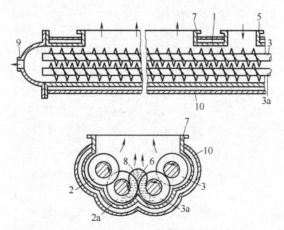

图 18.4 Erdmenger 和 Oetke[12] 的四螺杆脱挥挤出机

18.4 脱挥的建模

在螺杆挤出机中对聚合物熔体脱挥的建模研究始于 20 世纪 60 年代的文献，这些作者有孟山都公司的 Latinen[16] 以及埃索研究工程公司（埃克森公司）的 Coughlin 和 Canevari[17]。这些模型基于描述质量传递机理。Latinen[16] 假设，在界面的聚合物溶液一侧的扩散阻力是起主导作用的，并可忽略界面阻力和气体阻力。在后续的几年中，Roberts[18] 以及 Biesenberger 和 Kessidis[19,20] 对单螺杆挤出机的脱挥模型进行了进一步的研究。

从 20 世纪 80 年代早期以来，特别针对同向双螺杆挤出机的脱挥模型的研究人员有 Werner[21]、Collins 等人[22~24]、Biesenberger 和他的合作者[25,26] 以及 Sakai 等人[27,28]。Foster 和 Lindt[29] 描述了在相切式异向双螺杆挤出机中的脱挥建模。

所有作者的基础分析都源自于 Latinen[16] 的原始文章，尽管我们在本章中介绍 Keum 和 White[30] 的研究内容。沿螺槽方向建立坐标 z，在长度 dz 上的摩尔通量（单位面积）的脱挥量为 $dN_t(z)$，并可表示为：

$$dN_T(z) = k(z)da(z)[\bar{c}(z) - c_i] \tag{18.1}$$

式中，$da(z)$ 是微分界面面积，$\bar{c}(z)$ 是聚合物熔体中挥发物的摩尔浓度，c_1 是汽-液界面上的浓度。这一组分在相同长度 dz 上的质量平衡为：

$$dN_T(z) = -Qd\bar{c}(z) \tag{18.2}$$

将此式与式（18.1）合并可得：

$$\frac{d\bar{c}}{dz} = -\frac{k}{Q}\frac{da}{dz}[\bar{c}(z) - c_i] \tag{18.3a}$$

$$= -\frac{k}{Q}\Pi(z)[\bar{c}(z) - c_i] \tag{18.3b}$$

式中，Π 是非充满螺槽中聚合物熔体的周长。求解公式（18.3b）可得：

$$\bar{c}(z) - c_i = [\bar{c}(0) - c_i]e^{-\int_0^z \frac{k}{Q}\Pi(z)dz} \tag{18.4}$$

式中的积分值是变化的，取决于挤出机的详细结构。在应用式（18.4）中的主要问题之一是确定 $\Pi(z)$。

在 20 世纪 80 年代研究[24,31~35] 中出现的一个主要问题是认识到，在脱挥过程中可能发生发泡现象。这一问题的解决方案是，通过增加用于脱挥的可用界面面积，大力提高质量传递速率。如果合适地解释界面面积 "a" 和它的梯度 "da/dz" 以及质量传递系数 k，用上述的公式可以分析这一现象。

Amon 和 Denson[32] 于 1989 年对脱挥中的发泡建模进行了首次尝试。他们描述了一种"泡模型",在这一模型中,发泡被分为等质量的球形微观单元,每个单元由一个液体壳和一个同心球泡构成。这些气泡的涨大由从溶液的饱和壳到气泡中的溶解气体的扩散引起。Lee 和 Biesenberger[36]认真地讨论了在脱挥中发泡的这一理论和其他的理论。Yang 等人[37]在 1996/1998 年提出了发泡的第二代泡模型。

18.5　脱挥的实验研究

Latinen[16]在 1962 年首次发表了脱挥的实验研究,在一台单螺杆挤出机中从聚苯乙烯中消除苯乙烯单体。这种螺杆的详细结构没有被描述。Coughlin 和 Canevari[17]后来在 1969 年的文章中,描述了在一台单螺杆挤出机中从等规聚丙烯熔体中消除二甲苯和甲醇。螺杆的详细结构仍然没有给出,但他们可能是按照 18.2 节描述的结构进行。

贝克-珀金斯公司的 Todd[38]在 1974 年首次发表了在双螺杆挤出机中的脱挥实验研究。他研究了噻吩-聚苯乙烯和环己烷-聚乙烯体系。WP 公司的 Werner[21]描述了在一台同向双螺杆挤出机中从低密度聚乙烯熔体中消除乙烯单体的实验研究。1985 年,特拉华大学的 Collins 等人[23]首次用学术研究的形式,研究了在一台类似同向双螺杆挤出机中从聚丁烯熔体中消除氟利昂。后来,史蒂文斯理工学院的聚合物加工研究所的 Biesenberger 和他的合作者[25,26]在一台同向双螺杆挤出机中研究了对有机玻璃的脱挥,并与单螺杆挤出机中的脱挥研究做了比较。这些实验研究被总结在表 18.1 中。

在一篇 1989 年的文章中,Foster 和 Lindt[34]描述了一项脱挥实验研究,并注重在一台相切式异向双螺杆挤出机中气泡的发生和到发泡的传递过程。他们引述了用聚苯乙烯/乙苯和 PMMA/甲基丙烯酸甲酯的实验结果,并描述了无泡和发泡的两种状态。他们后来[29]发表了在聚苯乙烯/乙苯体系的无泡区域中确定质量传递系数的一项研究。在后来的一篇文章[39]中,他们较详细地研究了在两个状态之间的传递区域。

塔德莫尔和他的合作者[35,40]在实验室设备和一台单螺杆挤出机上对脱挥和发泡现象做了基础研究。他们研究了聚苯乙烯和聚乙烯熔体的脱挥,并注重了发泡现象。

在一篇后续的文章中,Maffettone 和 Denson[41]使用低分子量聚丁烯在一台同向双螺杆挤出机中研究了气体夹带现象。Keum 和 White[30]在最近的一项研究中,采用了一台积木式同向双螺杆挤出机,分析了从聚乙烯熔体脱挥壬烷(C_9H_{20})、二甲苯和己醇。

在这些文献中,考虑在悬浮或溶解液体与聚合物熔体之间的相互作用的研究相对较少。Todd[38]以及 Keum 和 White[30]已经给予了很大关注。Todd 引述了 Flory-Huggins 参数在这方面的重要性[42]，后两位作者选择研究了 3 种挥发物液体与聚乙烯熔体相容性的变化（即，壬烷、二甲苯和己醇），并发现，与壬烷相比，消除己醇最容易，消除二甲苯适中。

表 18.1　脱挥的实验研究

体　系	挤出机类型	质量传递系数/(mm/s)	研究者
聚苯乙烯/苯乙烯	单螺杆		Latinen[16]
聚丙烯/二甲苯	单螺杆	2.04	Coughlin 和 Canevari[17]
聚丙烯/甲醇	单螺杆	4.95	
聚苯乙烯/苯乙烯	同向双螺杆		Todd[38]
聚乙烯/环己烷			
聚苯乙烯/苯乙烯	同向双螺杆	0.8	Werner[21]
聚苯乙烯/苯乙烯	单螺杆	0.15~0.23	Biesenberger 和 Kessidis[20]
聚丁烯/氟利昂	同向双螺杆		Collins 等人[23]
PMMA/MMA	单螺杆 同向双螺杆		Notorgiacomo 和 Biesenberger[25]
聚苯乙烯/乙苯 PMMA/MMA	相切式同向双螺杆		Foster 和 Lindt[34]
聚苯乙烯/乙苯	相切式同向双螺杆	0.38	Foster 和 Lindt[39]
PMMA/MMA	单螺杆 同向双螺杆	0.122~0.391	Biesenberger 等人[26]
聚乙烯/壬烷	同向双螺杆	0.60	Keum 和 White[30]
聚乙烯/二甲苯		0.76	
聚乙烯/己醇		1.52	

参考文献

[1] R. A. Brooman, English Patent, 10, 582 (1845).

[2] M. Gray, British Patent (filed December 10, 1879) 5, 056 (1879).

[3] R. B. Price, U. S. Patent 1, 156, 096 (1919).

[4] K. Riess and W. Meskat, *Chem. Ing. Tech.*, **23**, 205 (1951).

[5] W. Meskat, German Patent (filed October 17, 1943) 852, 203 (1952).

[6] W. Meskat and R. Erdmenger, German Patent (filed July 28, 1944) 872, 732 (1953).

[7] L. B. Fuller, U. S. Patent (filed May 15, 1945) 2, 625, 199 (1952).

[8] W. Winkelmuller, R. Erdmenger, S. Neidhardt and B. Fortuna, German Patent 915, 689 (1954).

[9] W. Meskat and J. Pawlowski, German Patent (filed December 10, 1950) 949, 162 (1956).

[10] R. Erdmenger, U. S. Patent (filed August 17, 1959) 3, 122, 356 (1964).

[11] R. Erdmenger, *Chem, Ing. Tech.* , **34**, 751 (1962).

[12] R. Erdmenger and W. Oetke, German Auslegeschrift (filed March 16, 1960) 1, 111, 154 (1961).

[13] R. Erdmenger, *Chem. Ing. Tech.* , **36**, 175 (1964).

[14] R. Erdmenger and M. Ullrich, *Chem. Ing. Tech.* , **42**, 1 (1970).

[15] H. Herrmann, "Schneckenmaschinen in der Verfahrenstechnik", Springer, Berlin (1972).

[16] G. A. Latinen, *ACS Advances in Chemistry Series*, **34**, 235 (1962).

[17] R. W. Coughlin and G. P. Canevari, *AIChE J.* , **15**, 560 (1969).

[18] G. W, Roberts, *AIChE J.* , **16**, 878 (1970).

[19] J. A. Biesenberger, *Polym. Eng. Sci.* , **20**, 1015 (1980).

[20] J. A. Biesenberger and G. Kessidis, *Polym. Eng. Sci.* , **22**, 832 (1982).

[21] H. Werner, "Devolatilization of Plastics", VDI Verlag, Berlin (1980).

[22] G. P. Collins, C. D. Denson and G. Astarita, *Polym. Eng. Sci.* , **23**, 323 (1983).

[23] G. P. Collins, C. D. Denson and G. Astarita, *AIChE J.* , **31**, 1288 (1985).

[24] C. D. Denson in "Advances in Chemical Engineering", Academic Press, N. Y. (1983).

[25] V. Notorgiacomo and J. A. Biesenberger, *SPE ANTEC Tech papers*, **34**, 71 (1988).

[26] J. A. Biesenberger, S. K. Dey and J. Brizzolara, *Polym. Eng. Sci.* , **30**, 1493 (1990).

[27] T. Sakai, N. Hashimoto and K. Kataoka, *Int. Polym. Process.* , **8**, 218 (1993).

[28] N. H. Wang, T. Sakai and N. Hashimoto, *Int. Polym. Process.* , **10**, 296 (1995).

[29] R. W. Foster and J. T. Lindt, *Polym. Eng. Sci.* , **30**, 424 (1990).

[30] J. M. Keum and J. L. White, *Int. Polym. Process.* , **19**, 101 (2004).

[31] J. A. Biesenberger and D. H. Sebastian, "Principles of Polymerization Engineering" Wiley, N. Y. (1983).

[32] M. Amon and C. D. Denson, *Polym. Eng. Sci.* , **24**, 1026 (1984).

[33] J. A. Biesenberger and S. T. Lee, *Polym. Eng. Sci.* , **27**, 510 (1987).

[34] R. W. Foster and J. T. Lindt, *Polym. Eng. Sci.* , **29**, 178 (1989).

[35] R. J. Albalak, Z. Tadmor and Y. Talmon, *AIChe J.* , **36**, 1313 (1990).

[36] S. T. Lee and J. A. Biesenberger, *Polym. Eng. Sci.* , **29**, 782 (1989).

[37] C. T. Yang, T. G. Smith, D. I. Bigio and C. Anolick, *SPE ANTEC Tech. Papers*, 42, 350 (1996); *AIChE J.* , **43**, 1861 (1997); *IEC Res.* , **37**, 1964 (1998).

[38] D. B. Todd, *SPE ANTEC Tech. Papers*, **20**, 472 (1974).

[39] R. W. Foster and J. T. Lindt, *Polym. Eng. Sci.* , **30**, 621 (1990).

[40] A. Tukachinsky, Y. Talmon and Z. Tadmor, *AIChE J.* , **40**, 670 (1994)

[41] P. L. Maffettone and C. D. Denson, *J. Polym. Eng.* , **13**, 175 (1994).

[42] P. J. Flory, *"Principles of Polymer Chemistry"*, Cornell, Ithaca (1953).

第

19

章

比较与结论性评价

19.1 概述

在本书中，我们已经介绍了不同类型的机器以及布斯往复式单螺杆混炼机的技术、流动机理和建模。分析比较这些机器的流动机理、停留时间分布、机器特征、应用和商业成就似乎是很重要的。

19.2 节将分析不同类型的双螺杆机器的泵送机理和混炼机理。19.3 节比较相对的停留时间分布。19.4 节讨论具体的机器特征。19.5 节介绍各种机器的应用。19.6 节讨论各种机器结构的商业化成就。

19.2 流动机理

当我们描述流动机理时，必须注意明确区分泵送过程流体流经这种机器的机理、由此机器发生分布混合的机理以及由此机器发生分散混合的机理。

首先分析泵送机理。对于泵送黏性液体，有两种主要机理：拖曳流动和正位移流动。拖曳流动机理是由移动表面通过静止表面的相对运动引起的。体现这种机理的机器有单螺杆挤出机、布斯往复式单螺杆混炼机、相切式异向双螺杆挤出机、自洁式同向双螺杆挤出机以及连续混炼机。正位移流动机理包括了将液体放置在一个或多个腔室内，腔室沿机器移动，并及时地被挤出这种泵。展现这种机理的机器有齿轮泵、转子泵以及啮合异向双螺杆或多螺杆泵。

分布混合机理对不同的双螺杆挤出机和连续混炼机是明显不同的。然而，它一般涉及非螺纹元件。对这种机理的一个例外是相切式异向双螺杆挤出机，其中，螺杆之间的漏流是主要的混合机理。在积木式同向双螺杆挤出机中，有较弱或非泵送元件，诸如捏合块、齿形混炼元件、TME 和 ZME 元件。雷士公司的啮合异向双螺杆挤出机有相似类型的混炼元件。在多种连续混炼机中，有转子段的机型可提供分布混合。布斯往复式单螺杆混炼机有销钉、螺片和往复运动，这些都可提供分布混合。

认识到在非充满区域很少发生分布混合是很重要的。上述的各种弱泵送元件和机筒内的屏障环也能形成螺杆的全充满区域，不仅出现在这些元件中，而且在这些元件的前方（料斗方向）。因此，拖曳流被压力流和复杂的速度场/应力场所补充，这些均有助于分布混合过程。

分散混合包括了颗粒聚集体的破碎和分散相熔体的液滴破碎。这一般与混合过程中的高剪切应力和拉伸应力有关，这些应力发生在积木式同向双螺杆挤出的捏合块中以及啮合异向双螺杆挤出机的螺杆之间。分散混合似乎在啮合异向双螺杆挤出机中可实现最佳效果，在这里，材料经历螺杆之间以及混炼元件中的高应力。相切式异向双螺杆在表现出极佳的分布混合的同时，在分散混合方面比积木式啮合异向和同向双螺杆挤出机较差。

必须注意，这些不同的机器如何执行这些混合操作。所有的积木式双螺杆挤出机和积木式布斯往复式单螺杆混炼机，在它们的制造商和使用这些类型机器的公司的工程师和化学家中，都有它们的拥趸者。所有人都赞成，与间歇式密炼机相比，这些连续混炼机都是非常好的分布混炼机。有相信积木式自洁同向双螺杆挤出机更优越的支持者，而另外一些人相信布斯往复式单螺杆混炼机更胜一筹，仍然有些人偏爱相切式异向双螺杆机器。这些观点似乎都没有定量的对比研究。螺杆的进一步模块化设计是非常重要的，并可能影响这些结论。

关于分散混合的情况比较清晰。J. L. White 用不同机器对此研究了几年时间。首先，他发现在指定的停留时间条件下，连续混炼机比间歇式密炼机在同样混炼时间条件下的混炼效果好[1]。其次，当模块化结构是非常重要时，如果作为一台分散混炼机，雷士结构的啮合异向旋转机器似乎超越其他类型的连续机器[2~4]。

19.3 停留时间分布

正位移泵，如齿轮泵、转子泵和啮合异向双螺杆泵/挤出机，比拖曳流泵有较窄的停留时间分布，这是在机器结构中固有的。的确，齿轮泵广泛地被用于喂送特殊的添加剂和稳定单螺杆和同向双螺杆机器的挤出量。不应该惊讶的是，几乎所有的研究者已经发现啮合异向双螺杆挤出机比单螺杆或同向双螺杆挤出机的停留时间分布都窄[5~8]。经 Shon 等人[8]研究这些机器后发现，布斯往复式单螺杆挤出机似乎有最宽的停留时间分布。

停留时间分布可随着模块化螺杆的结构而变化。如果用混炼元件，如捏合块，替换螺纹泵送元件，停留时间分布则变宽[9]。

相切式异向双螺杆挤出机具有展示非常宽的停留时间分布的能力。采用一段螺杆向料斗方向反向泵送，可实现这一目的，如 Biesenberger 和 Todd[10]介绍的那样。

19.4　机器特征

应该强调指出，这本书中描述的各种机器具有某些非常不同的特征。其中一例是布斯往复式单螺杆挤出机，它只能产生振荡流动。

还存在其他独特的特性。在啮合异向双螺杆机器中，被加工的聚合物熔体通过两根螺杆之间。由 Reynolds 流体动力润滑理论分析，在旋转螺杆之间的小间隙中形成高压。这种压力随着螺杆转速而增大。这会导致螺杆向外弯曲，并与机筒接触[11]。由于这一原因，对这些机器的螺杆转速有着严格的限制。通过增加螺杆之间的间隙可减轻这种限制。

在啮合同向旋转机器中，流体力学导致熔体通过这两根螺杆圆周的效果，而且在螺杆之间无润滑压力形成。现代自洁式同向双螺杆挤出机的最高转速（RPM）可以比啮合异向旋转机器高出 30 倍。然而，对两根自洁快速旋转的钢制螺杆的长度仍然有限制。

相切式异向旋转螺杆在它们的螺杆之间不存在流体动力润滑压力，并且对螺杆长度没有限制。这些是它们应用的优点。相切式异向双螺杆机器的另一个优点是，与其他类型的双螺杆机器结构相比，可用于脱挥的接触面积较大。

19.5　应用

啮合异向双螺杆挤出机在管材和型材挤出的主要应用领域中是卓越的，特别是针对聚氯乙烯材料。对窄停留时间分布和高生产率的正位移泵应用，它们的适用性极佳。

对共混和反应挤出的应用，积木式自洁同向双螺杆挤出机是使用最广的双螺杆挤出机。这种应用的部分原因来自世界范围内大量的、显然成功的制造商。当然，应该承认，在许多这样的应用领域中，其他类型的双螺杆挤出机也是能够运行良好。布斯往复式单螺杆挤出机和相切式异向双螺杆挤出机也能被不同的工业公司广泛地用于反应挤出。法雷尔连续混炼机®和布斯往复式单螺杆混炼机已被广泛地用于共混。

19.6　不同机器的商业成就

从各连续混炼机器制造商的机器销售量进行评估，或者更简单的是注意各种通用机器的机械制造厂商的数量，可以非常清楚地看到，共混-脱挥-反应挤出的主流机型是积木式同向双螺杆挤出机。

值得关注的问题是，为什么世界上异向旋转机器压倒性地主导着间歇式密炼机技术，而自洁式同向旋转机器主导着连续混炼机。这个间歇式混炼机的问题似乎是容易回答的，因为间歇式混炼机器总是异向旋转的。在橡胶工业中，第一台工业混炼机是异向旋转双辊开炼机。WP 公司制造的第一台商业间歇式密炼机是异向旋转[12,13]，如像 Kempter[14] 的橡胶混炼机。由 WP 的一位工程师研发的Banbury 密炼机，通过引入一个柱塞和重新设计转子，可解决操作性问题[15]。这种机器最终由伯明翰铸铁公司（现在的法雷尔公司）制造。F. H. Banbury 后来设计了一种比已有的机器更优秀的机器[16,17]。后来的啮合异向混炼机，Shaw密炼机，也是异向旋转的[18]。

现在介绍连续同向旋转机器。这些机器是由意大利都灵的 Roberto 哥伦伯公司在 20 世纪 30 年代末商业开发的[19]，并在以后的几年中被用于挤出热固性塑料和聚氯乙烯。一些机器被卖给了 I. G. 法本公司，法本公司后来（1943 年）对他们反应挤出的应用申请了一项专利[20]。Erdmenger[21] 在他的回忆录中，似乎提到了 1943 年在勒沃库森与 K. Sigwart 和聚氨酯相关的这些研究活动。正是在这段时期，Meskat 的研究团队，其中包括了 Erdmenger 和 A. Geberg[21,22]，在沃尔芬工厂用同向双螺杆挤出机对脱挥应用开始进行研究[23,24]。使用的这种机器已经能够被 LMP 公司制造。随着时间的推移，Erdmenger、Geberg 和 Kesket逐渐相信，为许多应用领域正确设计的自洁啮合机器的优越性。LMP 的机器不是自洁的。Geberg 在 1944 年研究出使这种机器自洁的几何结构[22]。他们决定，应当必须使这些机器特殊制造。

二战之后，Erdmenger 和 Kesket 分别在勒沃库森和多尔马根的拜耳公司机构获得了工作岗位，在那里，他们两人对同向旋转机器的改进给予了相当大的关注。Erdmenger 此时设计出用于咀嚼和混炼的捏合块机器[25]，而 Meskat 和Pawlowski[26] 设计出模块化螺杆机器。Erdmenger[27] 然后研发出带有螺纹元件和捏合块元件的模块化机器。

必须强调指出的是，Erdmenger 和 Kesket 不是独自进行这些科研活动。他们得到了坚实的支持，首先来自 I. G. 法本公司，后来是拜耳公司，特别是来自他们的工程部门。Kurt Riess 是他们在沃尔芬工厂和勒沃库森的负责人，也是他们的大力支持者[28~30]。还有其他天才的工程师在 20 世纪 40~50 年代大力支持着 Erdmenger 和 Kesket，其中包括了前面提到的 A. Geberg 和 J. Pawlowski。拜耳机构一直以来为他们在研发这种机器中的作用而自豪，这可见于 Herrmann[31] 的 1972 年的书中，特别是由 Kohlgrüber[32] 编辑的 2007 版专著。

只有在 20 世纪 50 年代中期，积木式同向双螺杆挤出机被授权给 WP 股份有限公司，他们现在自己制造异向旋转间歇式密炼机和连续同向旋转双螺杆混炼机。这后一种机器快速地成为一种销售量非常大的产品。这项授权属于独家转让，WP 公司可以依赖大量拜耳公司合法的职员以防潜在的竞争者。

机器制造厂商的规模实质上比化学公司小很多。他们的财政资源非常有限，工程师数量也较少。在经济困难时期，他们的负担较重。他们的客户通常延缓购买新型机械。我们在这一章中提到的欧洲机械制造厂商，诸如贝尔斯托夫，布斯和雷士公司，尽管他们发明的优点突出，但仍然不能与拜耳/WP 公司的联合体竞争。雷士公司研发的一种啮合异向双螺杆机器是一种在连续加工机械市场中的有力竞争者。在拜耳公司专利保护期满后，贝尔斯托夫公司和雷士公司均立即开始制造和销售类似自洁式同向双螺杆挤出机。

WP 公司在 20 世纪 70 年代将他们自己的和拜耳公司研发的技术引入美国市场。（异向旋转）连续混炼机的美国制造商，法雷尔公司和焊接工程师公司，发现与之竞争是非常困难的。贝尔斯托夫公司和雷士公司现在也开始在欧洲和美国销售同向双螺杆挤出机。到 20 世纪 90 年代，法雷尔公司和焊接工程师公司已经开始制造同向双螺杆挤出机。法雷尔公司现在也正在制造一种同向双螺杆挤出机和一种异向旋转连续混炼机以及一种异向旋转间歇式密炼机。

在亚洲，WP 公司销售业绩不佳。在日本，广泛多样、相当大规模的机械公司，诸如日本制钢、神户制钢和东芝机械有限公司在 20 世纪 70~80 年代进入这一市场，制造一系列各种连续混炼机器。神户制钢制造与法雷尔公司相同范围内的机械。

参考文献

[1]　J. L. White, D. Liu and S. H. Bumm, *J Appl. Polym. Sci.*, **102**, 3940 (2006).

[2]　S. Lim and J. L. White, *Int. Polym. Process.*, **9**, 33 (1994).

[3]　K. Shon, D. Liu and J. L. White, *Int. Polym. Process.*, **20**, 322 (2005).

[4]　K. Shon, S. H. Bumm and J. L. White, *Polym. Eng. Sci.*, **48**, 757 (2008).

[5]　T. Sakai, *Gose Jushi*, **29**, 7 (1978).

[6]　C. Rauwendaal, *SPE ANTEC Tech. Papers*, **27**, 618 (1981).

[7]　T. Sakai, N. Hashimoto and N. Kobayoshi, *SPE ANTEC Tech. Papers*, **33**, 146 (1987).

[8]　K. Shon, D. H. Chang and J. L. White, *Int. Polym. Process.*, **14**, 45 (1999).

[9]   P. J. Kim and J. L. White, *Int. Polym. Process.*, **9**, 108 (1994).

[10] J. A. Biesenberger and D. B. Todd, U. S. Patent (filed November 19, 1992) 5, 372, 418 (1994).

[11] J. L. White and A. Adewale, *Int. Polym. Process.*, **10**, 15 (1995).

[12] P. Pfieiderer, German Patent (filed April 4, 1879) 10, 164 (1880).

[13] P. Pfieiderer, German Patent (filed June 10, 1881) 18, 797 (1882).

[14] F. Kempter, German Patent (filed November 16, 1913) 279, 649 (1914).

[15] F. H. Banbury, U. S. Patent (filed January 15, 1916) 1, 200, 070 (1916).

[16] F. H. Banbury, U. S. Patent (filed November 18, 1916) 1, 227, 522 (1917).

[17] F. H. Banbury, U. S. Patent (filed April 20, 1917) 1, 279, 220 (1918).

[18] R. T. Cooke, British Patent (filed June 14, 1934) 641, 685 (1937).

[19] R. Colombo, Italian Patent (filed February 6, 1939) 370, 578 (1939).

[20] Anonymous, German Patent (filed July 24, 1943) 895, 058 (1953).

[21] R. Erdmenger, "Schneckenmaschinen für die Hochviskos-Verfahrenstechnik", Bayer AG, Lever kusen (1978).

[22] M. Ullrich in "Co-Rotating Twin-Screw Extruders: Fundamentals, Technology and Applications", edited by K. Kohlgrüber, Hanser, Munich (2007).

[23] W. Meskat, German Patent (filed October 17, 1943) 852, 203 (1952).

[24] W. Meskat and R. Erdmenger, German Patent (filed July 28, 1944) 872, 732 (1953).

[25] R. Erdmenger, German Patent (filed September 29, 1949) 813, 154 (1951); German Patent (filed July 28, 1953) 940, 109 (1956).

[26] W. Meskat and J. Pawlowski, German Patent (filed December 10, 1950) 949, 162 (1956).

[27] R. Erdmenger, U. S. Patent (filed August 17, 1959) 3, 122, 356 (1964); *Chem. Ing. Tech.* **34**, 751 (1962); *ibid*, **36**, 175 (1964).

[28] K. Riess and W. Meskat, *Chem. Ing. Tech.*, **23**, 205 (1951).

[29] K. Riess and R. Erdmenger, *VDI Zeitschr.*, **93**, 633 (1951).

[30] K. Riess, *Chem. Ing. Tech.*, **27**, 457 (1955).

[31] H. Herrmann, "Schneckenmaschinen in der Verfahrenstechnik"; Springer, Berlin (1972).

[32] K. Kohlgrüber, Editor, "Co-Rotating Twin Screw Extruders: Fundamentals, Technology and Applications", Hanser, Munich (2007).